柴油机燃烧理论与技术

安士杰　刘振明　霍柏琦　编著

国防工業出版社

·北京·

内 容 简 介

本书从系统角度出发，论述了柴油机燃烧理论与技术。本书除简要介绍柴油机的燃油喷射系统外，着重分析了柴油机可燃混合气形成、柴油机燃烧过程、柴油机燃烧模式，以及柴油机燃烧过程的数值仿真计算等涉及燃烧的基础理论和工程技术问题。书中图文并茂，叙述简练，概念解释详细，数学表达难度适中，各章节之间既紧密联系又相对独立，便于随时阅读和参考。

本书既可作为动力工程及工程热物理、轮机工程等专业本科生和研究生教学参考书，也可供从事有关专业从事科研、开发工作时参考。

图书在版编目(CIP)数据

柴油机燃烧理论与技术/安士杰，刘振明，霍柏琦编著.—北京:国防工业出版社，2022.11
ISBN 978-7-118-12627-3

Ⅰ.①柴… Ⅱ.①安… ②刘… ③霍… Ⅲ.①柴油机—燃烧理论—研究 Ⅳ.①TK421

中国版本图书馆CIP数据核字(2022)第191269号

※

国防工业出版社出版发行
(北京市海淀区紫竹院南路23号 邮政编码100048)
三河市德鑫印刷有限公司
新华书店经售

*

开本 710×1000 1/16 **印张** 16¾ **字数** 295千字
2022年11月第1版第1次印刷 **印数** 1—2000册 **定价** 78.00元

国防书店:(010)88540777 书店传真:(010)88540776
发行业务:(010)88540717 发行传真:(010)88540762

前　言

最近20年来,用于道路和非道路用途的柴油机,作为经济、清洁、大功率和方便使用的动力装置的发展日新月异。由于石油储量的限值和对气候变化预测的研究,柴油机开发工作的焦点继续集中在降低燃油消耗率和利用替代燃料,同时尽可能地使排气清洁,并进一步提高柴油机的功率密度和运行性能。

柴油机的燃烧过程是提高柴油机性能,实现节能减排的关键环节。柴油机燃烧属于燃料喷雾的扩散燃烧,依靠柴油机活塞压缩到接近终点时的高温使混合气自燃着火,该过程非常复杂,涉及热化学、热力学、化学反应动力学、传热及传质学、流体动力学等学科。

近年来,国内外学者在柴油机燃烧理论,如喷雾、可燃混合气形成、燃烧机理、火焰传播、湍流燃烧等方面进行了深入的研究,取得了丰硕的研究成果。在这些理论的支撑下,一些创新性、突破性的燃烧技术,如电控高压燃油喷射技术、废气再循环技术、高增压技术、Miller循环、活性可控压燃(RCCI)、混合气浓度分层燃烧(PCCI)等也取得了重要进展。对这些相关理论和技术一一详细叙述几乎是不可能的,本着系统性的原则,本书对传统的研究成果在许多方面都做了补充和修正,对近年来出版的国内外相关专业书籍和专业会议及刊物发布的论文与研究报告进行梳理、分析和总结,结合作者多年的科学研究成果,对柴油机的燃油喷射系统、燃油雾化、燃烧机理及模式以及燃烧仿真分析进行了综合论述,以期从系统角度理解和掌握柴油机燃烧的相关理论和技术,希望能对从事和即将从事柴油机燃烧工程应用的人有所帮助。

本书从系统角度出发介绍柴油机燃烧理论与技术。本书共分6章,第1章为概论;考虑到当前高压共轨燃油喷射系统已成为柴油机的标准配置,因此,在第2章重点介绍了高压共轨燃油喷射系统;第3、4章主要是对燃烧理论进行整理介绍;第5章介绍了几类新型燃烧模式;第6章介绍了柴油机燃烧过程的模拟。本书第1、4、6章由刘振明撰写,第2、3、5章由安士杰和霍柏琦撰写,全书由安士杰统稿。

本书的撰写和出版获得了许多同行的关心和帮助,在此一并衷心感谢。特别感谢海军工程大学的唐开元教授在本书成书过程中的指导和审阅；感谢张静秋、徐洪军、邵利民、常远、刘琦等博士，刘景斌博士研究生，刘晨、李子铭等硕士研究生为此付出的辛勤劳动。感谢顾海岚女士协助完成对本书图表文字的编排。感谢国防工业出版社编辑人员为本书出版付出的辛勤劳动。

由于编著者水平有限，不当之处在所难免，敬请指正。

作　者

2021 年 9 月

目　录

第1章　概　　论

内燃机工业是我国重要的基础产业，是我国石油消耗的最大主体产业，是道路、非道路移动机械（工程机械、轨道机车、船舶等）、陆用电站和国防装备的主导动力。内燃机产品的广泛应用和制造业的持续发展，对保障国家安全和国民经济健康运行至关重要。我国现已成为世界内燃机制造大国。据2013年的统计数据显示，内燃机产量已突破8000万台，总功率突破18亿kW，总产值突破4100亿元。

内燃机动力每年消耗我国石油的59%，是我国石油消耗和碳排放的大户，是我国“节能减排”和“降低碳排放”的主战场。高效、清洁、低排放的内燃机对确保我国能源安全和可持续发展具有重要的战略意义。

内燃机是通过在发动机气缸[①]内燃料燃烧及工质的膨胀实现化学能—热能—机械能的转换过程，是一种高效的热动力机械。但在高温燃烧的情况下也同时产生对环境污染而有害的气体。内燃机燃烧过程的品质就成为实现高效、清洁、低排放的关键。在内燃机中，柴油机曾一度被认为形象粗犷、笨重、噪声大、冒黑烟，是城市环境污染的主要来源，受到责难和限制。但随着技术的创新和进步，柴油机所具有的动力强劲、热效率高、经济性好、排放污染物少等优秀本质逐步显示出来。在20世纪90年代，欧洲又掀起了柴油机乘用车的热潮，特别是在大功率发动机领域中已占有统治地位，其中柴油机燃烧理论与燃烧技术的进步和发展起了关键性的作用，已成为提高柴油机性能的重要和热门的课题。

1.1　石油能源的现状

能源利用和环境保护是社会生产力持续发展的基础，节能减排是经济建设的基本国策，也是内燃机技术创新的主要驱动力，化石能源枯竭和严格的排放规范是内燃机发展面临的严峻挑战。

1.1.1　石油能源储量

1967年石油在能源消费结构中超过煤碳而居第一位，人类进入了“石油时

① 内燃机用气缸，蒸汽机用汽缸。

代”。其后在世界范围内石油作为一次性能源的生产和消费中所占的比例一直稳居第一。

化石燃料是不可再生能源，终将存在资源枯竭的问题，而且若不采用高效、清洁的利用技术则会在使用中产生大量的排放污染物和温室气体。

世界及中国化石能源探明可采储量如表1-1所列。根据统计资料，目前世界剩余石油可采储量为1386亿t，目前的需求量为每天8000万桶。据此推算，尚可维持40年左右。今后石油产量的增长速度将会逐步减慢，预计到2030年前后达到顶峰，“石油时代”将逐步退出历史舞台。与此同时，世界天然气的产量将持续上升，并在2040年前后达到高峰期，年产量将超过石油，从而进入“天然气时代”，此后天然气在一次性能源中的主导地位还将持续几十年。根据1997年美国《石油杂志》提供的资料，世界天燃气储量约为323万亿m^3，可采储量为144万亿m^3。我国天然气储量比较丰富，约为38万亿m^3，已探明可开采储量为11.6万亿m^3，预计到2020年产量可达到每年1200亿m^3。现在化石能源在一次商品能源消费结构中比例如表1-2所列。

表1-1 世界及中国化石能源探明可采储量

化石能源	煤/亿t	石油/亿t	天然气/万亿m^3
世界可采总储量	9842	1434	146.4
中国可采储量	1145	38	1.37
中国所占比例/%	11.6	2.6	0.9
中国采储比	92	24	58
世界采储比	21	84	163

表1-2 化石能源在一次商品能源消费结构中的比例

消费结构	石油/%	天然气/%	煤炭/%	总计/%
美国	40.0	25.2	20.6	89.8
中国	23.4	2.8	67.1	93.3
俄罗斯	20.8	53.8	18.0	92.6
英国	35.4	37.1	16.1	88.5
德国	40.0	21.8	24.4	86.2
印度	34.3	7.7	54.3	96.3
南非	20.2	0	75.9	96.1
澳大利亚	37.0	17.3	44.3	98.6
世界总计	40.6	24.2	25.0	89.8

目前能源开发研究集中在4个领域:提高能效、节约能源(36.5%);新能源和再生能源(27%);核能(18.5%);化石能源高效开发和洁净利用(18%)。能源领域的三个突破重点是核能技术、可再生能源技术和氢能技术。

由此可见:

(1) 化石能源是当前的主要能源,在中国和世界一次商品能源消费结构中分别占93%和90%。

(2) 后续能源的发展和替代过程是核能和氢能,可再生能源将最终成为主要能源,电力将成为主要的终端能源。

(3) 提高能效、节约能源,开发高效发电、输电技术及终端节电新技术。

(4) 发展洁净煤技术,提高煤利用率,减少污染排放。

(5) 核能。发展先进的压水堆、快中子堆及可控核聚变技术,作为一种现实可大规模取代化石能源的无污染物和温室气体排放的洁净能源。

(6) 氢能是理想的清洁高效的新能源,随着制氢、氢能储运及燃料电池技术的发展,氢将成为其他新能源和可再生能源的最佳载体替代化石能源。

(7) 可再生能源。水电是一种洁净的发电方式;太阳能可转化为热能和电能;生物质能源可作为固体燃料用于发电,可经生物分解产生沼气,可通过高温快速裂变获得高品位液体、气体燃料,通过发酵生产酒精;风力、地热及海洋能等可因地制宜分布式地开发利用。

1.1.2 内燃机燃料

世界将面临“真正的石油危机”。在今后20年左右,全球石油产量可能开始下降,预测石油资源在40年后将趋于枯竭。过去的石油危机多半是出于国际经济、政治、军事等外部原因的影响,今后石油本身的短缺将是真正的石油危机。

我国从1996年开始成为石油净进口国,2000年进口依存度达到36.6%,超过了警戒线,2004年出现4个突破:消费量3.12亿t,增长量5200万t,进口量1.43亿t(其中原油为1.2亿t),依存度45.7%。2020年进口量为2.7亿t,依存度60%,为世界第一位。

汽油和柴油是当前车辆的主要燃料,但也是燃烧性能和环保性最差的燃料,燃气类燃料次之,醇类较好,氢气最清洁。从我国的实际情况出发考虑,石油气、天然气、乙醇等都不可能成为大量替代石油的燃料。如果用粮食来制造乙醇,由于我国的粮食安全线为4.7亿t,2003年产量只有4.3亿t,因此我国的粮食并不富裕。而且,粮制乙醇也很不经济,制造1t乙醇需消耗3.5t粮食和1.5t煤,成本约为4500元/t,高于油价。石油气,我国自1996年以来进口量占30%,2005年达到50%。天然气,2020年进口800亿~1000亿m^3,而且加气站的建设费用也很大,每座约需500万元。

内燃机的发展是与其所用的燃料相互依存,相互促进的。综上所述可见:

(1) 内燃机在21世纪中期仍然有足够的燃料可供利用。

(2) 在21世纪中期内燃机的传统燃料(汽油及柴油)将逐步退出历史舞台。

(3) 在21世纪中后期的天燃气为主的代用燃料将成为主要的燃料来源。

(4) 充分利用和节约使用能源仍然是21世纪内燃机发展的主题。

1.1.3 柴油的技术指标

柴油作为石油裂解产物,作为柴油机燃料油,主要有以下技术指标参数。

1. 着火性(十六烷值)

在无外源点火的条件下,柴油在常压下能够自行着火的最低温度称为着火温度(自燃温度或自燃点),柴油的着火温度为200~220℃。但是,在柴油机运转时,燃油是直接喷入到高温、高压且有强烈运动的空气之中,影响燃油着火的因素要比常压条件更为复杂,仅用着火温度来表示着火性能是不够确切的。因此,通常采用十六烷值(CetaneNumber,CN)来评价柴油在实际发动机中的着火性能。我国2003年车用柴油标准规定CN值应不低于49。一般情况下,提高柴油的十六烷值有利于缩短燃油燃烧的滞燃期,可改善燃烧过程并有利于冷起动性能,但CN值过高,燃油在燃烧中容易裂解而产生碳烟,因此对CN值也有一定的限制(CN<65)。

2. 馏程

柴油的馏程与其化学组成有关,应从资源获得的方便程度及满足排放要求进行全面衡量。初馏点(馏程的温度下限)越低则表示燃油的挥发性好,对冷起动有利,但轻馏分增加会导致十六烷值及润滑性能降低,总体上对柴油机的性能并不十分明显。对终馏点(馏程的温度上限)则应有较严格的限制,因为终馏点温度过高会导致燃烧中碳烟和颗粒排放的增加。我国轻柴油国家标准GB 252—2000中规定,终馏点温度不高于365℃。

3. 低温流动性。

当温度降低时,燃油中含有的石蜡和水开始析出结晶颗粒,使燃油变为混浊状态,虽尚未完全丧失流动性,但产生的结晶体会堵塞滤清器和油管造成供油中断。燃油开始析出固态结晶的温度称为浊点(冷滤点),完全失去流动性而凝固时的温度称为凝点,如0号柴油的冷滤点为4℃,凝点为0℃。

4. 闪点

柴油在一定的试验条件下加热,当与空气组成的可燃混合气接近火源时,出现闪火的最低温度称为闪点,它是表示柴油蒸发性和安全性的指标。闪点过低不仅会增加运输和储存过程中的危险性,而且也会造成柴油机工作过程中的粗暴程度。我国标准中规定,10 号至 -10 号柴油的闪点应高于 55℃。

5. 热值

1kg 燃油完全燃烧所发出的热量称为燃油的热值。热值有高、低之分,计及水蒸气冷凝时放出汽化潜热的发热量称为高热值,不计及汽化潜热的发热量称为低热值。在内燃机中,由于无法利用汽化潜热,故采用低热值。柴油因其馏分较重,化学成分中氢的质量比例略小于汽油,因而热值略低(柴油热值为 42.7MJ/kg,汽油为 44MJ/kg),但柴油的密度略高于汽油,因此在相同容积情况下所具有的能量差别不大。

6. 密度

柴油机在使用不同密度的燃料时会出现性能上的明显差别,柴油密度增大会出现混合气过浓,导致功率增加而排放变差的后果。反之,密度偏小则或出现功率不足的现象。我国标准中规定,10 号至 -20 号柴油 20℃时的密度为 820 ~ 860kg/m^3。柴油的密度受温度变化的影响,温度变化 1℃,密度变化约为 0.08%。

7. 黏度

黏度实质上是衡量流体内部摩擦大小的尺度,即流体抵抗剪切作用的能力。运动黏度 ν 的单位是 m^2/s,它是燃油动力黏度 η(Pa · s)和密度 ρ(kg/m^3)的比值。柴油的黏度对流动性、润滑性及雾化特性有很大的影响,它随温度的变化而改变。我国标准规定在室温 20℃的条件下,10 号至 -20 号柴油的黏度为 3 ~ 8mm^2/s。

8. 润滑性

柴油对燃油系统精密摩擦副的润滑作用是十分重要的,评价柴油润滑性能均采用 ISO 12156 -1 规定的高频往复运动磨损试验法(HFRR),根据钢球表面上磨痕的直径(WSD)作为评判的标准,在 60℃时不应大于 460μm。

9. 含硫量

柴油中所含的硫成分,不仅其燃烧产物 SO_2 会产生酸雨、以硫酸盐的形式增加颗粒排放危害环境,并会加重柴油及零部件的磨损,还会使排气后处理装置过早失效。我国 2003 年标准规定含硫量为 0.05%,即 500ppm(1ppm 表示百万分之一,相当于 1mg/kg),欧盟 2009 年开始采用无硫柴油(含硫量小于 10ppm)。

10. 清洁度与水分含量

柴油中应尽量避免含有各种杂质,如沙粒、金属磨削、毛发以及各种不溶解的有机物与添加剂。欧盟标准规定有害物总量不超过 24mg/kg,我国柴油标准中规定总不溶物不大于 2.5mg/100mL,灰分不大于 0.01%。柴油中的水分欧盟标准规定不大于 200mg/kg,我国标准只注明“痕迹”,未作定量表述。

1.1.4 各种可用替代燃料的基本特性

各种燃料及替代燃料的相关特性如表 1－3 所列。从表中可见,气体燃料的分子量比汽油和柴油小得多,因此气体燃料的混合对燃烧、抑制颗粒排放有很大好处,是很好的代用燃料。但在供应方面需建设输气管道,新增加气站。LPG 可以液态储存,但国内资源较少且炼油厂所生产的 LPG 含烯烃较多(达到 60%),故不宜作为车辆用燃料。另外,采用气体燃料后引起气门、气门座的磨损加剧,导致发动机的制造和运行成本增加。

表 1－3 替代燃料特性表

燃料	柴油	汽油	甲醇	乙醇	LPG	CNG	H(气)	H(液)
分子式	$C_{15}H_{35}$	C_4H_{15}	CH_4O	C_2H_6O	C_3H_9	CH_4	H_2	H_2
分子量	208	99	32	46	45	16	2	2
含碳量/%	86.1	84.9	37.5	52.2	80	75	0	0
含氢量/%	13.9	15.1	12.5	13	20	25	10	10
含氧量/%	0	0	50	34.8	0	0	0	0
密度/(kg/L)	0.82～0.86	0.72～0.78	0.795	0.79	0.54	—	—	0.07
低热值/(MJ/kg)	42.7	42.5	19.7	26.8	46	47.7	28.4	121
汽化潜热/(kJ/kg)	6.0	8.0	56.4	33.8	5.6	—	—	—
CO_2排放/(g/MJ)	74.2	73.3	70.0	71.5	63.8	57.7	0	0

氢在自然界中的储量非常大,能量转换效率高而且燃烧后只生成水,不产生有害排放。由于氢是最清洁的燃料,目前也是研究开发的热点。通常考虑采用液态氢(液氢的密度为气态氢的 865 倍)是一种比较理想的储存方式,但需要加压至 5000kPa/－253℃状态下才能储存于容器中,其效率为 75%,综合效率为 36%～38%,与柴油机相当。此外,由于催化剂的效能随使用时间而下降,要经过长时间的努力才可能达到与内燃机相近,若用于汽车,在同样的行驶里程情况下,液态氢的成本是汽油的 28 倍。

对车用发动机来说,应用燃料电池和太阳能的前景尚不明确。据德国 Bosch 汽车工程手册称"燃料电池的实际效率为 48%～51%,而且燃料电池的寿命尚难预测。"燃料电池汽车可达到零排放,但在制氢时会有 CO、CO_2和其他排放。制氢的成本为 5000 元/t(中石化),电解氢更贵,采用燃料电池为 3 万美元(奔驰公司),而内燃机为 3000 美元。制造燃料电池需要用大量的铂,当前制造 50kW 的燃料电池需用铂 100g(预测可降低到 15～20g),全球铂的可开采储量为 4650t,而全球的汽车产量(2005 年)为 6000 万辆,需用铂 600t,只够 10 年所需。而且,作为全新结构和燃料供应系统需要漫长的建设过程,赶不上石油枯竭的进程。

混合动力汽车可节油10%～50%，排放可达到欧Ⅲ标准，成本约高30%，效果因道路和时间段的通堵情况而有所不同，在特大城区效果最好、郊区次之，公路长途则无效果。有一定市场的丰田、本田等公司在市场上的销售量达到50万辆。西欧的汽车公司则主张采用柴油车，它比汽油车节油近1/3，各种地区普遍有效。

利用低质煤炼制清洁燃料可满足汽车百年需要。利用煤制油不经济也不环保，直接液化每吨油需用煤3.5t，间接液化需用煤4.5t。煤制油比煤制甲醇成本高2倍，投资大2～2.5倍。利用煤制醇、醚、氢等优质、清洁、廉价的燃料将是研究的主攻方向。生产1t甲醇耗煤1.5～1.8t，其市场价为2000元/t。

醇类燃料在储存、携带和使用方面和传统的汽油、柴油差不多。生产乙醇燃料的主要原料来自农作物，属于可再生产能源。目前，仅依靠粮食作为原料，其产量尚难满足需要，成本较高(4000～5000元/t)。甲醇的生产技术成熟，资源比较丰富，价格便宜。例如，采用煤合成氨联产生成甲醇不仅生产成本低(低于1000元/t)，而且环境效益也很好，有利于作为汽车燃料。甲醇的辛烷值远高于汽油，抗爆性好，可增大压缩比，而且其汽化潜热大于汽油，可从气缸壁及进气系统吸收更多的热量，从而有利于提高汽油机的热效率。此外，甲醇燃料的挥发性好，火焰传播速度快，可促进混合气着火燃烧，有利于降低有害气体的排放。目前，我国已开发成功的甲醇汽油混合燃料，含醇量的比例为3%～15%，甚至高达50%(M50醇汽油)。甲醇的沸点低于柴油，有利于混合气的形成和燃烧，而且甲醇的含氧量较高可达到50%，可加快燃烧速度，减少后燃期中碳粒的形成，有利于降低排烟指数。同时，由于甲醇的汽化潜热大，在混合气形成时会产生冷却效应，使进气温度下降，可抑制 NO_x 的生成。

几种燃料排放物的最低/最高值如表1－4所列。

表1－4　几种燃料排放物的最低/最高值

燃料名称	CO	HC	NO_x
汽油①	5.32/12.6	1.06/1.48	1.93/3.35
汽油	0.86/2.08	0.05/0.10	0.20/0.43
M85	0.20/1.43	0.03/0.06	0.04/0.19
LPG	0.71/1.07	0.09/0.14	0.10/0.21
CNG	0.32/0.48	0.21/0.61	0.06/0.19
柴油	0.08/0.40	0.05/0.14	0.30/0.94

注：①不带三元催化转换器。

生物柴油对于降低 CO_2 排放有显著的效果，而且在其原料植物油的生产过程中还会吸收大量 CO_2。生物柴油是由植物油或动物脂肪炼制而成，如用动物脂肪或餐厅剩余的油脂(地沟油)提炼而成的残油甲酯(UFOME)就是其中的一种。生物柴油的性质与柴油十分接近,而且与柴油的互溶性很好,可以按任意比例与柴油混合。在减低温室气体排放日益受到重视的今天,CO_2排放量也将成为重要的限制指标。

在船用发动机领域,德国214型潜艇上所采用PEMFC-AIP系统取得良好的效果,从安全的角度出发可采用储氢合金,采用某些合金材料(镁及镁合金、钛合金、稀土合金、钒族金属等)在适当的温度和压力条件下能直接与氢发生反应生成金属氢化物。金属氢化物经过加热或降压发生分解,放出氢气。主要优点:安全性好,氢以原子态储存于金属中释放时不易发生燃烧和爆炸;氢化物储氢装置的压力只有0.2~0.6MPa,容量大,若以每立方米为单位金属储氢与液氢相比为101.2/70.7(kg)。此外,在甲醇重整制氢和吸附储氢等新技术研究也取得了初步的成果。

在民用运输船舶上,由于排放规范日益严格,同时由于新气源的发现(页岩气)使天然气的价格和日益升高的液体燃料的价格日益趋近(LNG每吨的价格为重柴油的1.1倍)。因而,在LNG运输船上采用双燃料发动机作为推进主机和发电机组及在渡船上采用纯天然气发动机有不断发展的趋势。

1.2 内燃机的有害排放物

1.2.1 内燃机排气中的有害成分

内燃机的有害排放物主要有以下几种。

1. CO

CO无色、无刺激,吸入体内的CO易与血红蛋白结合(比氧与血红蛋白的亲合力大300倍),形成CO-血红蛋白,容易造成低氧血症,导致人体组织缺氧,危害中枢神经系统,引起感觉、反应和记忆能力等机能障碍,以及头痛、头晕、四肢无力等中毒症状,甚至出现窒息,导致生命危险。CO浓度达到10ppm,就能引起慢性中毒,达到30ppm在4~6h内就可出现中毒症状,必须在24h内把CO的浓度限制在5ppm以下。

2. NO_x

NO_x最主要的是NO和NO_2,人吸入NO_x后,可出现眩晕、无力、多发性神经炎等症状,浓度高的NO_x可使人窒息。

3. HC

HC不产生直接影响,但其中的苯并吡($C_{20}H_{12}$)具有较大毒性,是一种很强的致癌物质,此外甲醛和丙稀醛等对眼睛及呼吸器官有强烈的刺激。

HC 与 NO_x 是引起光化学反应的起因物质之一,所生成的过氧化物对环境的危害更加引人注意。

4. 颗粒物

排气中颗粒物主要有以下两种:

一是汽油机排放物中的铅,是从抗爆剂 Pb(CZHS)经燃烧后产生,一般为直径小于 0.2μm 的小颗粒。它进入人体后,不仅使人贫血、神经麻痹、腕臂不能伸直等,还提高了便秘、血管病、脑溢血和慢性肾炎的发病率;铅化物还会吸附在催化剂表面,显著缩短其寿命。现在我国汽油中已禁止添加铅作为抗爆剂。

二是碳烟,也就是燃料不完全燃烧产物。在高压燃烧条件下,过浓混合气在高温缺氧区,燃油被裂解成碳,主要由直径 0.1 ~ 10μm 的多孔性碳粒组成,是柴油机排放的主要颗粒物,其中直径 0.1 ~ 0.5μm 的颗粒危害最大,吸入肺部后沉积下来导致肺气肿、皮肤病及具有致癌作用。

5. 光化学反应

由柴油机直接排出的污染气体称为一次污染物,其中的 NO_x 和 HC 在太阳光(紫外线)的作用下,生成光化学过氧化物(称为二次污染物),进而生成光化学烟雾,其中有臭氧 O_5 和过氧酰基硝酸盐(PAN),还生成多种游离基、醛、硫酸雾等。

1.2.2　有害成分的成因

内燃机有害成分的成因如下。

1. NO_x

NO_x 形成主要有以下两部分:

一是燃料 NO_x,即燃料中所含的氮化物在燃烧过程中被氧化而生成,约占 NO_x 生成总量的 10%;二是热 NO_x,即空气中的 N 和 O 在燃烧过程的高温条件下通过化学反应生成的,占 NO_x 生成总量的 90%。

NO_x 是一种化学反应产物,为减少 NO_x 的产生,应使火焰带的温度不超过 1800℃,同时要尽量缩短高温的持续时间。

2. CO

内燃机中 CO 的排放量主要由空燃比控制。汽油机的空燃比接近化学当量比,经常在富油混合状态下运转,CO 的排放量是相当可观的,因此必须加以控制。柴油机在贫油状态下运转时,CO 的排放量是很低的,但是在高温燃烧条件下,产生的分解反应也会造成 CO 排放量的增加,总体来说柴油机的 CO 排放量要比汽油机少得多。

3. HC

HC 或称为有机排放物,它形成的原因如下。

(1) 在压缩和燃烧过程中,气缸内气体压力很高,将部分混合气压进燃烧室空间的缝隙中或狭窄的容积内,由于这些缝隙的入口很小,火焰不能进入,这部分未燃工质在膨胀及排气过程中就成为 HC 的散发源。

(2) 当火焰传播到达气缸壁时受冷却而熄灭,致使燃料不能完全燃烧。

(3) 在活塞和气缸壁及气缸头上的润滑油层,它能吸收并放出燃油碳氢化合物,这起因是部分燃油在主燃期中未被燃烧。

(4) 由于大量火焰的碎息,使燃烧速度减慢而导致不完全燃烧。这在工况变化的过渡期间,当空燃比、点火正时和废气再循环量匹配不当时更易发生。

HC 和 CO 都是不完全燃烧的产物,主要发生在汽油机中,它们在太阳光中的紫外线的作用下会形成光化学烟雾,对人体和生物的成长有较大的危害。根据光化烟雾生成的原理认为,汽油机排气中包含多种碳氢化合物,可以分为惰性和活性两类,惰性部分实际不起化学作用,而燃油中所含芳香族和烯烃成分则会产生活性成分。

4. PM

排气中所含有的微粒物中有:

(1) 煤烟(碳粒)(Soot)占 50% ~80%,由燃烧不完全产生。

(2) 可溶性有机物(SOF)是燃油燃烧中间产物所组成。

(3) 硫酸盐(Sulfate)。

在柴油机中的扩散燃烧期和后燃烧期易生成煤烟,颗粒的形成不仅仅是燃烧不完全的结果,高温及缺氧使柴油脱氢裂解也产生微粒物,在温度高、氧气浓度大的情况下,煤烟生成少。

5. SO_x

燃油中含硫的成分在燃烧过程中被氧化形成硫氧化物,其主要成分是 SO_2(约占 93%),也有 SO_3(约占 7%)。生成量主要取决于燃油中的含硫量,因此,在使用劣质燃油的船用低、中速柴油机中硫氧化物的排放量较大。

综上所述,内燃机排放的有害物质其来源有两个方面:一是内燃机的工作特点;二是所采用的燃油。由于汽油机和柴油机的工作原理有所不同,因此其排放物中有害成分的组成也有所不同,由于车用柴油机与船用柴油机所用的燃料成分有所差异,因此其排气污染物的成分及所占的比例也不相同。具体表现为:

(1) 汽油机的颗粒排放物少且尺寸小,故不见黑烟,但其颗粒小,能长时间悬浮在空气中,且可深入呼吸系统,因而具有更大的潜在危险。

(2) 柴油机的空燃比大,燃烧室内的氧气充足,且喷油雾化细,混合较好,故排气中的HC、CO少。

（3）燃油中所含的C、S等成分在燃烧后形成CO_2、CO等产物，柴油机的燃油消耗率比汽油机低20%～40%。因此，在同等功率输出情况下，其CO_2等排放量要少，此外在生产和运输1t柴油时要比1t汽油少产生160kg左右的CO_2。

6. CO_2

CO_2是没有毒性的，但它确实是引起温室效应的主要物质。瑞典科学家S.阿雷纽斯于1896年提出了“温室效应”这一概念，并预言如果大气中CO_2的含量增加1倍，则地球表面温度将提高4～6℃。

1.3 柴油机的节能与减排

进入21世纪以来，能源紧缺和日益严格的排放标准使内燃机发展面临着严峻的挑战，各国各地区先后制定了各种排放标准，指标越来越严格，已成为当前柴油机技术进步的主要驱动力量。

1.3.1 排放标准

1. 欧洲车用柴油机排放标准

欧洲排放控制于1992年开始推出欧Ⅰ，随后标准执行日益严格。表1－5为欧洲排放标准的生效时间以及相应指标。

表1－5 欧洲排放标准 单位：g/(kW·h)

等级	生效时间	CO	NO_x	PM
欧Ⅰ	1992	4.9	8.0	0.4
欧Ⅱ	1996	4.0	7.0	0.15
欧Ⅲ	2000	2.1	5.0	0.10
欧Ⅳ	2005	1.5	3.5	0.02
欧Ⅴ	2008	1.5	2.0	0.02
欧Ⅵ	2014	0.5	0.4	0.01

我国等效采用欧洲排放法规。2000年开始执行国1，2004年开始执行国2，2007年开始执行国3，2010年开始执行国4，2012年开始执行国5。所以，车用柴油机技术研发的主攻方向将是进一步降低油耗和CO_2排放。

2. 美国排放标准

美国环境保护署对各种用途的发动机提出了关于NO_x和PM的各种标准，

具体排放标准如表1-6所列。

表1-6　美国排放标准

规范	Tier0	Tier1	Tier2	Tier3	Tier4	UIC1	UIC2	EU3A	EU3B
年份	2000	2002	2005	2012	2015	2001	2003	2009	2012
NO_x/(g/kW·h)	9.5	7.4	5.6	5.6	1.5	9.0	7.0	5.5	2.6
PM(g/kW·h)	0.6	0.5	0.2	0.1	0.03	~	0.38	0.15	0.025

相对于Tier2排放标准其指标值降低的情况如下。

(1) 非道路用：-45% NO_x/ -80% PM。

(2) 船用：-75% NO_x/ -70% PM。

(3) 机车用：-76% NO_x/ -69% PM。

(4) 电站用：-89% NO_x/ -80% PM。

3. 船用柴油机排放标准

早在1990年，国际海事组织(IMO)就提出了对SO_x和NO_x等排放物的控制指标，在1995年9月召开的第37次环保会(MEPC37)上，国际海事组织在《MARPOL73/78防污公约》在原有5个附则的基础上又增加了附则6，即《防止船舶大气污染规则》，于1997年9月正式通过，并与相应的《船舶柴油机氮氧化物排放控制技术规则》于2005年5月19日对所有协议签署国的船舶正式生效。

MARPOL附则6对SO_2排放的规定为：在公海中行驶的远洋船舶的燃油硫含量必须低于4.5%；当船舶驶入SO_2控制海域(SECA)时，燃油中的硫含量需低于1.5%。或者，采用机外控制装置将船舶主、辅机的SO_2排放同时降至6g/(kW·h)。MARPOL附则6对NO_x排放的规定为：控制对象是2000年1月1日以后建成(或经重大改造)的功率大于130kW的不同转速船用柴油机，具体标准如表1-7所列。

表1-7　IMO Tier1标准

NO_x排放/(g/(kW·h))	发动机转速/(r/min)
17.0	$n<130$
$45n^{-0.2}$	$130<n<2000$
9.8	$n>2000$

从2011年起执行的IMO Tier2标准，NO_x的排放限制值定为7.7g/(kW·h)。根据MARPOL73/78附则6，从2016年开始执行的IMO Tier3排放标准，要求将NO_x排放水平再降低75%，为2.0g/(kW·h)，如图1-1所示。但IMO Tier3排放限值只在排放控制区(ECA)内(如北美的近海区域)才强制使用，在非排放控

制区(non－ECA)内仍采用Tier2标准。同时,还对SO_x排放有所限制,除了NO_x的排放规范以外,未来对燃油含硫量也提出了严格的要求,从2015年起在硫排放控制区(SECA)内要求燃油含硫量将从1.0%降至0.1%。而且,自2020年起,整体上要求含硫量从3.5%降至0.5%(也可能推迟至2025年)。

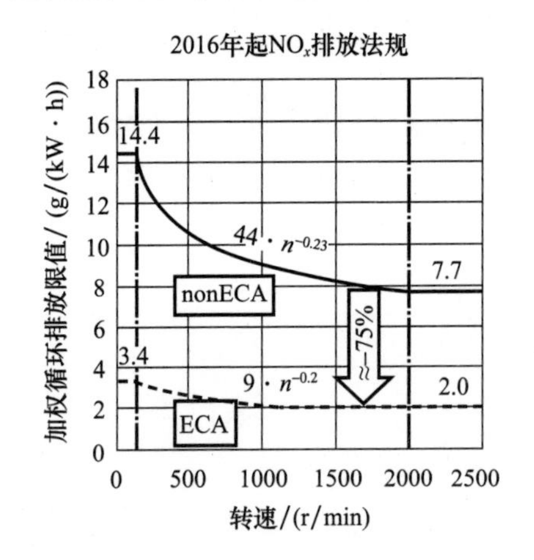

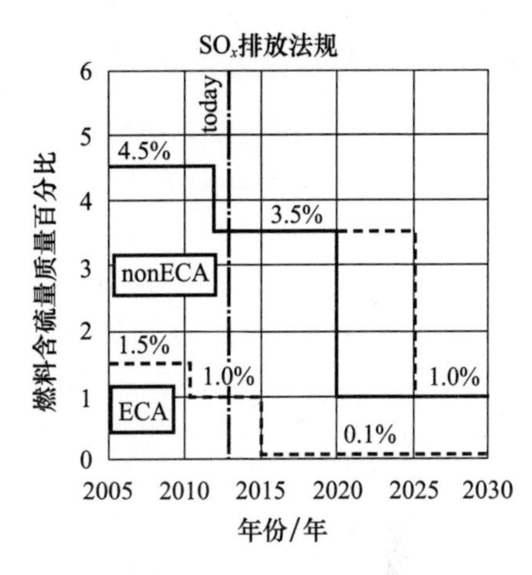

图1－1 IMO Tier2及IMO Tier3标准

1.3.2 节能措施

柴油机节能的关键在于提高内燃机气缸内能量的转换及利用的有效性。柴油机是通过喷入气缸的燃油与空气在缸内混合燃烧使热能转化为机械能经曲轴输出,柴油在燃烧过程中同时也产生了一些有害的物质从废气中排放出来,对环境造成污染。传统的柴油机理论认为,柴油机的燃烧过程是由预混燃烧和扩散燃烧两个阶段所组成。通常情况下,缩短滞燃期可以减少预混燃烧的强度以减小发动机的振动和噪声,使燃烧过程的平稳性得以提高,并同时希望强化扩散燃烧阶段,使之在上止点附近的较短时间内燃烧大量的燃料以获得较高的功率和效率。但是,这样会引起NO_x及颗粒排放物(PM)排放量的大量增加,柴油机的有害排放物主要是NO_x和PM,PM中的碳粒是在高温缺氧(>1500K,<1)的浓混合气中生成的,NO_x是在>2700K的富氧条件下生成的。研究结果认为,理论化学当量比下的扩散燃烧是NO_x排放形成的源泉,燃油喷柱中的液核过浓部分、预混合区的缺氧燃烧则是碳烟形成的源泉。因此,燃烧过程对柴油机工作性能有着极为重要的、全面的影响。

为了解决功率、经济性与排放性及平稳性之间的矛盾,燃烧过程已成为当前研究的热点。其中的关键问题是选择合理的燃烧模式及其实现的相关技术。理想的燃烧模式应该是使柴油机的功率、燃油消耗率、排放率、压力升高率等指标得到综合优化,从而实现在整个工况范围内高效、清洁、可靠运行的目的。

1.4 提高柴油机性能研究的展望

1.4.1 高速车用小型柴油机

严格的排放法规及提高燃油经济性要求将成为车用柴油机技术发展的驱动力。目前,欧美及日本对重型车用及非道路用柴油机的排放法规如表 1-8 所列。

表 1-8 现有法规标准

排放法规	实施年份	NO_x/(g/(kW·h))	PM/(g/(kW·h))
美国 2010 年法规	2010	0.27	0.013
日本长期法规	2013	0.23	0.010
欧 6 法规	2013	0.4	0.01
Tier 法规(>58kW)	2014	0.4	0.020/0.025

严格的排放法规对降低油耗有较大的负面影响,这两者之间存在着明显的权衡取舍关系。对高速车用柴油机来说,采用改善机内工作过程(主要是燃烧过程)以降低排放和改善燃油经济性的措施可设想为:

(1) 采用高压燃油喷射系统,提高喷油压力可使燃烧速率增大,并在碳烟水平和最高温度的限制范围内,能够使燃空当量比增大、燃烧持续期缩短,亦即燃烧效率有所提高,从而使升功率增大。试验结果表明,喷油压力从 180MPa 提高到 250MPa 会使循环效率提高,并增大 7% 燃空当量比,使升功率提高 10%。提高喷射压力,促使燃烧持续期缩短,从而使碳烟后氧化的时间延长,有效地降低碳烟排放,采用增大喷孔直径会使燃油流量增加、喷油及燃烧持续期较短,有利于提高效率,而且由于燃烧结束较早,使碳烟排放量减少。

(2) 提高最高燃烧压力。提高缸内最高燃烧压力可提高全负荷下的升功率。试验表明,缸内最高燃烧压力由 14.5MPa 提高到 18.0MPa,在保持碳烟排放水平不变的条件下,升功率大约可增大 8%。

(3) 提高增压压力。提高增压压力(从 0.22MPa 提高至 0.28MPa)即使在碳烟限制的条件下,循环喷油量也会有很大的增加(每循环喷油量 0.22MPa 时为 55.5mg,0.28MPa 时为 62.9mg),故增压压力提高后升功率可以提高 15%。

现在车用发动机常用的缩缸强化技术的目的在于提高柴油机的升功率。现今车用发动机的升功率一般为 55kW,有希望提高到 80~90kW。研究结果表明,要达到高的升功率,重要的是在提高喷油压力的同时提高缸内最高压力和增压压力。当增压压力为 0.34MPa、最高燃烧压力为 20.0MPa、喷油压力为 250MPa 的情况下,能够达到升功率 90kW 的目标。

1.4.2　大型重载柴油机

欧盟 10 个国家和瑞士合作,在 2004 年设立了 HERCULES(High Efficiency Engine R&D on Combustion with Ultra – Low Emissions for Ships)研究项目,开创了柴油机技术参数极值的研究并已取得了一些富有参考价值的成果,对柴油机性能研究具有重要的指导作用。

1. 平均有效压力

(1) 芬兰赫尔辛基工业大学于 2000 年开始设计建立极值单缸试验机(Extreme Value Engine,EVE)。试验机的缸径为 200mm,冲程为 280mm,转速为 900r/min,气缸能承受的最高压力为 40MPa,于 2004 年点火运行,可适用于对新燃烧技术、Miller 定时技术、废气再循技术、低温燃烧技术、均质混合压燃技术等研究。到 2007 年为止,虽然尚未达到原定平均有效压力 5MPa(已达到 3.5MPa)、活塞平均速度 15m/s 的目标值,但发动机的可靠性及基本配置的合理有效性已得到检验。

(2) 德国汉堡工业大学在试验机上(缸径 320mm,冲程 400mm,转速 750r/min)得到的结果表明,平均有效压力已达到 4.0MPa,最高压力为 35MPa,并对平均有效压力达到 8.0MPa 进行了可行性研究。结论为:①增压器效率为 70% 并保持放热率不变的情况下,平均有效压力值不可能超过 6.0MPa,因为这时的扫气压差已成为负值,涡轮前温度显著升高,燃油消耗率有少许增加;②在放热率及涡轮前压力与充气压力的比值保持不变的条件下,平均有效压力有可能达到 8.0MPa,这时的增压器效率需达到 80% 以上,涡轮前温度有少许降低,燃油消耗率下降约 5%;③在所有的情况下,充气压力(增压压力)和最高爆发压力均与平均有效压力成正比地增加。当平均有效压力达到 8.0MPa 时,对应的增压压力为 1.5 ~ 1.6MPa,最高爆发压力为 75 ~ 80MPa。

2. 最高爆发压力

芬兰 Aalto 大学在 EVE 机上进行了将最高爆发压力提高到 30MPa 的燃烧过程。试验结果:气缸压力为 30MPa 时,提高喷油压力会加快燃烧速度,使燃烧过程缩短,导致功率有所增加;提高缸内压力会导致 NO_x 的产生量增加,但由于功率输出提高了 20%,因而其单位比值降低约 40%,燃油消耗率降低 5%。

3. 高压共轨喷油系统

L' Orange 公司创建于 1933 年,是专门从事大功率柴油机燃油喷射系统研发和生产的企业,2011 年研发的第三代单体式喷油泵喷油压力达到 200MPa,共轨系统达到 220MPa,第四代产品喷射压力为 250MPa,将于近期投入生产。

4. 增压系统

(1) ABB 公司第一代 Power2 两级增压系统已从 2010 年投入使用,发动机效率提高和排放降低方面的收益都超过了单级增压系统。在四冲程柴油机上采用两级增压系统和 Miller 循环的组合在保持相同 NO_x 排放水平的条件下,其燃油消耗率比单级增压约降低 9%。目前,进一步发展用于大功率中速柴油机的第二代 Power2800M 两级增压系统,增压压力提高到 1.2MPa,效率超过 80%,中冷温度为 55℃。两级增压和 Miller 循环的组合可使整个工作循环的温度下降,这对降低 NO_x 排放会产生正面的作用,而不会影响到发动机的效率。数值模拟研究的结果预测,与单级增压相比 NO_x 排放减少 70%,节油 9%,同时功率密度增大。

(2) KBB 公司生产的第 7 代产品 ST 系列增压器(ST3 - ST6),压比为 4.5,并将提高到 5.0,它和 Miller 循环(-30°BBDC)组合已成功地投放市场。K2B - Knowledge to Boost 项目,包含了有/没有高压废气再循环(HPEGR)的二级增压系统,总压比为 6~10,可以满足 IMO Tier3 排放规范的要求,并能进一步提高发动机的效率。

5. Miller 循环的极值研究

柴油机燃烧过程及 NO_x 生成机理的研究表明,NO_x 排放与燃烧绝热温度直接相关。绝热火焰温度与反应物的温度及组成有关,因此,采用 Miller 气阀定时技术,设置进气阀在下止点(BDC)前关闭,使工质在压缩过程开始以前,在气缸内进行膨胀,导致循环温度降低。工质温度的降低可使 NO_x 的生成率降低,并由于热损失的减少使燃油消耗率下降,气缸最高压力下降,零部件的热负荷减小。当 Miller 定时与多级增压系统的高增压压力相匹配则可补充由于气阀早开的充量损失,从而使功率密度仍然保持原有的水平而 NO_x 排放及燃油消耗率均显著降低。但是,通过 Miller 定时技术降低充量温度来减少 NO_x 排放是有一定限度的。研究结果表明,采用极度的 Miller 定时会在燃烧过程中发生压力振荡,这种压力振荡是由于滞燃期延长,致使预混燃烧大量增加,导致局部压力急剧增高的结果。在中速柴油机燃烧室中由于压力振荡所引起的扰动强度的增加,会促进油混合控制的扩散燃烧时期的油气混合速率。在极度 Miller 定时条件下,反应物温度降低反而会使 NO_x 排放增加。

1.4.3 涡轮复合回收装置

为了进一步提高发动机的运行经济性,采用郎肯循环可回收柴油机的废气能量。在柴油机外部附加了按郎肯循环(亦称二次过程)运行的系统。图 1-2 为包括了余热回收系统在内的柴油机布置简图。应用二次过程后可在道路符合条件下降低 6%~8% 的油耗。

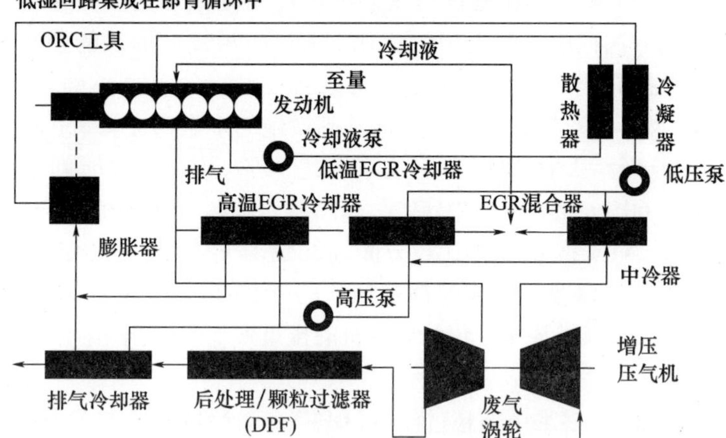

图1-2 郎肯循环柴油机布置简图

长途运输重型货车的燃油消耗可降低12%～23%。其中,1/3与基本发动机充气及后处理有关;1/3可以用缩缸强化和混合动力来实现;1/3可以通过引入二次/低温、低压循环回收来自排气的余热来实现。为满足排放要求而采取的机内净化减排技术措施已面临饱和,后处理技术将扮演越来越重要的作用。

1.4.4 排气后处理装置

由于实施了严格的NO_x排放法规,由此对发动机的燃油消耗率会有负面的影响。预计在不采用后处理的情况下基本可满足欧V法规。通过排气管中采用后处理措,可以允许发动机在较高的燃烧温度(较高的NO_x生成量)下运行,这样可获得较高的效率和较低的PM排放。

1. NO_x排放

现今的NO_x排放控制研发工作主要集中在用于不同车型的选择性催化还原(SCR)系统,重点是冷态运行、耐久性、二次排放和系统优化。此外,对于经老化后的稀氮氧化物捕集器(LNT),其脱NO_x的效率可高达60%～70%,用于轻型车和较轻的重型车。

SCR系统在公路负荷点以85%的效率工作,为了满足美国NTE标准的0.39g/(kW·h)的要求,还需要净化还原NO_x,在这水平上尿素的消耗率大约为燃料的3%～4%。用于SCR的氨可以由固态尿素提供或由存储化合物提供。固态尿素用于卡车,一个25L的容器可以维持25000km。采用$MgCl_2$作为氨的存储介质,可生成$Mg(NH_3)_6Cl_2$。$MgCl_2$尿素存储密度是尿素溶液的3倍,仅比液态氨少10%,其单位氨的质量比液态氨约轻60%。在使用时,将介质加热到

180℃释放出氨气(100W 可释放 $NH_3$0.5g/min)。当废气温度低于 200℃时,尿素分解会限制 SCR 效率。在低负荷工况下可使用废气加热的旁通气流来水解尿素,与常规的方法向废气喷射尿素相比(效率为 70%),加热的旁通气流可使 150℃时的效率提高至 90%。

LNT 为轻型车和难以建立足够尿素基础设施的中型车提供了一种具有吸引力的 NO_x 解决方案。LNT 使用初期效率可达 90%,运行一段时间稍有老化以后,稍微退化到 60%,此后变得稳定。

在 SCR 与 LNT 之间的成本比较方面,假设系统的尺寸、多孔层涂覆技术、载体成本、废气传感器以及封装成本都是相同的,则主要差异来自催化剂成本(贵金属)和车载尿素系统的成本。传统柴油机的排量大于 5L 时采用 SCR 更为经济。

2. PM 排放

目前车用发动机多采用颗粒过滤器(DPF)。过滤器系统大多采用催化剂生成 NO_2,以利于碳烟在多种运行工况下氧化,或者燃烧 HC,将过滤器加热到碳烟氧化温度。在催化器中会生成硫酸盐纳米级 PM 气溶胶和过量的 NO_2。研究表明,DPF 可将碳烟排放降低到几乎测不出的水平,但对清除纳米级 PM 气溶胶的作用甚微。燃油和润滑油燃烧生成的二氧化硫会在废弃催化剂的作用下,生成硫酸纳米级 PM。由此形成二次排放问题,除需采用超低硫燃油和低硫润滑油以外,在排气系统中采用硫扑集器后可消除纳米级 PM 气溶胶。

1.5 小　　结

(1) 节能与减排是我国经济发展的基本国策。日益枯竭的石油资源及逐渐强化的排放限制,柴油机面临着严峻的挑战。通过不断的技术创新,目前及今后相当长时期内柴油机以其功率密度、经济性、排放性、独立性等方面的优势,在热动力机械领域内仍占有重要的地位。

(2) 柴油机在以下领域内具有广泛的应用前景。

① 车用发动机。城市交通车辆及小型乘用车正面临电动化的激烈竞争,但长途客运车辆及商用载重车辆柴油机仍有广阔的市场和发展空间。

② 船舶动力领域。军民用运输船舶、军用中小型水面战斗舰艇及常规动力潜艇,柴油机是主要的推进动力。

③ 电站动力。陆用大型固定式电站的柴油机,其燃料可能逐渐被天然气所替代。小型及移动式电站仍然以柴油发电机组为主。

④ 农业机械及工程机械领域,柴油机是主要的动力机械。

(3) 根据现代现代商船及军舰动力的需求,柴油机的主要性能指标应能达到以下要求。

① 单机功率。10~30MW 的低速(n<750r/min)柴油机,用作军、民运输船舶的推进动力;8~10MW 的中速(750<n<1000r/min)、中高速(1000<n<1500r/min)柴油机,用作水面舰船的巡航机及主机;1~5.5MW 的高速(>1500r/min)柴油机用作小型船艇的推进动力及电站原动机。

② 燃油消耗率。低速柴油机:160~180g/(kW·h);中高速柴油机:180~200g/(kW·h);高速柴油机:200~220g/(kW·h)。

③ 排放规范。车用柴油机,柴油发电机组应满足欧Ⅴ(NO_x≤2.0,PM≤0.02g/(kW·h))、欧Ⅵ排放规范(NO_x≤0.4,PM≤0.01g/(kW·h));船用主机应达到 IMO Tier2(NO_x≤7.7g/(kW·h),SO_x≤3.5%~0.5%)和 IMO Tier3 排放规范(NO_x≤2.0g/(kW·h),SO_x≤1.0%~0.1%)的要求。

(4) 增压和电控是车用柴油机系统提高的重要研究方向。由于柴油机所需的功率越来越大,现已从传统提高转速的方法向将低转速采用增压的方式发展,并同时提高喷油压力增加循环喷油量,改善油气混合质量以提高升功率和循环经济型,有利于降低碳烟和 CO_2 排放,即采用缩缸强化的模式。这是在增压技术、电控高压喷油技术获得成功发展的基础上改善发动机性能的有效途径。同时,若使转速降低及气缸尺寸缩小,还可使磨损降低,有利于提高发动机的效率、运行可靠性和延长使用寿命。其研究结论对于其他类型柴油机也具有参考价值。

非道路用大功率柴油机在采用增压技术方面已有比较成熟的经验,但在高压燃油喷射系统的开发和应用方面相对滞后于高速车用柴油机。

(5) 现代先进柴油机的基本配置。为满足当前及今后发展的趋势,柴油机的基本配置应具备:单级(压比4~6)或二级(压比8~12)高性能(总效率达到75%以上)的涡轮增压系统;高压(喷射压力120~180MPa)或超高压(喷射压力180~250MPa)燃油喷油系统;高效的后处理设备;精确、灵敏、大自由度(响应时间0.1~0.5ms)的电子控制系统及电子管理系统。

(6) 排放控制的研究仍需加大研究力度。目前,排放指标已趋于零排放的极限,机内减排技术措施的理论研究也趋于达到极限,故有舆论认为柴油机性能研究已处于收官阶段。但从性能极值研究的初步成果来看,不仅在理论上还有相当大的研究探索空间,在实践和应用方面尚处于起步摸索阶段。尤其是作为舰艇、坦克等重要军事装备"心脏"的大功率柴油机,"虚弱、乏力"的状态仍亟待解决。

参考文献

[1] 姚春德. 醇燃料—未来汽车的石油替代燃料[J]. 柴油机,2004.
[2] 徐家龙. 柴油机电控喷油技术[M]. 北京:国防工业出版社,2014.

[3] Karl Heinz Foelzer. Aspects of a Tier4 development for a multi – application high speed diesel engine[C]. 27th CIMAC Congress,2013,410.

[4] Chister Wik. TierⅢ Technology development and its influence on ship installation and operation [C]. 27th CIMAC Congress,2013,159.

[5] 刘巽俊. 2020年以后的商用车动力[J]. 国外内燃机,2011.

[6] 孙丹红. 用极高喷油压力提高柴油机升功率的潜力[J]. 国外内燃机,2011.

[7] 张然治. 柴油机排放控制综述[J]. 国外内燃机,2010.

[8] LariKillio. The design and operation of fully controllable medium speed reseache ngine EVE [C]. 25th CIMAC Congress,2007,163.

[9] Matteo Imperato. Some Experimental Experience Gained With a Medium speed Diesel Reseach engine[C]. 26th CIMAC Congress,2010.

[10] Peter Eilts. Investigation of Extreme Mean Effective and Maximum Cylinder Pressure in Medium Speed Diesel Engines[C]. 27th CIMAC Congress,2013,272.

[11] Marti Larmi. 30MPa Mixing Controlled Combustion[C]. 27th CIMAC Congress,2013,171.

[12] Maec TranHeller. L′ Orange Fuel Injection Systems in China and Asia[C]. 27th CIMAC Congress,2013,121.

[13] Ennio Cadan. 2 – Stage Turbo charging – Flexibility for Engine Optimisation[C]. 26th CIMAC Congress,2010,293.

[14] Thomas Behr. Second Generation of Two – stage Turbo Charging Power2 System for Medium Speed Gasand Diesel Enines[C]. 27th CAMAC Congress,2013,134.

[15] Silvio Risse. New Turbochargers for Modern Large Engines with Low Emissions and High Performance[C]. 27th CAMAC Congress,2013,226.

第2章　柴油机的燃油喷射系统

在柴油机问世100多年的历史进程中,燃油供给与调节系统(燃油喷射系统)的研究及发展对于柴油机的技术进步具有重要和直接的作用。

燃油喷射系统的基本功能主要是:

(1) 通过加压将燃油喷入气缸,使燃油雾化形成细微的颗粒并与气缸内空气混合形成均匀的可燃混合物质(工质)。

(2) 根据柴油机的负荷准确地供给所需的燃油量。

(3) 根据柴油机的运行工况精确地保证喷油时刻。

柴油机燃油系统根据不同的分类方式可分为多种类型。

按喷射特性可分为脉动式和蓄压式两类:

(1) 脉动式喷油系统,在每循环一次喷油过程中压力是逐步升高的。

(2)蓄(恒)压式喷油系统,在每循环一次喷油过程中压力保持不变。

按结构布置方式可分为泵管嘴系统和泵喷嘴系统两类:

(1) 泵嘴管系统,1927年德国博世(Bosch)公司开始批量生产组合式泵管嘴(PLN)喷油系统和单体泵系统。

(2) 泵喷嘴系统,20世纪40年代美国GM公司在其生产的二冲程柴油机上采用了高压泵和喷油器合为一体的泵喷嘴系统。

按控制调节方式可分为机械控制和电子控制两类。

2.1　机械燃油喷射系统

机械泵管嘴喷油系统的布置和组成具有典型的意义,系统中的主要部件为高压油泵、高压油管及喷油器。系统的布置和喷射过程如图2-1所示。

2.1.1　燃油喷射过程

喷油开始前,油管中存有残余压力,柱塞向上运动进油孔关闭后,燃油开始受到压缩,经过t_1(曲柄转角φ_1)时间后,当压力超过高压泵出油阀的弹簧压力后,出油阀开启,燃油进入高压油管,油管中的压力以压力波的形式传播,经过$t_2 = L/a$(曲柄转角φ_2)时间后,到达喷油嘴端,嘴端压力开始升高,当压力升高到足以克服喷油器弹簧预紧力时,针阀抬起开始喷油(曲柄转角φ_3),这时柱塞仍处于加速运动阶段,压力继续上升,随着高压泵泄油孔开启,系统压力下降,出油阀和喷嘴针阀相继关闭,喷油结束。从柱塞开始压缩燃油到针阀抬起开始喷油的这一段时间称为喷油延迟期(喷油延迟期:$\varphi_{pi}=\varphi_1+\varphi_2+\varphi_3$)。

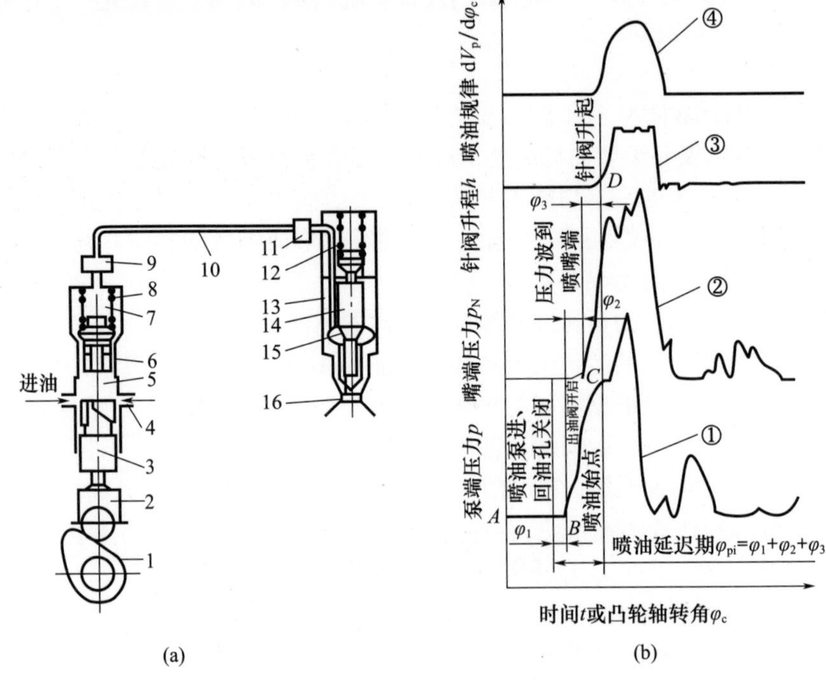

1—凸轮轴;2—挺柱体;3—柱塞;4—进、回油孔;5—柱塞腔;6—出油阀;7—出油阀紧帽腔;8—出油阀弹簧;9,11—传感器;10—高压油管;12—针阀弹簧;13—喷油器总成;14—针阀;15—盛油槽;16—喷孔。

①泵端压力;②嘴端压力;③针阀升程;④喷油规律。

图2-1 传统泵管嘴燃料供给系统的喷射过程

(a)系统简图;(b)喷射过程。

2.1.2 燃油喷射系统的主要部件

现代柴油机的燃油喷射系统绝大多数采用直接喷射式,即由高压油泵排出的高压燃油直接作用于喷油器并喷入气缸。该喷射系统除低压燃油输送系统外,高压喷射系统主要包括高压油泵、喷油器和连接它们的高压油管。

1. 高压油泵

高压油泵的作用是保证准确而可靠的供油定时、准确而可调的供油量、足够高的供油压力和合理的供油规律。根据其结构和油量调节方式不同,高压油泵一般分为柱塞斜槽式、阀调节式和分配式等。柱塞斜槽式高压油泵又称为波许泵,广泛应用于大功率高、中、低速柴油机上，而阀调节式高压油泵主要用在某些船用大功率低速二冲程柴油机上，分配式通常用于车用中小型柴油机上，本书不予介绍。

船用柴油机中应用最多的为高压柱塞泵，根据每个柱塞泵所包含的柱塞数目不同，柱塞泵分为单体泵和整体多柱塞泵。单体泵是每个柱塞泵只有一副柱塞套筒，柴油机上的每个气缸安装一个单体泵，这种结构可以最大限度地减小高压油管长度，以降低压力波动效应，为目前大部分大功率中、低速机和部分高速柴油机所采用。整体多柱塞泵是一个高压油泵中装有多副柱塞套筒，多为小型高速柴油机和部分中高速大功率柴油机所采用。

柱塞斜槽式高压泵的结构简图如图2-2所示。柱塞和柱塞套是一对精密偶件。柱塞表面开有环形斜槽，斜槽又通过直槽与柱塞顶油腔相通，柱塞套上开有油孔，高压油泵的吸油和泵油由柱塞在柱塞套内的往复运动来完成。

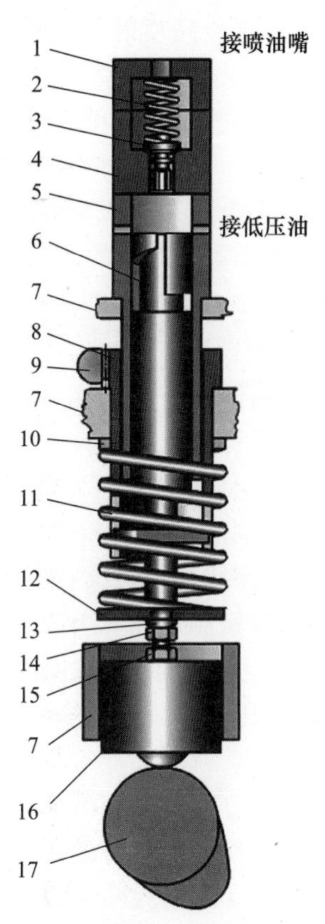

1—油室盖；2，11—弹簧；3—输油阀；4—阀座；
5—柱塞套；6—柱塞；7—泵体；8—调节套筒；
9—齿条；10—上承盘；12—下承盘；13—接头；
14—调整螺钉；15—固定螺帽；16—从动部；17—凸轮。

图2-2　柱塞斜槽式高压油泵简图

当柱塞在弹簧作用下向下运动到柱塞顶部油腔通过油孔与外部油室相连通时,低压油便进入柱塞腔,进行充油。充油过程直到柱塞上行盖住进油孔为止。

柱塞继续上行,油压升高,出油阀在油压作用下开启,燃油进入高压油管。当喷油器中油压上升到一定值时,喷油器开启。

当柱塞上的斜槽与柱塞套上的油孔相通时,油腔内的燃油经柱塞上的直槽从油孔向外流出,压力迅速降低,喷油器关闭,喷油停止,出油阀在弹簧和高压油管内的油压作用下关闭。从柱塞顶平面关闭进油孔至斜槽打开泄油孔的柱塞运动行程称为有效行程。

在输油过程中,燃油压力很高,因而为保证良好雾化和均匀分布创造了有利条件。例如,TBD620 型柴油机最高喷油压力达 105MPa,12PC2 - 5 型柴油机最高喷油压力为 90MPa,有的柴油机最高喷射压力更高。高压泵之所以能建立这样高的压力,有三个原因:一是从高压泵到喷油器之间的整个充油空间里,各配合面之间都非常紧密;二是喷油器的喷孔面积相对于柱塞的面积很小;三是柱塞在柱塞套内的运动速度很高。

正由于高压泵和喷油器各配合面都非常精密,而且喷孔又很小,因此工作中必须保证燃油的过滤质量,以减小各配合面的磨损和防止喷孔堵塞;装拆过程中还要防止配合面的碰伤。

2. 喷油器

目前,柴油机均采用闭式针孔式喷油器,由喷油器体、喷油嘴和调压弹簧等组成,如图 2 - 3 所示。喷油器的针阀位于针阀体内,为保证其密封性,其间隙只有 1.3 ~ 3.0μm。有上下两个锥面:上锥面称为承压锥面,用来承受油压产生的轴向推力,使针阀升起;下锥面为密封锥面,针阀上部的弹簧将针阀压紧在针阀体的密封锥面上,使喷油器内腔保持密封状态。高压油进入喷油器后,当承压锥面上产生的轴向推力高于针阀弹簧调定的开启压力时,针阀升起,燃油经喷孔喷出。但接近喷油结束时,供油压力逐渐下降,针阀在弹簧压紧力的作用下使针阀下行落座,喷油终止。这种由油压控制其开关的喷油器,亦可称为自动式喷油器(区别于电磁阀控制)。

针阀关闭时的压力若与针阀开启时的压力越接近,喷雾质量也越好,断油也越干脆。喷油最高压力一般为针阀开启压力的 2 ~ 4 倍,中小功率柴油机采用的针孔式喷油器,开启压力为 18 ~ 28MPa,大功率柴油机采用针孔式喷油器开启压力一般为 22 ~ 35MPa。针孔式喷油器的针阀升程一般为 0.2 ~ 0.45mm。

由于高压油管承受能力的限制,随着喷油压力的提高,出现了泵喷嘴系统。在这种系统中取消了高压油管,将高压泵和喷油器的功能部件结合在一个壳体内。

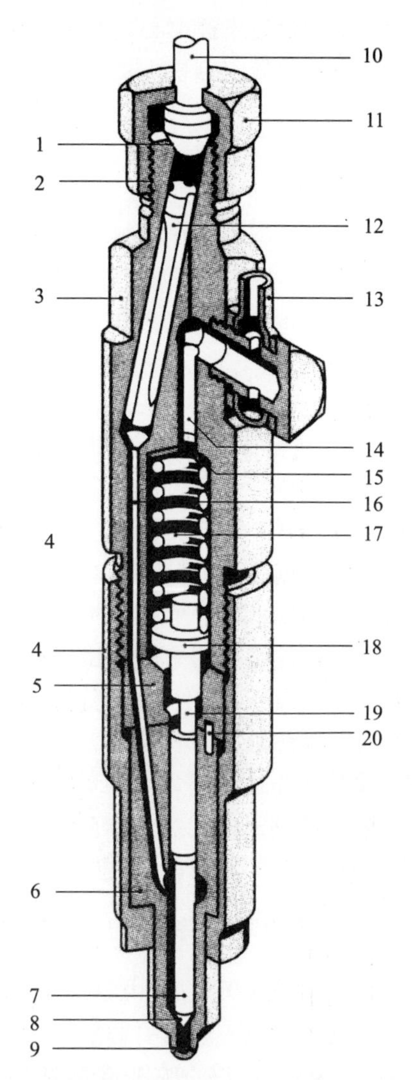

1—密封圆锥体；2—连接螺母；3—喷油器体；4—喷嘴座螺母；5—中间盘；
6—喷嘴；7—针阀；8—喷嘴密封面；9—喷油孔；10—燃油入口；
11—螺母；12—滤芯；13—回油接头；14—回油口；15—调整垫片；
16—进油道；17—压力弹簧；18—弹簧座；19—承压销；20—定位销。

图 2-3 典型喷油器

泵嘴管系统和泵喷嘴系统中，在每一次喷油过程中其压力是不断升高的，从针阀开启时的压力（20～35MPa）升高到针阀关闭时的最高压力（80～120MPa），故属于脉动式供油系统。

当运行工况发生变化时，机械控制喷油系统的调节功能主要表现是，喷油量和喷射定时（喷油始点或喷油提前角）根据负荷及转速的需要进行相应的变化。

机械控制的喷油系统是通过调速器飞锤离心力的变化,拉动调节齿杆,改变柱塞螺旋槽与柱塞套出油孔的相对位置,使柱塞的有效输油行程发生变化来实现供油量的调节。喷油定时是通过机械式(或液压式)提前器,利用随发动机转速变化所引起提前器内飞锤离心力的变化,使高压泵凸轮轴与其传动轴之间的相对角度发生改变,从而实现喷油定时的调节。

机械控制喷油系统的缺点主要表现在控制性能方面,在机械控制系统中,喷油压力、喷油量、喷油定时、喷油率等由于受到部件设计和传动机构的限制,很难适应发动机运行工况及环境条件变化而必须进行精确和自由的调节控制,尤其在排放规范日益严格的形势下,这个缺点显得更为突出。

2.2 电子控制燃油喷射系统

电子控制燃油喷射系统(简称电控系统)是通过传感器测出的反映发动机运行工况和环境条件的各种数据,经过控制器(ECU)计算判断后确定最佳的调节方案,发出指令由执行器(电磁阀)进行相应的调节控制。信息采集的数量没有限制,而且没有机械杠杆、齿轮之类的约束,因此调节的精确度、灵敏度和自由度都得到了极大的提高,喷油量控制精度可达到 1.0 ± 0.5mm^3/循环,可实现 8 ~9次/循环,喷油间隔时间可达到0.1ms 甚至更短。电子控制喷油系统在控制调节功能方面的优越性使其应用领域得到迅速的扩展,在 20 世纪 90 年代后已成为柴油机燃油喷射系统发展的主流趋势,被称为是柴油机技术发展进程中的第三个里程碑(第二个里程碑是指 20 世纪 50 年代的柴油机涡轮增压技术)。

2.2.1 柴油机电子控制燃油喷射系统的发展历程

柴油机电子控制燃油喷射系统的发展,由 20 世纪 70 年代开始,根据发展历程,可分为如表 2 -1 所列的三代电控燃油喷射系统。

(1) 第一代电控系统(位置调节)。喷油量是根据 ECU 的指令通过改变齿杆的位置进行控制;喷油定时是根据 ECU 指令,通过改变发动机曲轴(驱动轴)与高压泵传动轴(从动轴)之间的相位差进行控制。通常用于直列泵喷油系统,并经历了以下两个发展阶段。

① 电子调速器。从 20 世纪 70 年代开始采用模拟电子控制回路、传感器和执行器来代替控制喷油量的机械式调速器,用以更为精确地控制柴油机的转速。

模拟伺服式控制系统的基本原理是,采用电磁执行器控制喷油泵的调节齿杆,由传感器检出调节齿杆的位移,通过反馈系统把调节齿杆的位移作为目标喷油量,然后由电子回路计算出调节齿杆的目标位移,输入目标齿杆位移电压,电子伺服机构就将调节齿杆精确地定位,完成对转速的调节控制。在电子回路中，作为发动机的基本信号有油门位置（输入目标控制转速）和实际发动机转速。

② 计算机控制。采用微型计算机代替模拟电路，可以克服模拟电路设计自由度低的缺点。计算机控制的核心技术是计算软件和数据 MAP。数据 MAP 就是将控制特性用适当的数组记录下来，如油门开度和发动机转速，通过计算软件算出使发动机性能达到最优的目标（喷油量、喷油定时）控制位置并绘制成图表预先输入到计算机的存储器中。在发动机运行过程中，当工况发生变化时，根据检测到的数据在 MAP 图中（或通过插值）自动寻找到相应的目标位置，然后发出指令通过执行器对油量调节齿杆或调速器滑套实施调节控制。

（2）第二代电控系统（时间调节）。采用电磁阀控制燃油的高压回路，计算机就可以直接控制燃油的喷油量及喷射定时。其控制的自由度比第一代有很大的提高，可用于电控分配式泵嘴管喷油系统及电控泵喷嘴系统。

（3）第三代电控系统（压力—时间控制）。在电控高压共轨系统中，由于燃油高压的产生和燃油喷射时刻的控制是相互独立的，可以各自分别进行调节。喷油量可以通过共轨管内的油压（调节范围 120 ~ 200MPa）和电磁阀控制喷油器的开启持续时间来控制；喷油时刻和喷油次数由电控喷油器控制。在这种系统中，由于高压燃油回路（高压泵，共轨油管）与发动机的转速和负荷无关，因而其喷油量、喷油定时和喷油率等参数控制的自由度有了更进一步的提高，可以适应发动机在各种工况运行时对其性能优化的需要。目前，电控高压共轨式喷油系统已得到越来越广泛的采用，成为柴油机电控燃油喷射系统的主要发展趋势。

表 2 – 1　电控燃油喷射系统发展

电控系统	控制特点	喷油量	喷油时间	喷油压力	喷油率	代表产品
第一代	凸轮压油 + 位置控制	可	可	不可	不可	COVEC – F
		不可	可	不可	不可	ECD – P1
第二代	凸轮压油 + 电磁阀 时间控制	可	可	不可	不可	ECD – V3
		可	可	不可		EUI
第三代	燃油蓄压 + 电磁阀 时间控制	可	可	可	可	ECD – U2 博世

2.2.2　电控高压共轨式喷油系统

电控共轨式喷油系统是在高压技术、电磁阀技术、ECU 技术、传感器技术等的基础上发展起来的高新技术。电控高压共轨喷油系统的问世始于 1995 年。日本电装公司（Nippondenso）开始生产世界上第一台用于载货汽车的电控高压共轨系统,1997 年,博世(Bosch)公司生产的乘用车共轨系统被奔驰、菲亚特公司所采用。同年,电装公司在匈牙利设厂开始生产乘用车电控高压共轨系统。电控高压共轨系统为清洁型柴油机的发展做出了重要的贡献,目前已逐步取代其他类型的燃油喷射系统,成为发展的主流趋势。

图 2-4 所示为典型高压共轨电控燃油喷射系统。燃油从油箱经过一个低压供油泵提供给高压油泵,高压油泵为三缸径向柱塞泵,它将燃油送入高压油轨,高压油轨中的燃油一部分经喷油器喷入燃烧室,一小部分控制喷油器的针阀后流回油箱。在高压油轨上有一个压力传感器,系统将测量的油轨压力和 ECU 的预定值进行比较,通过控制器调节电磁溢流阀的背压,从而完成对共轨压力的闭环控制。喷油量和喷油定时的控制,是由 ECU 根据传感器测量的结果并通过查阅 MAP 图后,控制喷油器高速电磁阀的开闭来实现。该系统的高压油泵为一个三作用的旋转柱塞泵,其上有一个控制进油量的电磁阀,当柴油机的负荷较低时,通过关闭一个进油行程来减小高压油泵的消耗功率。

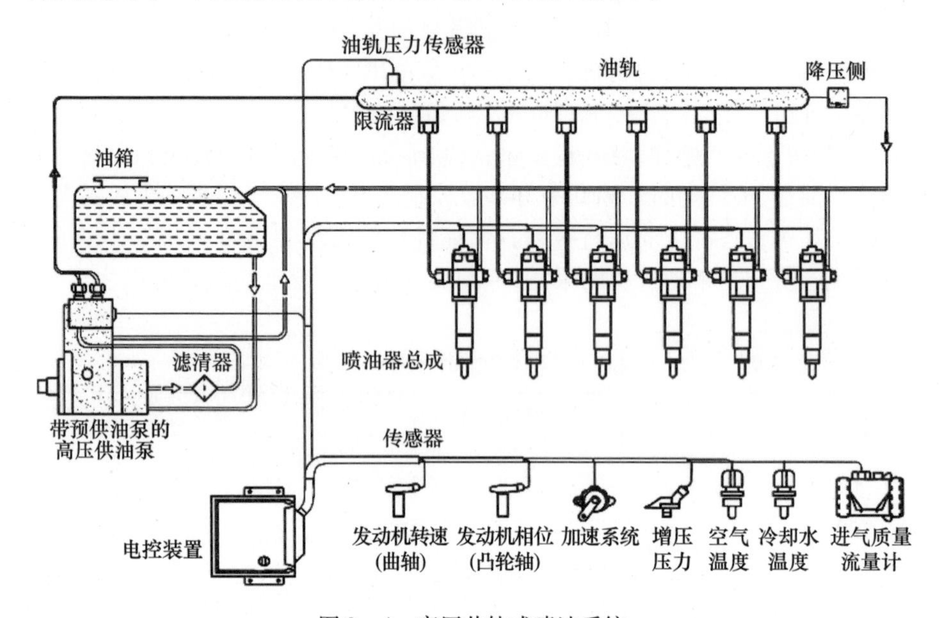

图 2-4 高压共轨式喷油系统

电控高压共轨系统具有很大的发展空间,重点在于进一步挖掘电控的灵活多样性和压力-时间控制原理的潜力。主要的技术措施是多级压力控制和多次喷射,提高喷射压力和改善喷油速率控制的柔性度。电控高压共轨式喷油系统具有如下主要优点:

(1) 可实现高压喷射,有利于改善燃油与空气之间的混合过程和燃烧过程。

(2) 可灵活、精确、独立地控制和调整喷油始点和喷油量。

（3）可实现多次喷射，并可柔性调整喷油速率，有利于降低颗粒及 NO_x 排放。

（4）喷射压力不受柴油机转速及喷油量的影响，有利于改善部分负荷运行性能。

（5）无须对柴油机进行重大改动，即可用共轨系统替代传统的泵管嘴喷油系统。

1. 博世公司共轨喷油系统

博世公司自1997年推出第一代共轨系统以来，一直推进共轨系统的发展，已于2009年推出了第四代共轨系统，如表2－2所列。

表2－2　博世公司共轨系统发展

1997年	第一代CRS，喷油压力135MPa，采用电磁阀喷油器
1999年	商用车系统，喷油压力140MPa
2001年	第二代，喷油压力160MPa，先导喷射
2002年	商用车系统，喷油压力160MPa，低排放，低油耗
2003年	第三代，喷油压力160MPa，采用压电晶体喷油器
2008年	喷油压力200MPa，采用CP－4高压泵，CRI3.3压电喷油器，第四代，商用车CRSN4.2，喷油压力210MPa
2009年	CRS2.5系统，喷油压力180MPa；CRS5.1系统，喷油压力220MPa，可满足欧Ⅵ排放标准，廉价汽车用的CRS1.1系统

博世公司CRS系统的第一代及第二代产品目前已在车用发动机领域得到广泛的应用。其主要特性为：共轨压力1400/1600bar；采用燃油计量单元控制共轨压力；可实现多次喷射（预喷、主喷、后喷）；可满足EU4及TeirⅡ排放规范要求。当前，博世公司具有代表性的新产品，如CRSN3.3系列其喷油压力已提高到了200～220MPa，若为进一步满足欧6和US2010等法规要求，需将喷油压力将提升到250MPa，为此，新开发的CRSN4.2系列将采用两级增压装置并具有两个电子控制阀（电磁阀，压电晶体阀），并可使喷油规律的调节更具有弹性。典型产品CRS2.5共轨系统，2009年8月开发成功，其特征是：采用CP－4型高压油泵，喷油压力达到180MPa；电磁阀式喷油器采用了压力平衡阀，可实现多次喷油。在升功率大于75kW的发动机上采用的CRS5.1型共轨系统，喷油压力达到220MPa，可满足欧Ⅵ排放标准。博世公司的燃油系统发展趋势：喷射压力不断提高，研究开发出了新一代两级压缩的共轨系统，预期目标达到230～250MPa；发展喷油率成形技术，实现多次喷射技术，在一次喷油过程中可进行4～5次喷射。

2. 日本电装公司高压共轨系统

日本电装公司于1995年推出共轨系统，现已发展三代共轨系统，其技术特征如表2-3所列。电装公司第三代共轨系统考虑到2009年实施的欧Ⅴ，并顾及2014年实施的欧Ⅵ排放标准，将喷压力提高到200MPa；采用高速电磁阀及压电式喷油器，提高响应特性，已可实现多次喷油（最多可达到9次）。

表2-3 日本电装共轨系统技术特征

共轨系统	第一代	第二代	第三代
时间	1995—2006	2001—2009	2009—
喷油压力/MPa	120（商用），145（乘用）	180	200
喷油器	电磁阀喷油器	电磁，压电喷油器	电磁阀，压电喷油器
喷油次数	2	5	9
间隔时间/ms	0.7	0.4	0.2/0.1
对应法规	欧Ⅲ/欧Ⅳ	欧Ⅱ/欧Ⅳ	欧Ⅴ

3. L′Orange公司

1933年Rudolf L′Orange在德国斯图加特创建了公司，迄今已有80年的历史。早在20世纪80年代初，用于中速柴油和重油发动机的机械式泵管嘴（PLN）系统就已进入中国市场。此外，还成功地引入了用于四冲程高速机中速柴油机的电控共轨式喷油系统，首台装备共轨系统的二冲程低速柴油机也已在亚洲进行装配，进入市场。

在亚洲市场采用机械式泵管嘴燃油喷射系统的典型产品有：中国济南柴油机厂的3000系列柴油机，韩国STX重工的L23/30系列柴油机，Doosan公司的L32/40柴油机，采用共轨式燃油喷射系统的有中国玉林柴油机厂二冲程Wartsi-laL7WX40型柴油机。

L′Orange公司于2011年研发的第三代单体式喷油泵喷射压力达到200MPa，共轨系统的喷射泵已达到220MPa，第四代产品喷射压力为250MPa。

2.2.3 高压共轨系统的主要部件

1. 高压油泵

（1）博世公司的高压泵，有两种形式：CP2、CP3，为三缸径向柱塞泵，最大压力140/160MPa，主要用于小型车用柴油机，其结构如图2-5所示。

博世公司于2007年投入批量生产的新型200MPa高压共轨系统（CTS-3），采用了新开发的CP-4型高压泵。它不同于CP型三缸偏心轮喷油泵，如图2-6所示。它是一种双凸轮径向柱塞泵，只有一个泵油单元，故体积和重量都明显减小，它可适应与发动机以1∶1传动比在高转速下运转（最高试验转速达

5500r/min)。采用双凸轮与高转速相结合可使供油时间缩短,减少了柱塞漏油,提高了效率。它可以通过选择适当的传动比来满足 3 ~ 8 缸同步供油的需要,同时在低转速时能实现较高的喷油压力(>80MPa),为保证良好的燃烧提供有利条件。

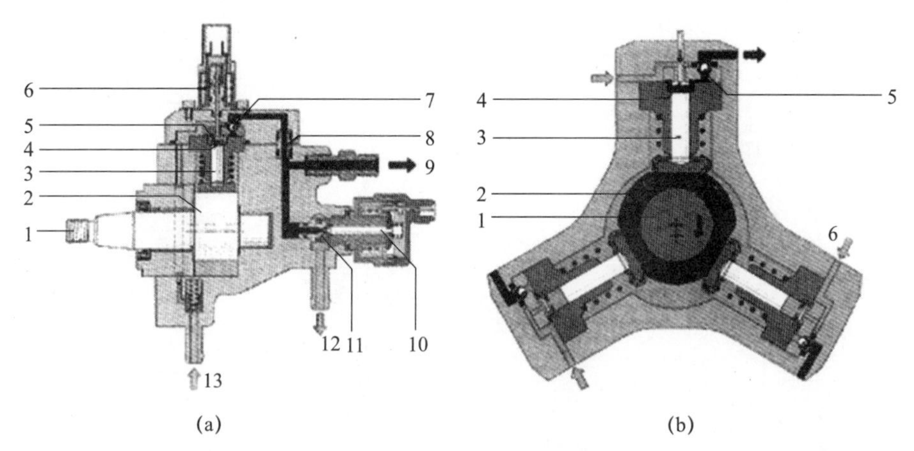

1—传动轴；2—偏心凸轮；3—柱塞偶件；4—柱塞上腔室；5—进油阀；
6—供油切断电磁阀；7—出油阀；8—填料；9—通往共轨管；10—压力调节阀；
11—球阀；12—回油管；13—进油管。

图 2 - 5　径向柱塞高压油泵
(a)结构图;(b)横剖面图。

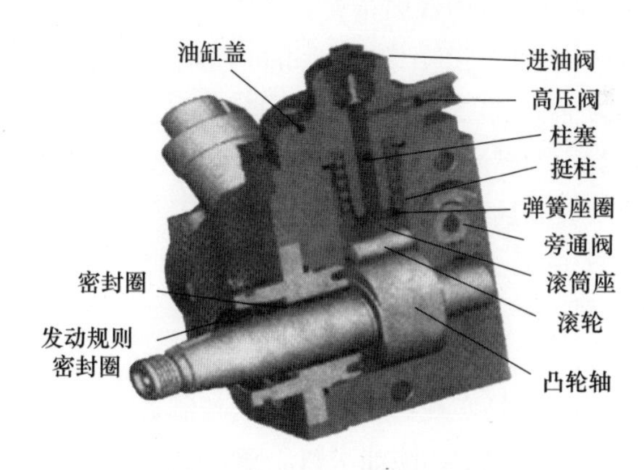

图 2 - 6　CP - 4 型高压油泵

(2) 电装公司的高压油泵有两种基本类型:直列泵(HP - 0)和分配泵。直列泵采用多突桃凸轮驱动,最大喷射压力为 160MPa;分配泵(HP - 3,HP - 4)采用偏心外凸轮驱动,最大喷射压力为 200MPa,结构如图 2 - 7 所示。HP - 3 型高压泵为 2 缸,对置;HP - 4 型为 3 缸,星形。它们的主要特征表现为:工作范围覆盖了从小型乘用车发动机到大型货车发动机;在设计上采用旋转的外凸轮压油方式;高压油道和低压油道完全分开,并将高压油道集中于铁质部分,其他部分采用铝压铸工艺制成,这样使其重量大大减轻;采用可改变各缸每次进油量的小型电磁阀式进油面积控制阀来调节油量。

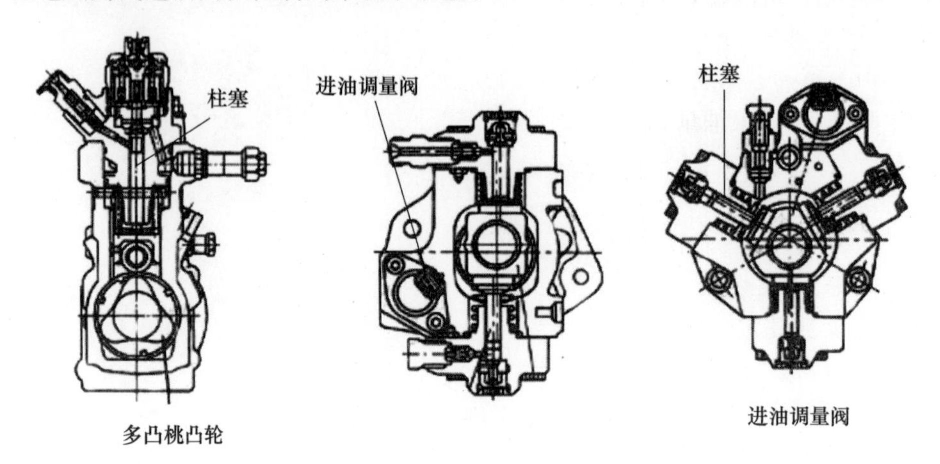

图 2-7　HP-3 及 HP-4 型高压油泵结构

(3) Delphi 公司为新的共轨系统开发了一种柔性和模块化的第二代高压泵。在开发过程中围绕以下三个要点进行:①将最高共轨压力从 160MPa 提高到 180MPa;②高压泵要有优异的耐久性和可靠性;③具有更多的传动变形,能匹配各种不同发动机用途和结构空间位置。由此开发了 DFP3 高压泵系列,其泵油量在 0.5 ~ 1.5cm^3/h 之间,其中用于 Delphi 压电共轨系统的 DFP3.4 高压泵可采用两种柱塞,泵油量为 0.5 ~ 0.7cm^3/h。高压泵装有一个油量调节阀,因此只压缩喷入发动机燃烧室的燃油,能确保高压泵具有高效率,有助于降低 CO_2 排放。高压泵的传动系统可使其标定转速达到 4000r/min,超转速可达到 5000r/min。泵油柱塞在锻钢泵头中运动,每个泵头上有一个进油阀和一个出油阀,在与泵体的各个连接面上都有密封层。

2. 喷油器

共轨系统发展的趋势是实现越来越精细的控制燃烧过程,包括每次喷油量的控制精度和每次喷油过程中的喷油次数。随着喷油次数的增加而出现的技术难题有:由于每一次喷油量越来越少,对各个喷油器之间的喷油量的偏差和稳定性的要求也越来越高;由于喷射间隔期越来越短,对其响应特性的要求越来越高。如喷射次数为 2、5、7、9 次时,相应的间隔时间为 0.7ms、0.4ms、0.2ms、0.1ms。由此可见,高压共轨系统的性能在很大程度上依赖于喷油器的发展水平。

1）博世公司生产的高速电磁阀式喷油器

电磁阀驱动的喷油器具有成熟的制造和使用经验并且其成本较低，特别是在大功率柴油机领域更具有普遍使用的广阔空间。博世CRI系列喷油器的系列产品包括：CRIN1，140MPa；CRIN2，160MPa；CRIN3，180MPa；CRIN4，200MPa以上。

（1）喷油器电磁阀的控制脉冲。为了能在高压下达到大约1.5mm³/行程的稳定喷油量（预喷油量），电磁阀必须具有大约为200μs的启闭时间。预喷射油量是控制噪声和废气排放的关键变量，但不能超过一定的界限，否则，微粒排放将会增加。

（2）CRIN2到CRIN3的改进。

① 节流的改善。

② 泵体强度的优化。

③ 导杆直径的优化。

④ 喷射压力由160MPa提高到180MPa。

⑤ 每循环喷射次数由4次提高到5次。

⑥ 高压油泵由CP3.3型和CP3.4型改为新的用燃油润滑的CP3NH型。

⑦ 针阀直径由0.4mm减小到0.35mm，可减少漏泄并有利于控制油量。

⑧ 共轨压力传感器最大量程由180MPa提高到200MPa。

⑨ 工作寿命由3.5×10^5次提高到4×10^5次。

（3）CRI2.5型电磁阀式喷油器。2003年，喷油压力为160MPa的CRS2.2型电磁阀喷油器投入量产。采用压电执行器控制的200MPa喷油器从2007年起投入量产，以满足最高功率的要求。由于压电执行器的成本较高，从而使电磁阀技术向更高喷油压力和进一步改善多次喷射能力方向发展。

在第三代喷射压力为180MPa的CRI2.5喷油器的基础上，开发了更高层次的200MPa的CRI2.6新型喷油器，而且还有进一步提高的潜力，形成了一种模块化方案。喷油器的基本方案与CRI2.2型相同，是由喷油器与伺服控制机构所组成，并对进、出节流孔和通道直径等重要的高压液力参数、喷油速率和耐久性方面进行了优化。新型的电磁阀为了实现既提高喷油压力又提高喷油器响应性能的目的，开发了一种压力平衡阀。

（4）博世公司于2006年底开始生产的第四代N4型车用发动机高压共轨系统。CRIN4s系统的特点：

① 喷油器采用内部液力压力放大机构实现二级加压。

② 喷射压力达到220MPa并具有提高到250MPa的潜力。

③ 采用双电磁阀，以实现喷油速率成形控制。

④ 可实现多次喷射。

⑤ 通过喷油速率控制可实现在各个运行点均具有最低的污染物排放。

⑥ 发动机可方便地采用颗粒扑捉器或 $DeNO_x$ 系统。

⑦ 采用高 EGR 及 DFP 等措施可满足 US07 排放标准。

2）日本电装公司电磁阀控制喷油器

日本电装公司于 2002 年开发出新一代的电磁阀控制喷油器（G2），其最高喷油压力可达到 180MPa，在一个循环内可进行 5 次喷射，两次喷射的间隔时间可缩短为 4×10^{-4}s，其结构及喷射特性如图 2－8 所示。

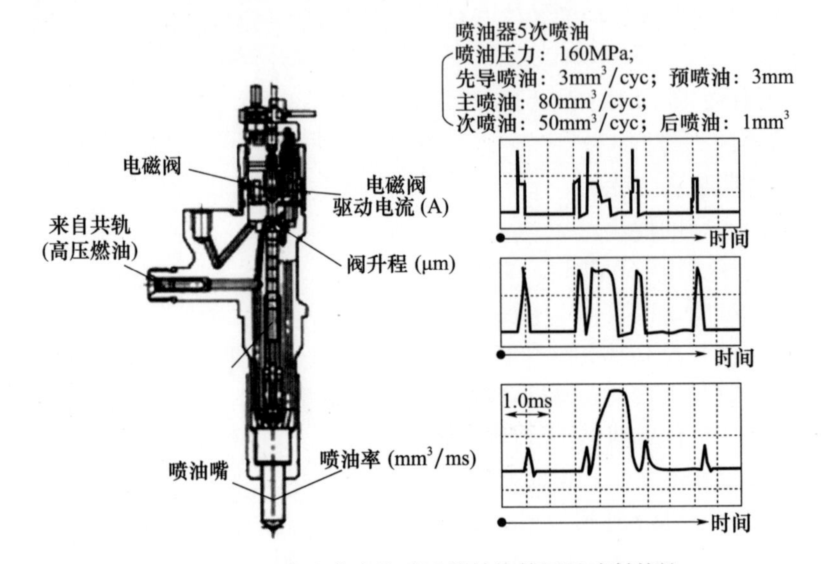

图 2－8　日本电装电控喷油器结构简图及喷射特性

第三代喷油器（G3）是在 G2 结构的基础上通过改进磁回路、电磁阀的反应速度、油压驱动回路的优化等技术措施以提高喷油器针阀速度，从而将每循环喷射次数从 5 次提高到 9 次，其喷雾特性也有很大改善。在常温下，G3 与 G2 相比，喷雾射程增加 20%，平均粒径减少 6%；喷油持续时间缩短了 7%。

3）美国德尔福公司的电磁阀控制喷油器

美国德尔福公司推出了一种具有压力平衡伺服电磁阀的喷油器，取名为 Multec 系列。DFI－1.2 型的喷油压力为 140/160MPa，可进行 2 次喷射；DFI－1.3、DFI－1.4 型的喷油压力为 160/180MPa，可进行 5 次喷射；DFI－1.5 型的喷油压力为 180/200MPa，可进行 5～6 次喷射。

4）压电晶体式喷油器

压电晶体执行器是利用逆压电效应原理制成的。在压电晶体喷油器中，通过向压电晶体组件施加电压，作为喷油器的执行器，驱动针阀使其抬升。实际压电晶体喷油中的压电堆长度约为 30mm，共由 300 多层石英薄片组成，每层厚度只有 80μm。其正常工作温度范围为 -40 ~ +140℃,可提供 40μm 的工作行程。喷油器由压电执行器(压电堆)、液压连接杆和伺服阀(控制模块)组成。与电磁阀式喷油器相比,其体积更小,重量可减轻 30% 左右、响应特性大约提高 2 倍。但到目前为止,在大功率柴油机上尚未得到更多的采用。

(1) 博世公司于 2006 年开始生产第三代压电式喷油器(CRI3),喷油压力为 160MPa,可满足欧Ⅳ排放标准。与电磁阀式喷油器相比,重量减轻 30%,排放效果改善 20%,输出功率提高 7%,油耗降低 3%,噪声降低 3dB(A)。压电式喷油器主要由喷油嘴(喷孔直径为 100μm)和由伺服阀、液压偶件与执行器组件所组成的功能结构模块构成,如图 2-9 所示。这种基本结构的优点如下:

① 伺服链(执行器、液压偶件和转换阀)内部刚度很高。

② 避免了喷油嘴针阀的机械力,有效地降低运动质量和摩擦,保证喷油器的工作稳定性。

③ 针阀具有高的动态特性,以降低阀座节流损失。

④ 每循环最多 8 次喷射。

⑤ 在整个共轨压力范围内具有稳定的最小喷油量能力,即最小喷油量的高计量精度。

⑥ 优化长油管钻孔偏位,以提高高压强度。

⑦ 整个喷射过程中最少的压力损失。

⑧ 使用寿命期内,整个特性曲线场中的喷油量精度高,重复性好。

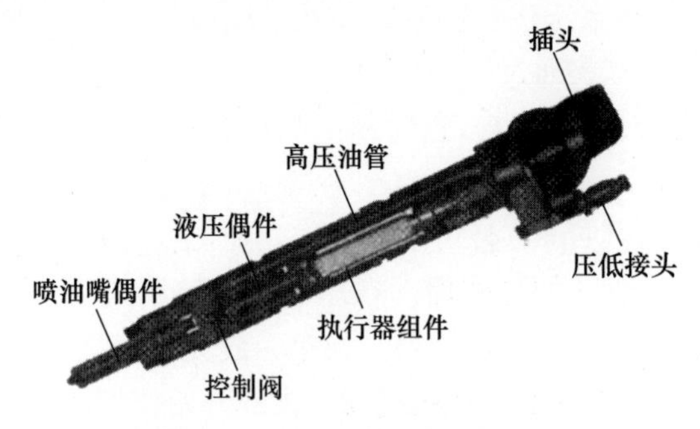

图 2-9　Bosch 压电喷油器结构

正因为有上述优点,到 2008 年该型喷油器已达到年产 2000 万只的水平。

在此基础上又开发了第四代压电式喷油器(CTS4),它有两种类型:一种是喷孔可变型(CRI4-PV),它是由压电晶体执行器、喷孔可变型喷嘴所组成,喷油压力为 160 ~ 180MPa,有两排喷油孔上下排列,由可以相互滑动的两个针阀来控制,如图 2-10 所示。下排小直径喷孔用于部分负荷,即使在怠速和中小负荷时也能准确地计量喷油量,可以减少排放,提高经济性。上排的大直径孔用于全负荷,可以在最短的时间向气缸内准确地喷射,大量燃油以提高输出功率。另一种是液力增压型(HADI),其特点是在喷油器内设置一套液力增压机构,在共轨中由高压油泵提供压力为135MPa的高压油,进入喷油器后再通过内设的液压增压器(增压比为1∶2),将压力提升到220MPa。在高压下喷射可使燃油雾化得到改善,更容易与空气充分混合,实现清洁、高效的燃烧。

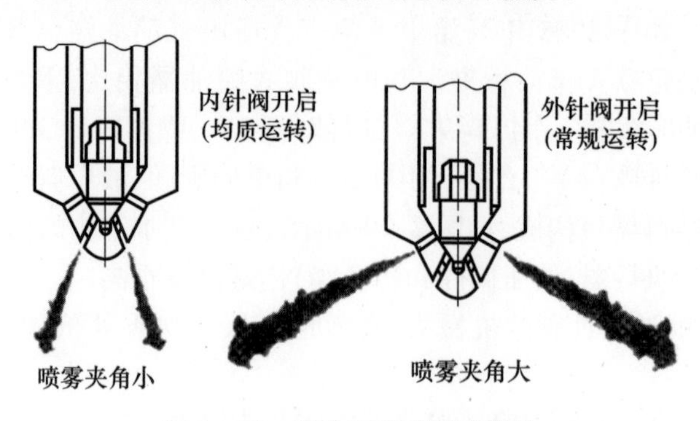

图2-10 喷孔可变型喷嘴结构

(2) 德国西门子(Siemens)公司VDO部门于1996年开始批量生产压电晶体作为喷油器的执行器,并研制出采用压电晶体喷油器的高压共轨系统(PCR)。目前,VDO已成为压电晶体执行器的专业供货商。博世、电装、德尔福等生产的压电式喷油器所用的压电执行器都是由西门子公司提供的。进入喷油器的高压燃油作用在喷油嘴和控制室中。当压电执行器未通电时,其下面的二位二通阀处于关闭状态,控制活塞压住针阀使其顶在针阀体的座面上,喷嘴呈关闭状态。通电后,压电执行器膨胀,通过一个比例为1∶1.5的杠杆将二位二通阀打开,使控制室内的压力下降,针阀开启,这时压电晶体进行充电,并在针阀关闭后进行放电。

(3) 美国德尔福(Delphi)公司于2008年生产了一种无伺服机构的,针阀直接由压电执行器直接驱动的喷油器。在压电直接控制式喷油器中,采用了以共轨压力为动力的二级针阀运动放大器。在第一放大级中将压电执行器与针阀实现刚性耦合,第二放大级的液压针阀运动放大器开始作用,它可使得用于最大针阀升程所必需的压电执行器的升程降至最小。通过分级运动能量的合理分配,以及采用较大的针阀座面锥角以减小针阀升程,可使打开喷油嘴所需的压电单元电流减至最少。

喷油器中的压电陶瓷执行器直接控制喷油器的喷嘴针阀,因此直接控制式喷油器能以更高的精度、更高的压力效率(200MPa)和更高的速度将柴油喷入燃烧室。而且,它在工作时完全没有泄漏,能使所有燃油全部喷入燃烧室而无需回油,因此与目前使用的伺服系统相比,可节省1kW的传动功率,并可取消对成本有较大影响的燃油冷却器。

Delphi 喷油器设计方案中压电执行器被燃油所包围,从而完全避免了燃油的漏泄,无需回油。此外,压电执行器周围的燃油作为喷油器的蓄压室(喷油器中的小共轨),使喷油器与共轨高压泵之间的压力波动及其对针阀运动和喷油量精度的影响减至最小程度。

压电直接控制式共轨喷油系统的优点可概括为:①喷油嘴针阀的开启和关闭速度达到 3m/s,比目前的共轨系统快 3 倍;②高效的平均喷油压力,即在所有的共轨压力下都能获得矩形的喷油速率,这在传统的伺服系统是无法达到的,特别是在低于平均共轨压力的范围内;③多次喷射(7 次或更多),包括最短的液力喷射间隔、高稳定性喷射(各次喷射之间彼此没有干扰影响),以及柔性的喷油控制时间;④喷油量无偏差,因此在整个使用寿命期内喷油稳定,从而能获得恒定不变的功率和排放;⑤无燃油漏泄,降低了二氧化碳排放并适合于启动停车系统(发动机停机后系统中仍能保持再次快速有效启动所需的燃油压力),还可按比例控制针阀行程,能够获得可变的喷油速率(喷油速率曲线造型)。

2.2.4　大功率柴油机电控高压共轨系统

近 10 年来,电控共轨系统在乘用车领域已取代了机械控制的直列式泵嘴管及泵喷嘴燃油喷射系统。但是,PC - CRS 系统并不适用于大功率、长寿命的发动机。在功率大于 1MW 以上的发动机,由于其寿命要求在 20 年以上,相应的 CRS 系统也必须具有更长的寿命和更高的可靠性。当前的 CRS 系统只具有一根共轨油管,担负着向所有喷油器供给燃油并要求在喷油过程中保持压力不变,共轨管长期处于高压的工作条件之下,这对于功率大于 1MW,要求在长寿命工作周期中可靠工作的发动机来说,共轨管将是非常笨重和昂贵的。舰船大功率柴油机由于其强载度高,循环喷油量大,喷油持续期短,因而要求喷油压力高,同时对其工作可靠性的要求也很高。燃油喷射系统组成部件承受的载荷很大,因此,对整个系统及某些关键零部件的结构设计方面应给予特别的重视,系统结构具有以下特点:

(1) 发动机的控制单元(EU)采取冗余配置,各缸设有独立的控制单元(CU),这样可使发动机在局部发生故障时仍能连续运转。

(2) 采用短管 + 蓄油器的结构形式。在共轨管与喷油器之间加装蓄油器,以保证在喷油量较大的情况下保持油轨内压力的稳定,并可减小共轨油管的尺寸。

(3) 在蓄油器的出口处加装限流器,当连接喷油器的高压油管发生破裂或喷油器发生故障卡死在开启位置时,可立即切断油路,防止漏泄造成浪费和污染。

(4) 共轨管采用双层结构,以防止油管破裂时产生漏泄,并在内壁一旦发生破裂时,可将漏出的油汇集一处并及时报警,在蓄油器上装有检测装置可以快速准确地找出漏泄点。

(5) 为了改善喷油器的工作条件,可采用某些特殊的结构,使喷油器在关闭状态时处于低压油作用之下,即在喷油间隔期间高压油不直接作用于针阀上,以减少产生漏泄的可能性。

1. 短管 + 蓄油器

为保证系统安全性,船用大功率柴油机所采用共轨系统的典型结构布置采用短管 + 蓄油器的结构形式,图 2 - 11、图 2 - 12 分别为 Wartsila 船用共轨系统及 MTU8000 的共轨系统蓄压器和喷油器布置。20V1163 - 04 柴油机和 Deutz628 系列柴油机的共轨系统均为此类结构形式。

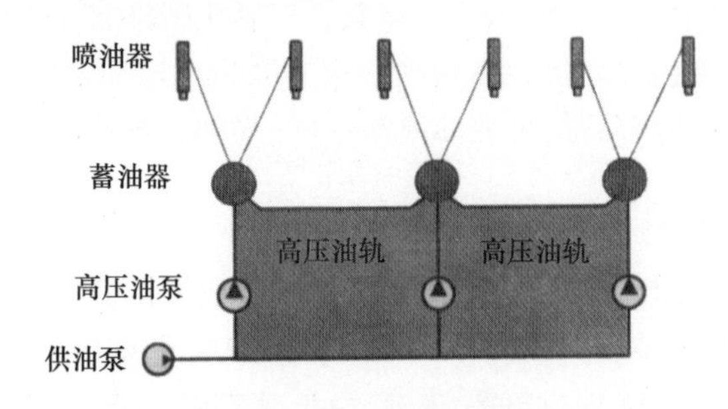

图 2 - 11 Wartsila 船用共轨系统示意图

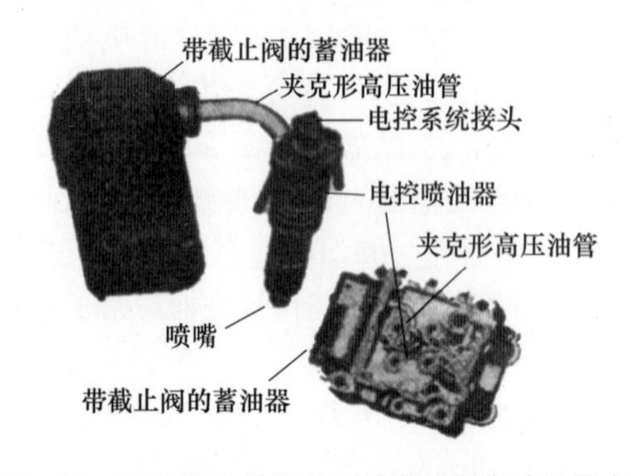

图 2 - 12 MTU8000 的共轨系统蓄压器和喷油器布置

20V1163 - 04 柴油机的高压共轨系统中,喷油系统具有 8 个高压油泵将燃油压力升至 1800bar,便将其输送至 10 个终端蓄压器中。每个蓄压器向两个喷油器供入高压燃油。各蓄压器之间用高压油管互相连接。每个中间蓄压器的内部被分成两个部分,一侧与高压泵相通,另一侧与油器相接其间设有节流孔,用以屏蔽高压油泵供油或喷油器喷油而产生的压力峰值的传播。

在 Deutz628 系列的 8 缸直列式发动机上(12. 5L,2MW,1050r/min)配置了

具有两根共轨管的 CRS 系统,每根共轨管向 4 个气缸供油,油管采用双层结构以保证安全。最初两代的喷油器由于在喷油器针阀和控制活塞导向部件之间具有 1 ~ 3μm 的间隙而导致燃油向低压区泄漏,产生发热和磨损影响到喷油器的寿命。在功率为 1 ~ 5kW 的发动机上采取了一些改进措施。

2. 无油轨系统

这种共轨系统将原有的共轨系统容积分散布置于每个电控喷油器的上部,从而取消了共轨部件,减少了喷射时各缸之间的喷射波动影响。这种系统的结构非常简单,在传统的柴油机上无需对气缸盖进行改动即可安装。喷油器储油空间应为每次喷油量的 20 ~ 50 倍。储油容积过小则在喷油过程中会产生很大的压降,并由此引起油路中产生强烈的瞬时压力波动,会导致对 CRS 的功能产生不良的影响。在每个喷油器的进口处都装有压力波阻尼系统(Wave Dynamics and Dampening System,WDD)用以消除上述现象。WDD 系统包括一个面向喷油器储油器开启的单向阀和一个并联的节流孔,可以向正在喷射中的喷油器提供无障碍的单向流动,并同时防止在任何喷射过程中由于针阀关闭产生的液力冲击所引起压力波传入系统的其他部分。WDD 系统对于优化只有很小的高压容积喷油器 CRS 的功能具有很重要的作用。

Deutz 公司将原先有两根共轨的 CRS 系统改为无油轨系统后对比,前者的高压总容积为 $1820cm^3$,而后者(无油轨系统)为 $820cm^3$。储油室的容积为 $70cm^3$,是最大喷油量(每循环 $2000mm^3$)的 35 倍。具有储油室的喷油器结构特点是,采用很短的针阀,连同针阀导管和液力控制机构一起安装在喷嘴体内。控制体的上端与限位盘相接触,针阀弹簧力施加于控制体的上端。这种结构形式在油压的作用下,喷油器在静态时不会有漏泄。储油室位于喷油器壳体上方,在预喷射、主喷射、后喷射之间的间隔时间很短,只有 0.2 ~ 0.3ms。

对 MTU 公司生产的 4000 系列发动机,最新的改进措施之一就是将原来设置在共轨管道中的储油室取消,在每个喷油器中靠近喷油控制阀处单独设置储油室,使系统的液力性能得到优化,使之具有预喷和后喷的能力,喷油质量得到改善。L'Orange 公司与 MTU 公司开展合作,MTU 公司在其 4000 系列发动机(800 ~ 2700kW)上采用由 L'Orange 公司制造的共轨系统。在 1163 - 04 型发动机上,系统的核心部件——喷油器是在 L'Orange 公司为 MTU4000 系列高速柴油机所以采用的产品 LEAD2 型喷油器的基础上发展而来。其改进的重点之一是多次喷射的能力,将喷射压力提高到 1800bar,并相应地对储油室及通道尺寸按其最大喷射速率($3100mm^3$)和喷嘴流量(15L/min)进行设计。

试验结果表明,由于采用了先导喷射,使燃烧过程更为平顺,压力升高率显著下降,导致发动机部件的负荷减轻,噪声水平下降。由于对喷射压力、喷油定时、喷油量的选择具有更大的自由度,并对燃烧过程的相关参数进行调整,使整个运行范围内燃油消耗率降低约5%。NO_x 排放在各试验点均按 IMO Ⅱ要求进行调整,相对于第三代机在整个运行范围内都有所下降。

2.3 电控单元

电控技术的含义是指在控制系统中采用电子元件来完成控制逻辑处理过程的技术,就是利用微处理器为核心元件构成的控制系统进行控制的技术。

自20世纪70年代出现第一枚微处理芯片以来,至今已发展到超大规模集成电路的阶段,在一块很小的半导体基板($5mm^2$)上,可以集成几百万乃至上千万个晶体管,从而使微型芯片具有巨大的逻辑处理功能。从20世纪80年代出现的单片机,现已得到了普遍的应用,它将中央处理器(CPU)、时钟发生器、随机读写存储器(RAM)、只读存储器(ROM)、可擦除只读存储器(EPROM)、模/数转换器(A/D)、输入/输出接口(I/O)等全部集成在一片半导体基板上,可以独立地完成相关的处理功能,通常称为柴油机电控系统的电控单元(ECU)。

燃油喷射系统采用电控技术后,使柴油机的动力性、经济性、排放性、振动噪声等性能指标得到提高,操控性能的准确性、实时性、灵活性得到改善,各种工况下的优化运行性能都产生了积极巨大的推动作用,这对柴油经济技术的发展与进步具有重要的和深远的意义。

2.3.1 电控单元的硬件组成

柴油机电控单元由如图2-13所示的三部分组成:

(1) 传感器,主要有:进气温度和进气压力传感器,输入的信号可用于计算柴油机的进气量;曲柄信号传感器,可用于测定柴油机的转速,角加速度的瞬时值和平均值;凸轮轴信号传感器、负载传感器,用于控制供油量和供油时刻;冷却液温度传感器;废气再循环传感器等。

(2) 控制器,是电控系统的核心,控制器的硬件由一块电路板组成,电路板上有多路插接器(Connecter)用于和外部线路的连接。电路板上有采用贴片技术安装的电路元件,其中包括单片机(ChipComputer),此外还有一些完成输入/输出转换功能的电路,控制器的软件需要完成以下功能:外部信号的输入转换操作、内部的逻辑运算和处理、输出信号和处理与驱动的控制、系统之间的通信及数据交换等。

(3) 执行器,包括高压燃油供给系统供油量及供油时刻的控制、废气再循环阀的控制、可调喷嘴几何面积增压器(VGT)、控制开关的操作等。

柴油机电控系统的开发,实际上就是电控单元的设计和调试。其中的核心部件如传感器、单片机、输入/输出接口等硬件设备和基础软件均已实现商业化产品(通用电控单元开发平台),因而对具体柴油机产品而言,开发的重点在于控制软件部分的设计。控制软件是指控制柴油机运行工作的那部分计算机指令。近年来,由于编译技术进步和硬件资源的扩展,对于单片机控制系统的编程可用便于柴油机专业技术人员掌握的 C 语言来实现。在国外已经开发出一些更为高级的软件开发集成环境系统(如 dSPACE),专业人员利用这种环境提供的手段,只要将确定的控制策略表达清楚,系统就能自动地将控制策略转化控制代码(如 C 语言代码)。

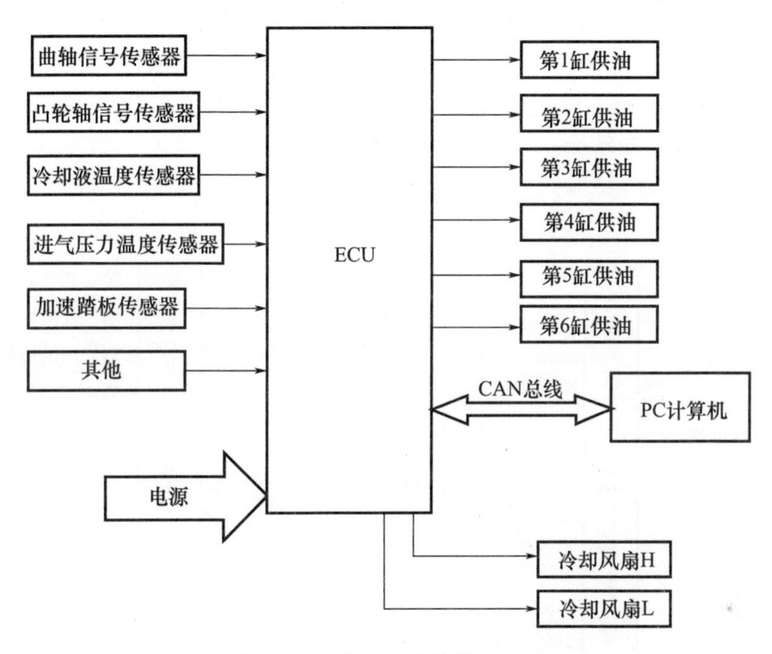

图 2－13　柴油机电控单元组成

2.3.2　电控单元硬件结构

电控单元利用其内部储存的软件(各种函数、算法程序、数据、表格、MAP 图)及硬件(各种信号采集处理电路、单片机、功率输出电路、通信电路),处理从传感器输入的诸多信号,经过内部软件的处理,制定出控制命令,发送到执行器,对柴油机进行实时控制。

1. ECU 的组成

ECU 由以下几部分组成:

(1) 单片机,是 ECU 的核心元件,包括 CPU、存储器、I/O 接口、通信总线等。所有逻辑处理功能都是在它内部完成的。其他元件大都是为其服务而设置的。

(2) 系统服务元件,包括用于激励脉冲的晶振芯片、用于提供电源服务的芯片、用于提供内存容积扩充的存储器芯片等。这些元件主要是一些专用的集成电路。

(3) 输入通道元件,用于接收输入信号,并对信号进行整形、传导、保护性隔离。这些元件主要是一些贴片电阻、电容、二极管、充电耦合器等。

(4) 通信服务元件,在单片机中一般都带有通信功能,如 CAN 总线并配备有驱动芯片。

(5) 输出驱动元件,为带动执行机构工作需对单片机输出的控制信号进行功率放大,目前最常用的是 CMOS(氧化物半导体)工艺的绝缘栅型晶体管。还需要一些特殊的电容和电感元件,通过它们对电能的积蓄和释放,能在瞬间产生极高的驱动电压以满足某些特殊需要。

2. ECU 的硬件结构

ECU 元件的硬件结构如图 2-14 所示。

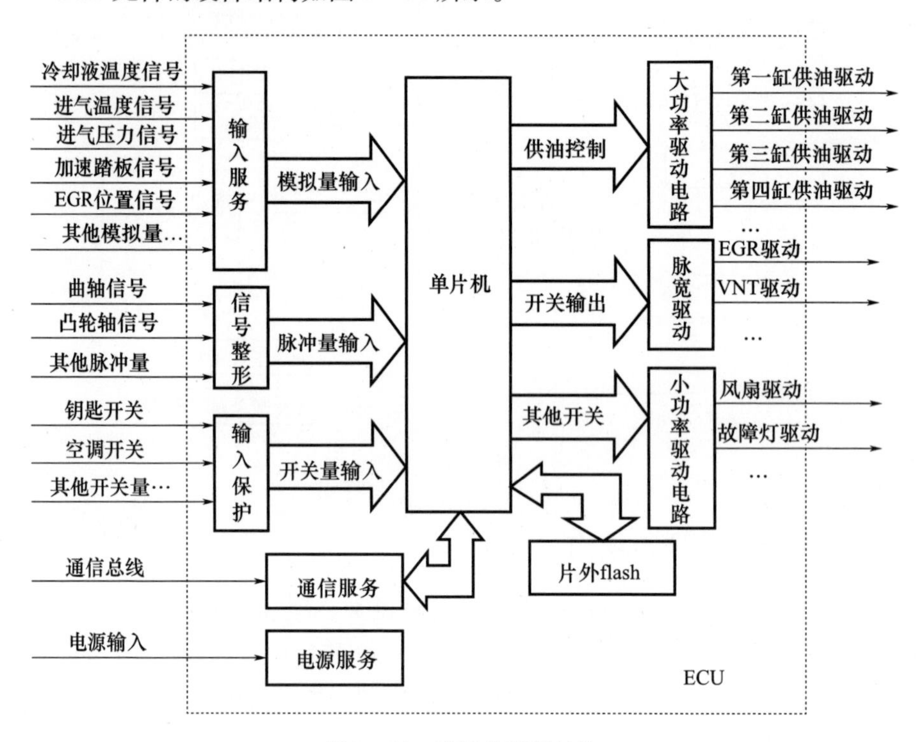

图 2-14　ECU 的硬件结构

1) 输入级

输入级的作用是将电控系统中各传感器检测到的信息,通过 I/O 接口送入 CPU,完成对发动机运行工况的实时检测。从传感器来的信号进入输入级后,需要经过预处理,如采用滤波器将杂波除去,并将其整形变为标准方波信号。输入信号可分为模拟信号与数字信号两种。模拟信号是随时间连续变化的模拟量，通过检测元件和变送器转换为对应的电压与电流。由于计算机只能识别数字量，故模拟电信号必须通过模/数(A/D)转换为数字信号，这种信号有进气温度、进气压力等。在柴油机中采集的数字信号主要是转速和上止点位置信号，它们都是脉冲信号，需要将信号整型转变为标准TTL信号，然后送入CPU。

ECU输入通道的结构组成，取决于被测对象的环境和输出信号的类型、数量、大小等。在输入通道中，如果配置的传感器输出的信号为大信号模拟电压，能满足A/D转换输入要求则可直接送入A/D转换器，经转换后再送入单片机。也可以通过V/F转换，变化成频率量进入单片机。对于以电流为输出信号的传感器，则首先应通过I/V转换成电压信号，再经放大器将电压放大至A/D转换器，V/F转换所要求的电压值。对于频率信号，若能满足TTL电平要求时，可直接输入单片机的I/O接口或中断接口；对于小频率信号，则应通过放大、整形变换成TTL信号后再送入。对于开关信号，如果能满足TTL电平要求，可直接送到单片机的I/O接口或中断入口。近年来，传感器技术有了较大的发展，从而对多输入通道的结构设计有所影响，如：①大信号传感器，把放大电路与传感器做成一体，可直接将信号送入单片机，可省去小信号放大环节；②集成传感器，将敏感元件、测量电路、信号调节电路做成一体，构成压力传感器，可简化通道结构；③数字量传感器，用于输出频率参量，具有抗干扰能力强、测量精度高、便于远距离传送的特点；④光纤传感器，可避免电路中的电磁干扰。

2）单片机

单片机是由中央处理器(CPU)、程序储存器(ROM)、数据储存器(RAM)、定时器/计数器、输入/输出(I/O)接口电路等元件集成在一块电路芯片上所形成。按其内部通道的宽度可分为4、8、16、32单片机。由于单片机的字长定义为并行数据总线的线数，因此也可以按单片机处理信息总的字长来划分。8位机(Intel8086)芯片的集成度可达3000～9000器件/片，时钟频率1～5MHz，可寻址空间≤64B，基本指令执行时间1～2μs，即执行指令的速度50～100万次/s；16位机(Intel80286)芯片的集成度可达7万器件/片以上，时钟频率5～12.5MHz，可寻址空间1～16MB，基本指令执行时间0.125～1μs；32位机(80386、80486)芯片的集成度可达100万个器件/片以上，时钟频率16～33MHz，可寻址空间16～4000MB，基本指令执行时间0.025～0.125μs。

单片机的类型很多，作为柴油机电控单元的核心部件其基本功能有以下几个方面。

（1）系统复位功能(Reset)。当系统加电后，硬件会自动在复位端引入低电平，执行复位操作，指令计数器归零。

（2）自由运行计数器。该计数器一般是一个16位寄存器，在初始化程序中做出设置,以一定时间间隔递增变化,这一时间间隔称为计时器的时间常数(0.8μs)。正常工作时不断递增,每0.8μs增加1,当增至65535(即16位全部为1)时,在下一个0.8μs后会全部变零。同时,会产生一个中断(溢出中断)。它为单片机系统的控制提供最基本的计时信号。

(3) 实时中断功能(RTI)。在初始化过程中设置好时间常数,每个其所代表的时间就会引发一次实时中断,执行一次实时中断服务程序。在柴油机控制程序中,这一功能为定时的执行某一操作提供条件。如选用256μs作为发生一次实时中断单位时间,则可在终端服务程序中通过累加计数的方式执行多种定时操作。例如:每4次中断执行一次操作,其执行周期约为1ms;每100次中断执行一次,其执行周期约为25ms。可以用256μs作为实践单位,制作软件时钟,作为ECU内的时间参考量进行计时。

单片机选择所依据的主要参数是运算速度、字长和容量。

(1) 在选择运算速度时应考虑以下条件:控制系统的计算工作量(包括完成控制算法和各种管理程序的计算);系统采用的采样周期,因为通常在一个采样周期内应完成全部计算,为了缩减在一个采样周期内的计算量,对不同的任务可采用不同的采样周期,即实行多采样周期控制。计算机指令系统的功能越强,则所需的计算时间越短。决定计算机运算速度的基本因素是其时钟频率,硬件的有效支持也可以减少计算时间。

(2) 单片机字长的选择。字长直接影响到数据的精度、寻址能力、指令的数目及执行操作的时间。在选择时应考虑的条件有:量化误差,在给定有限字长的情况下,控制算法引起的量化噪声统计特性的要求即可估计运算部件所需的字长;单片机的字长应与A/D的要求字长相协调;应考虑到信号的动态范围,信号的最大值与最小值之间的区域越大则字长也应增加;信号与采样周期的关系,若采样周期小,量化误差一定,则所需的字长就要相应地增加。从20世纪后期开始,电控柴油机的单片机已从16位机向32位机发展过渡。MTU公司开发的4000系列柴油机电控系统采用的是摩托罗拉公司683XX系列的32位单片机。

3) 输出级

输出级与输入级相似,可分为模拟量输出通道和数字量输出通道。

模拟量输出通道将单片机输出的数字控制信号转换为模拟信号(电压或电流),作用于执行机构实现对被控对象(如比例电磁铁)的控制。对于模拟量的输出通道要求是可靠性高并能满足一定的精度。它主要取决于数/模(D/A)和CPU的接口。在设计时需要考虑的的问题是:D/A转换芯片的选择;数字量的输入及模拟量的极性输出;参考电压源的配置;模拟电量输出的调整与分配等。

数字量(开关量)输出通道将单片机输出的数字量控制信号传递给开关型

或脉冲型的执行器,开关量输出通道与单片机接口的任务是将计算机输出的数字量经过锁存、隔离后再输出,以保证在程序控制的规定期限内,输出的开关状态不变,再经功率放大器输出实现对执行器(如高速电磁阀)的控制。

4) 通信技术

总线技术是一组信号线的集合。这些显示系统的各个插件间(或插件内部各芯片间)、各系统之间传送规定信息的公共通道。现场总线是连接现场仪表、设备(变送器、执行器等)和控制系统之间的全数字化、双向、多站点的串行通信网络。控制器局域网(Controller Area Network,CAN)属于现场总线的范畴,它是一种支持分布式控制或实施控制的串行通信网络。可用于离散控制领域中的过程检测和控制,以解决控制与测试之间可靠和实时的数据交换。

柴油机电控系统中采用 CAN 总线,通过一根可以同时传送电源信号和数据信号的总线,将所有满足 CAN 系统通信协议的电控单元、传感器和执行器挂接在总线上形成能提供点对点、一点对多点的网络,如图 2-15 所示。图中的传感器检测到的信号,由前置电路处理,经处理后的数据通过 CAN 接口控制其芯片,并经过总线以串行数据形式传给中央处理器(CPU)。这个数据可提供给网络中有关的系统使用。与此同时,网络上各节点(ECU、传感器和执行器)之间也可通过总线相互传递数据信息。

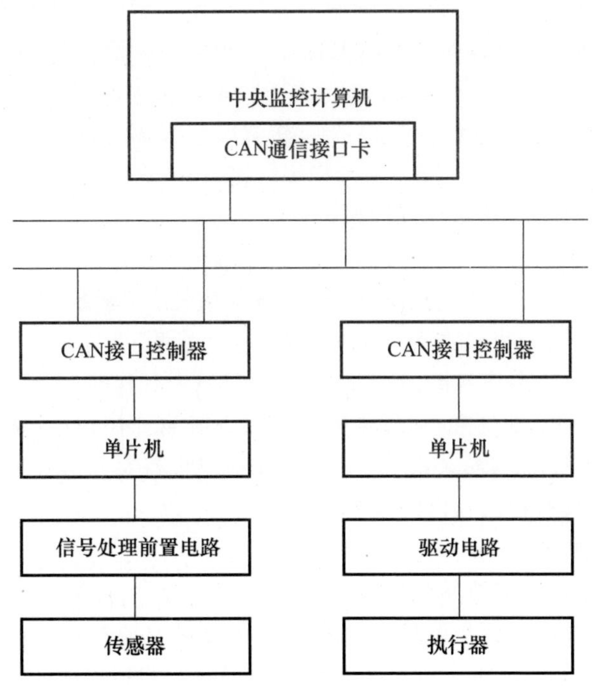

图 2-15　CAN 总线结构

采用CAN系统可以避免传感器与其他元件的重复使用;简化了信息传送的线束;提高了通信速率(可达到1Mb/s),采用短帧结构(每帧有效字节数为8)具有较强的抗干扰能力;采用非破坏性竞争仲裁技术可保证优先级较高信息的实时传递;具有侦错和检错措施保证了数据通信的可靠性。

2.3.3 电控单元的软件体系

计算机的硬件系统为其工作提供了基础和条件,但要使计算机有效地工作还必须有软件的配合。计算机中所有的硬件和软件统称为资源。ECU中的软件必须具有完备的指令体系和数据体系。

由于计算机控制系统是一个实时系统,要求软件具有实时、可靠、灵活的特点。所谓实时是计算机对被控对象送来的信息能及时处理,输出相应的信息及时控制被控对象。实时操作系统的任务不仅要管理计算机资源、输入输出接口和有关的外设,还要实现模块的调度完成周期任务,此外还应具有处理中断的能力,并能对实时时钟和实时文件以及计算机通信进行管理。

柴油机的软件体系包括基础软件、诊断软件、控制软件、调试与标定软件。

1. 基础软件

基础软件是针对硬件操作需求而制作的一些程序,是控制软件的资源提供者。基础软件中涉及硬件直接控制的部分被制作成资源化的软件函数,只要调用这些函数就可以对硬件做出有效的操作。属于基础软件的指令集有以下功能模块:①系统初始化及时钟设置模块;②整形输入模块和预处理输入模块;③模拟信号采样输入模块(模数转换模块);④低位开关输出,相当于普通的无触点开关;⑤PWM功能输出;⑥高位开关输出;⑦CAN总线通信,用于与PC机进行程序调试和运行监控;⑧电源管理模块。

2. 诊断软件

诊断软件由多个诊断模块组成,模块编织成任务(函数)形式,通过多次检测来确定连续故障和间歇故障。在ECU上电后,所有可以诊断的线路均静态全检一遍,然后对可以动态诊断的线路做定时巡检,做到实时监测。诊断软件可分为两个层次:硬件诊断功能,对硬件的物理性能异常作出诊断,偏重于基础软件的性质;策略诊断功能,对柴油机运行状况的诊断,需要分析处理更为复杂的故障状态,更多地具有控制软件的性质。

3. 控制软件

控制软件是指直接控制柴油机运行的计算机程序,控制软件在逻辑结构上完全脱离基础软件,也不与硬件操作发生直接关系。控制软件对于硬件的操作是通过调用基础软件中的硬件资源函数来实现的。控制软件是用户为完成特定功能而编写的各种程序的总称,它是由内燃机工程人员来编制的。传统的ECU

开发过程是采用汇编语言(如 C 语言)编制。目前已有一些现代硬件开发系统(如 dSPACE),只需将确定的控制策略表达清楚,系统即能够自动地将控制策略转化为实际代码。

4. 调试与标定软件

基础软件、控制软件和诊断软件最后都写入 ECU 中,成为柴油机运行时对设备进行控制或检查的指令集。

调试与标定软件是将运行在个人电脑上的软件,通过通信线与 ECU 建立联系,它的主要功能是:①在 ECU 运行时对于 ECU 软件中的变量参数(及程序的变量值)做动态监测并输入到上位机(PC 机),其屏幕所显示的参数值每隔一段时间更新一次;②对 ECU 的数据进行动态修改,在 ECU 控制柴油机运行时实施可直接影响柴油机的运行状态。控制参数可以分为两类:①简单变量,在 ECU 程序运行时,这类变量都是内存变量可以动态地修改;②数组(MAP),其初始值是随 ECU 程序一起写入闪存的,对控制过程具有重要的影响,故需确定这些参数的最佳值,这一过程称为标定。在对控制数据标定完成后,将这些数据从闪存读入 RAM 中,然后进行修改,修改完成后写回到闪存的原数据区内,形成数据的永久改变。

柴油机电控系统的开发,实际上就是 ECU 的设计和调试。其中的核心部件如传感器、单片机、输入/输出接口等硬件设备和基础软件均已实现商业化产品(通用电控单元开发平台),因而对具体柴油机产品而言,开发的重点在于控制软件部分的设计。

2.3.4　柴油机喷油系统的控制策略

1. 概述

在自动控制领域中,针对任何一个控制对象都应有相应的控制目标,为了实现这些控制目标必须具有对应的控制方法,这些方法的集合称为控制策略。在 ECU 软件设计中,通常将处理任何一项通过可控制过程实现的信号采集、处理、控制输出的方法统称为控制策略。电控柴油机常用的控制策略包括以下几个主要方面。

(1) 曲轴信号和凸轮轴信号输入策略。其基本作用是获得曲轴的当前齿号数,利用曲轴信号的下降沿引发中断,使 ECU 捕获发生中断的时机。

(2) 输入信号处理策略。对于开关信号可通过延迟重复读入来消除由于开关振动引起的信号抖动;对于模拟信号可通过软件滤波处理,即通过多次采样过滤掉其中由于偶然的信号波动造成的无效数据。

(3) 基本过程控制策略。在主流程图中,从加电后开始运行,通过重复执行任务服务函数 TS,使任务序列中根据优先级将排在最前面的任务得以执行。如果当时没有被激活的任务，则 TS 只是做循环运行，等待任务来临和响应中断。当中断到达后，所有已设置好的中断功能都开始工作。在柴油机启动前，只有实时中断开始运行，执行对传感器信号输入任务的激活，激活后的这些信号输入任务会在主循环中得到执行，可以获得动态的冷却液温度、进气温度、进气压力、燃油温度和油门位置等数据。启动后，曲轴及凸轮轴信号中断都开始发生，每发生一次中断，就会进入一次相应的服务程序，完成对应的工作，如提供实时的转速、提供喷油控制参数等。

(4) 工况区分策略及各种工况的处理策略。它包括停车工况、启动工况、怠速工况、暖机工况、带载工况、常规工况、限速工况、超速工况等。各种工况的控制策略所控制的对象主要都是喷油量、喷油定时和喷油规律。

(5) MAP。采用 MAP 的形式来确定控制值是柴油机电控系统中用得最多的一种方法。所谓 MAP，就是事先将经过优化的控制值以图表的形式存入 ROM 中，运行时只需根据运行工况进行查表即可调用，该方法所用的时间短，且结果精确。MAP 通常是根据试验样机在试验台架上通过试验所获得的优化参数编制的。由于发动机的转速和负荷是运行工况的特征参数，所以 MAP 基本上都是以转速和负荷作为变量绘制而成的。在电控程序中，几乎每一个待控参数都需要有相应的 MAP，而且每一种 MAP 又可以按工况划分为若干种。众多的 MAP 需要占用大量的内存。

MAP 在嵌入式系统中是一种重要的工具，其作用是减少在实际运行过程中对于控制处理逻辑的计算量；对于一些不存在解析关系的逻辑处理提供查表解决方案。此外，MAP 还具有使控制程序与控制数据相分离的作用，从而在柴油机调试时就可以通过 MAP 的修改完成对性能的标定。常用的 MAP 有一维 MAP、二维 MAP 和独立数据表。

一维 MAP 体现的是平面上的曲线，用于反映各种冷却液温度、压力传感器输入数字量与实际温度或压力的对应关系。另外，也可用于由自变量通过查找 MAP 来获得函数值，如反映冷却液温度与对应设定的怠速目标转速的 MAP，在此 MAP 中，冷却液温度是自变量，转速是函数值。

二维 MAP 体现的是空间上的曲面。通过查找 MAP，即可由自变量的值获得函数的值，如进气温度和压力是自变量，而循环供油量则是函数值。

(6) 独立数据表。在柴油机控制过程中存在一些独立的控制参数，包括：①结构参数，如第一缸上止点对应的齿数、凸轮轴第一齿对应曲轴齿的位置，这两个结构参数是根据曲轴和凸轮轴信号完成转速和相位计算的基础数据；②性能参数，如曲轴和凸轮轴信号之间的转换所设置的控制变量；③外围设备的油量补偿数据。

2. 柴油机控制策略的实现

1）总体框架的实现

（1）主体控制流程。柴油机的主体控制流程如图2－16所示。柴油机的总体控制策略按照不同的工况划分为若干个分控制策略，因此在进入控制侧，在处理时需先判断柴油机所处的工况状态，然后转入相应的处理模块。当进入工况模式处理任务（CMPT）时，首先对模式（Mode）的当前值（也就是上次执行的模式处理任务时确定的工况）做出判断，如果发现工况已转向另一工况时，则需对模式的值做出调整，使之转出当前工况处理任务，返回主体控制，主体控制会根据新的工况模式值转向对应的工况处理模块。

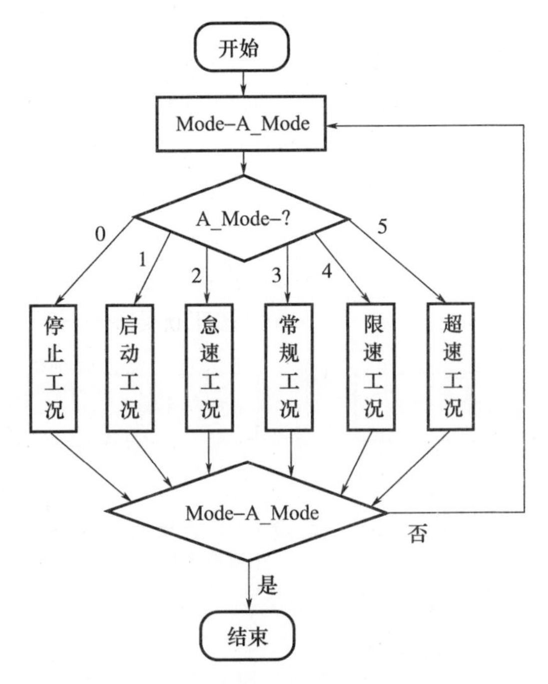

图2－16　柴油机的主体控制流程

（2）控制任务的调用时机。控制策略的调整是根据当前柴油机的运转参数（转速、冷却液温度、燃油温度、油门位置等）、运转状态、操控要求确定对应的控制量来确定供油量和供油提前角。这些参数是按照一定的更新速度来进行输入、计算和刷新，因此，依据这些参数而定的控制参数调整，不能比这些信号参数的更新变化更频繁。同时，对于共轨系统及单体泵系统，虽然都具有实时调整的能力，但柴油机需经过一段时间后才能达到新的平衡工况点，因此调整的频率也不能过快。在实际控制过程中，确定控制策略函数运行的频度一般采用由长到短的方式来调整，通过实际试验来确定最佳值，然后将任务赋予编号，在实时中断服务函数中加入相关的控制指令。初始的策略调整周期可按半个运转循环的时间来定，如转速为1500r/min的单体泵柴油机，这个时间在40ms左右，因为在这个时间内，对于4缸机已有2缸完成运行，能够较充分地反映上次策略调整的效果。

2）船用柴油机高压共轨系统控制策略

在船用柴油机高压共轨燃油喷射系统中，高压泵提供高压燃油，而喷油量和喷油定时则由喷油器内部的高速电磁阀控制。燃油喷射系统控制单元根据操作者的命令和发动机所处工况，通过控制共轨管油压及电磁阀的动作时间来实现喷油始点、喷油终点、喷油持续时间以及喷油次数的控制，从而实现对系统喷射压力、喷油定时、喷油量和喷油规律的精确调节和灵活控制。

船用柴油机控制策略逻辑结构如图2－17所示，它划分为工况判断、喷油量控制、喷油率控制、轨腔压力控制、喷油正时控制和执行器驱动六个模块。

工况判断模块是ECU与柴油机工况信息的接口。工况判断模块根据柴油机的状态反馈、环境输入、操纵人员的车钟手柄与控制旋钮状态等综合判定柴油机所处状态，ECU根据发动机工况采用相应的控制策略。

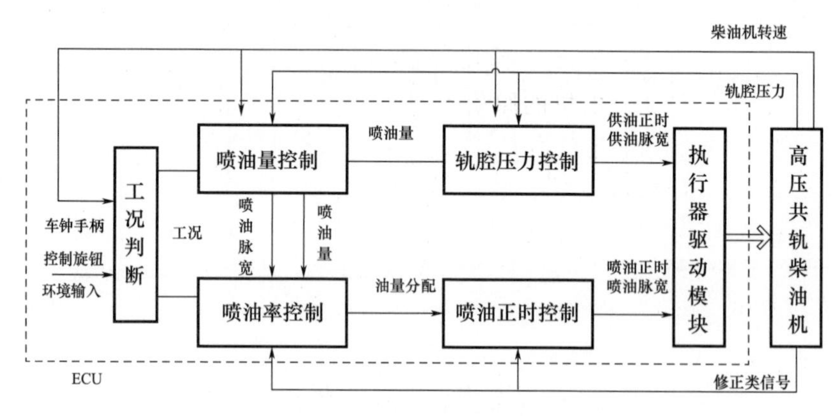

图2－17　船用柴油机控制策略逻辑结构

（1）停止工况。柴油机控制策略中的停止工况并不只是指转速为0的工况，而是指由某些特定过程进入的一种工作状态，包括：进入停止工况，ECU电源接通以后进入初始化过程，将全局变量设置为0，即将当前工况设置在停止工况，在此之后，ECU的初始化操作的最后动作是执行开中断的功能，使所有的中断响应功能成为有效，从而设置为定时工作的外界信号输入功能也开始正常运行，控制策略调整函数也开始工作，每次都进入停止工况的处理功能完成相关的动作；当启动失败后从启动工况返回停止工况；从怠速工况返回停止工况，如果在怠速工况运转中的转速过低，不能维持继续运转，也将会使柴油机停止转动返回停止工况；在常规工况运行时，如果出现使柴油机难以继续正常运行的情况时,也会返回停止工况。

(2) 启动工况。当柴油机的转速达到某一定值时即进入启动工况。在正常情况下,启动工况后通常是转入怠速工况,此时需要设定一个判定逻辑来认定启动成功,即设定一个高于由启动装置带动柴油机转动时的转速,并规定相应的连续稳定运转时间(通过多次检测来认定)。为了对启动工况进行有效的控制需要借助于相关的MAP,如启动油量MAP、供油脉宽MAP、供油提前角MAP、燃油温度影响的MAP、冷却液温度修正MAP、电源电压影响的MAP等。

(3) 怠速工况。怠速工况是指柴油机启动后靠ECU软件策略控制柴油机作稳态运行的一种工况。怠速工况是电控柴油机标定过程中重要内容之一,因为怠速工况是在没有人工干预下完全由ECU控制自动完成对柴油机控制下实现的稳定工况。在这种工况下,通过一段时间的运行使冷却液和润滑油的温度达到预期的数值,初步建立起稳定的热平衡状态,为进入常规工况做好准备,因此在怠速工况下涉及多方面的控制策略要素,这些要素都需要对应的控制功能来满足。怠速工况是一种自动实现的过程,通常是采用PID控制调整柴油机的每次供油量来实现对目标转速的控制。

(4) 常规工况。常规工况是柴油机最主要的一种运行工况。根据柴油机用途的不同,其运行方式也有所差别,如船用主机当工况发生变化时,转速和功率是同时变化的,而作为发电机的原动机则当工况发生变化时,转速是保持恒定的,因此它们的控制策略也是不同的。

进入常规工况有两个途径:通常是由怠速工况进入,也可能是由限速工况进入。从怠速工况进入常规工况是通过改变油门位置,增大每次喷油量来实现的,所需的每次喷油量是根据预先制定的MAP来确定的,同时还要通过查找MAP来确定供油提前角、供油脉宽和供油持续角,完成以上工作后,就实现了对常规工况下控制参数的调整。

(5) 限速工况。限速工况是对柴油机高速的一种控制状态,应对其实施油量限制,使转速不会再继续升高。可以采用以下方法来进行控制:①PID限速控制,将限速转速作为目标,当转速达到限速转速时即进入PID限速控制,同时记录此时油门的当前位置,此后如油门位置小于此值时,即可退出PID控制回到油门控制状态;②MAP限速控制,即将油门油量MAP的范围延伸到限速区,这种控制方法在控制逻辑方面和常规工况控制完全相同,因此只要在常规工况的高速区通过对MAP的限速设置实现对转速上限的控制即可。

(6) 超速工况。超速工况属于一种异常工况,该工况会导致柴油机产生事故而损坏,因此当发生超速时应立即断油,迫使转速下降。如果属于偶然因素所致,没有不可预测的后果时,则在转速下降到限速区以后恢复供油,继续运行,否则应立即停机。

(7) 急加速和急减速工况。在怠速工况和常规工况运行过程中,如果发现油门位置的两次检测结果超出某一限制值时,为了避免由于负荷突变对柴油机运行的安全性造成不利影响,需要通过相应的控制策略使其转速平稳过渡到预想的转速。具体方法是将最终的油门位置作为控制目标量,将限制值作为控制量查找 MAP,每次按以一定量递增的控制手段,最终达到控制目标量。急减速的策略可采用断油方法来实现,当转速下降到一定值时恢复供油,进入常规工况。

喷油量控制模块对不同运行工况及工况转换时的喷油量进行控制,输出为每缸每循环喷油量和喷油脉宽,该喷油量包括转速决定的基本喷油量和修正类信号产生的修正喷油量。喷油率控制模块根据工况选择合适的喷油规律,对于多次喷射,完成每次喷油量的计算,即总油量分配。

轨腔压力控制模块与喷油正时模块根据喷油量和发动机状态参数获得供油脉宽、供油时刻、喷射脉宽及喷射时刻。

执行器驱动模块根据轨压控制与喷油控制的要求,分别驱动高压油泵电磁阀和喷油器电磁阀,以实现轨压控制和喷油控制。

2.4 高压燃油喷射系统中的几个关键技术问题

2.4.1 高压油管内的压力震荡

燃油喷射系统中的高压油管,既是燃油的输送通道,又是压力波的传播空间。高压油泵端产生的压力是以压力波的形式向喷油器端进行传递,并根据两侧管段的边界条件在管道内往返反射。由于受到阻尼的作用,管内的压力震荡呈逐渐衰减的趋势,但是如果在喷油末期,针阀已落座关闭,由于从泵端传来反射波在喷嘴端产生叠加而导致压力升高而使针阀再次抬起,就会发生二次喷射的现象。二次喷射通常出现在柴油机大负荷高转速运行工况,二次喷射发生在偏离上止点后较远的时刻,由于雾化质量变差,燃烧不完全,导致排温升高、排烟增大、燃油消耗率增加。

在高压共轨系统中,共轨油管的容积对管内的压力波动有很大的影响。通过对具有较大容积共轨管(共轨管容积为循环喷油量 100 倍以上)的研究结果表明:随着油轨容积的增大,压力波动幅度随之减小,但并不呈线性关系,当高压油轨的容积增大到一定程度后,压力波动的减少量逐渐减小。容积过大的油轨容积会导致柴油机启动时油轨内的压力建立缓慢,从而对启动性能产生不利的影响,因此应进行综合的衡量。

压力很高的瞬间喷射会在系统内引发压力波动,其振幅可达到共轨系统正常压力的 20%，对喷射速率（喷油规律）产生较大的影响（约 10%）。为了改善喷射系统的多次喷射能力，需要设置储油室，以使喷嘴出口处的压力波动降至最小。然而，在高压共轨喷油系统中，由于在其与喷油器之间存在高压油管、限流器及喷油器内油道等节流通道，从而降低了高压油轨内压力波动对喷油速率的影响。

在喷射速率成形方法的研究中发现，在一定的条件下，可通过有选择地利用这种压力波动。系统内所产生压力波动的特性与喷射过程及其设计参数有关，如高压油管的长度及其内径等，但是，对于给定的系统，这些参数已经固定，不可能影响压力波动与喷射过程之间相对的振幅和相位。为了实现喷油速率形态的调整，须另采用电磁阀控制溢流阀产生一个叠加的压力波，使燃油向回油管溢流，由于溢流阀是独立控制的，因此所产生压力波的时刻相对于喷射过程具有很大的自由度，而且它的振幅也具有很大的可控性。

在高压共轨系统中，采用过大的共轨油管以降低压力波动的影响，会使其重量和体积增大，制造成本提高，这对于大型柴油机更为突出。为此，采用在高压油路中设置蓄压器，通过蓄压器再向喷油器供油，以抑制和消除压力波动，保证供油压力的平稳，蓄压器结构如图 2－18 所示，在蓄压器上装有流量安全阀，当喷油器出现故障时可以切断供油通道。

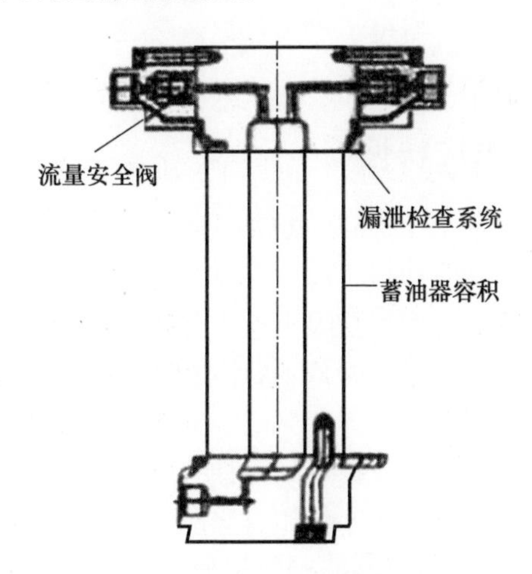

图 2－18　蓄压器结构图

2.4.2　气穴与穴蚀

燃油中常溶解有少量的空气，当高压油路的压力急剧下降时，溶解在其中的空气先行析出，随着压力下降到与其温度相应的饱和蒸汽压时，由于燃油的饱和气压很低（1～3kPa），因此当燃油压力降低到低于 3kPa 时，油路中的燃油部分开始气化,两者构成的密集气泡,附着在金属表面上,形成气穴现象。

出现气穴以后,若强压力波传到气泡处或气泡被运送到高压部位,如气泡外面的燃油压力高,气泡周围的燃油表面张力低,则气泡外面的燃油就有向气泡中心快速前进的趋势,并具有一定的动能,气泡在正压力的作用下会瞬时缩小、发生破裂,产生极高的液压冲击力,引起噪声和振动,压力冲击波反复作用于零件表面(如高压油管内壁、喷嘴压力室内表面等处)时,会使金属疲劳而剥落,产生穴蚀现象。

通常认为,气穴现象对于柴油机燃油喷射会在许多方面引起不良的后果,如循环喷油量减小、喷油持续期增大、喷嘴腔压力波动增大等。近年来,高压共轨燃油喷射系统所用喷油嘴的喷孔孔径一般在0.2mm以下,最高喷射压力在150MPa以上,而喷射背压却在1.5~8.0MPa,导致孔内燃油的流动速率极高,一般在300m/s以上,因此喷嘴内部不可避免地存在气穴流动现象。近年来的研究成果表明,气穴的产生和发展对喷孔出口的流动状态会产生较大影响,其所产生的液体湍动对液体喷束雾化造成的影响,远远大于喷束与周围空气交互所造成的影响。研究表明,在多孔喷油器喷孔内部,气穴对燃油喷射有利,这是由于流体内部的气穴模式导致湍流增加、液态燃油射流的初期破裂和最后雾化改善。另外,喷嘴孔内气穴的动力学作用产生了更易蒸发的更小微滴,加强了燃油空气混合,改善了燃油雾化效果,缩短了点火延迟。气穴的强度取决于喷油嘴的几何形状和喷射速度。

2.4.3 喷油系统的响应特性

目前高速柴油机所采用的高压共轨系统为满足排放标准还需突破一些限制:

(1) 相继喷射的最小间隔期受限于液力和机械环节。

(2) 液力喷射过程长于激励时间,这个特性对于多次喷射的运行具有关键的影响。

(3) 在多次喷射时喷油量依赖于间隔期。

(4) 制造及装配公差对喷油器性能有影响。

共轨系统在喷射脉冲开始触发至开始燃油之间有一段延迟期,其长短取决于喷射系统的设计,并与运行条件有关,一般为0.3ms。Bianchi等的研究表明,在高速柴油机中为了保证空气和燃油得到更好的混合,在相继喷射之间的最小液力(实际)间隔时间应低于0.5ms,并且设计了一种电子驱动电路,使电子间隔时间缩短为0.015ms。这种驱动电路可在稳定运行的条件下,使第一代电控喷油器的最小喷射间隔时间下降至0.5ms,但它与驱动电路可达到的0.015ms相比,仍嫌太长。Pontoppidan等在对液力特性进行分析后也给出了类似的结论,并且指出在对液力驱动予以改进强化后，新一代的电磁阀控制的喷油器的最小间隔期可望达到0.2ms。Allocca等用试验证明现代的快速响应电磁阀控制喷油器可以在最小间隔时间为0.15～0.20ms的情况下正常运行，以满足针阀完全关闭的需要。

系统的动力学特性是共轨系统对供油特性的第二个限制因素。特别是在时间系统中，液力特性对喷油量的变化有决定作用，而后者对发动机的控制效率起着限制作用。Zhong等的研究表明，在循环与循环之间，共轨管内的压力变化会影响到针阀升程的变化，并使喷油量的变化达到15.9%。Pontoppidan指出，这种波动振荡也会使燃油喷注的雾化及油束的结构发生变化。Catane等对相继喷射研究的结果表明，在相继进行的两个循环的两次喷射之间的间隔时间已足够长，以使共轨管中的振荡波幅迅速衰减。

（1）电磁阀。研究结果表明，电磁阀的弹簧预紧力越小，则开启响应时间也越短，但关闭响应时间变长，采用较大弹簧预紧力和较大弹簧刚度的电磁阀其综合响应特性更好一些；电磁阀的结构尺寸、线圈的线径及匝数也有一定的影响，采用较大的线径可得到较好的响应特性；电磁阀应选用具有较高导磁率和较高饱和磁感应强度的材料。

（2）驱动电路对电磁阀的响应特性具有重要的影响。选择适当的电容值可使线圈电流获得快速的增长，增大驱动电压也可使响应特性得到改善。电磁阀的理想驱动电流的要求是：最大启动电流要能满足驱动电磁阀动作的要求；启动电流加载速度要快，使电磁阀能很快吸合，在电磁阀即将吸合之际就要使电流下降，以减小衔铁与限位板之间的撞击，当电磁阀完全吸合后，保持电流要稳定并且尽可能的小，这样有利于提高电磁阀关闭的响应速度，减少电磁阀的发热量，增长电磁阀的使用寿命。目前，大量生产的柴油机所采用的常规电控喷油器的性能，限制了多次喷射策略的实现。由于电容器的再充电时间较长，不允许在1000μs之内连续两次驱动针阀抬升。同时，喷油器的液力不稳定性使这个限制进一步提高到1800μs，以保持发动机连续循环喷油量具有较低的标准偏差。为实现此目的，Bianchi等提出了新的驱动电路，可以缩短电磁阀的闭合时间，通过陡峭的电压波形减短驱动时间来缩短电容器的再充电时间，并对改进后的喷油器性能进行了数值模拟和试验研究，运用已经验证的喷油器模型来研究多次喷射情况时的运行特性。结果表明，若想实现多次喷射策略，就必须设计一种新的电路来控制快速响应的喷油器。第一代喷油器主要受限于电容器的再充电时间过长，另外一个限制因素是施加于电磁线圈的电压过低（75V）。Bianchi等曾设计并试验了一种新的喷油器驱动电路，如图2-19所示。电磁阀的新控制线路是一个两象限DC/DC降压变换器，它包括两个绝缘栅双极晶体管T_1、T_2，通过晶体管驱动电路（DR）及两个二极管(D_1、D_2),由喷油器控制单元来控制。降压变换器由一个升压变换器供电,它所提供的电压(V_c)远高于蓄电池的端电压。V_c 值取为100V,以获得所需的高 di/dt 值。电容器C不仅用来减少升压变换器输出电压的波动,同时也用来储存电磁能量,这部分能量是当电磁阀线圈电流减少(磁场储存的能减少)时,根据所选择的电流型线由降压变换器予以回收。通过采用合适的大电容量C,可使电压 V_c 在整个喷射循环中保持近似于常数。当 T_1 和 T_2 同时接通时,线圈直接与电压 V_c 连接,这时一个大的正电压 $V_s = V_c$ 作用于线圈上,在这种情况下,可获得很大的 $d\varphi/dt$(电流快速增大,电磁力迅速增大),这意味着同时从两个电容器取得电流并在喷油阀开启过程中转换为电磁力和机械力。当有一个晶体管断开时(其工作特性相同于短路),这时没有电流 I 流动,在这种情况下磁通量及相应的电流几乎为常数,因为这时 $d\varphi/dt = V_s = 0$,没有电能从电容器或升压变换器输送过来,而仅有的能量转换只是发生在针阀开关运动过程中电磁能与机械能之间的转换。最后,当两个晶体管都被断开时,随后又将二极管 D_1、D_2 接通,这时在很大的负电压 $V_s = -V_c$ 作用下,电磁线圈的电流和电磁力很快降低。在这种情况下,由于负向电流($i = -i_s$)的作用,电磁能和机械能(在针阀关闭过程中)可转换为电能并储存于电容器C中。由于在任何时刻都可以自由地选用上述降压转换器的三种状态之一,这样就可以非常灵活地控制电磁线圈的电流和作用力,并通过ICU的控制实现对电流型线的优化。

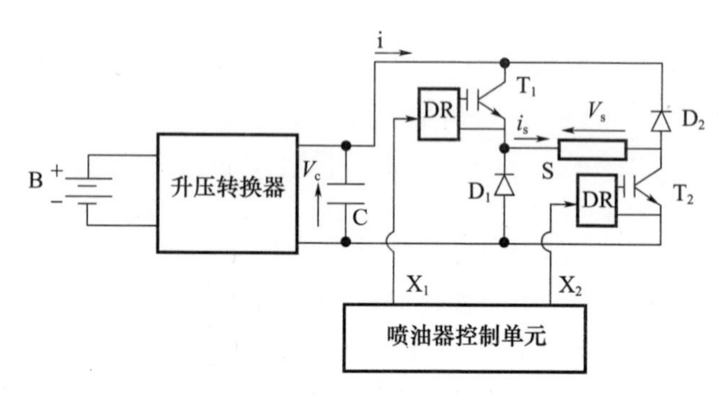

图2-19 新型电控喷油器驱动电路图

在两个脉冲之间的最小间隔时间为15μs,但这并不直接相当于在两次喷射之间的最小液力间隔时间,由于机械和流体动力学现象,导致在脉冲指令的始点和实际喷射流动速率的开始或结束时刻之间形成一种滞后。新设计的电控喷油器驱动电路的电压为100V,这样可使电流的升降更为陡峭,由于铁芯中的磁饱和现象,所以采用较高的电压不会对电磁力发生影响。经过优化的电压型线可以更好地控制电磁阀的关闭,其设计的焦点集中于缩短阀的开闭时间,从而能对很小的喷油量进行更好的控制。开始时施加一个正电压用以激励电磁线圈产生电磁力，然后施加一个负电压（两者皆为 100V），以尽可能快地降低电磁阀的电流，使阀关闭得更快，图 2－20 所示为一次预喷和一次主喷。由于电压型线的优化设计，可以缩短喷油器总的开启和关闭时间，亦即缩短了两次相继喷射的间隔时间。电磁阀的高速响应特性只是喷油器实现良好动态性能的基础，而喷油器的响应性能还取决于共轨油压作用下的喷油器液力过程。喷油器控制腔的液力过程决定着喷油器的液力响应特性。随着控制室的进油量孔与出油量孔尺寸之差的增大，针阀开启速度加快，但针阀在最大升程位置停留的时间延长；增大进油量孔能明显缩短针阀关闭的时间；在一定的量孔尺寸时，随着共轨腔压力的增大，针阀开启速度加快，针阀在最大升程位置停留的时间增长，针阀关闭时间延长。

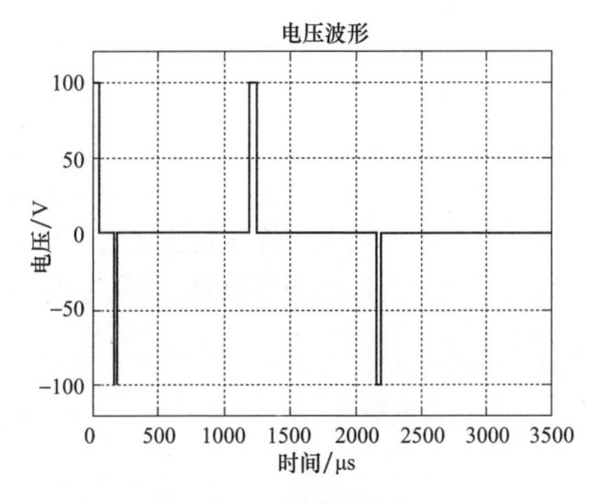

图 2－20　典型预喷控制时序

新的系统是由旧的喷油器＋新的快速响应电路所组成，它的特性可由喷油量与电系统的参数值间的函数关系来表示。电系统的参数包括电压的幅值、电激励时间、电脉冲次数等。当电路处于正脉冲作用时，电磁阀开启。电脉冲的次数取决于喷油量的多少，当喷油量很小时只需施加一个正脉冲即可；而当喷油量很大时，则需施加两个以上的正脉冲，用以维持线圈内的电流处于最低水平之上，使电磁阀保持开启状态。紧接于正电压型线之后，在喷油阀关闭期中施加一个负的电压，以减少预喷期内喷油量的偏差。通过试验确定最佳的电压水平为 100V，相应的激励时间为 50μs，当电压高于 100V 时，由于铁芯的磁饱和而得不到任何好处；而在给定的激励时间内，较低的电压会导致喷油量迅速下降。对于设定的喷油压力和激励电压水平之下，相应于最大喷油量的激励时间为 50μs。

(3) 喷油器结构,特别是控制机构的运动惯性影响其控制的灵敏度。博世公司的 CRI2.5 喷油器采用了新设计的平衡阀,如图 2-21 所示。其结构特点为,阀座直径范围内的液体压力由一个固定元件来承受,在相同的升程时,它具有大 3 倍的阀开启面积,因而有利于按最佳的喷油速率曲线进行高压液压设计,并且由于阀的升程较小,能够获得非常短的开关时间,因而改善了多次喷射的能力。为了减低排放和噪声,预喷射将多达 3 次,而为了进行排气后处理,后喷射将多达 4 次,因而在整个使用寿命期内的开关次数将高达 1.5×10^5。

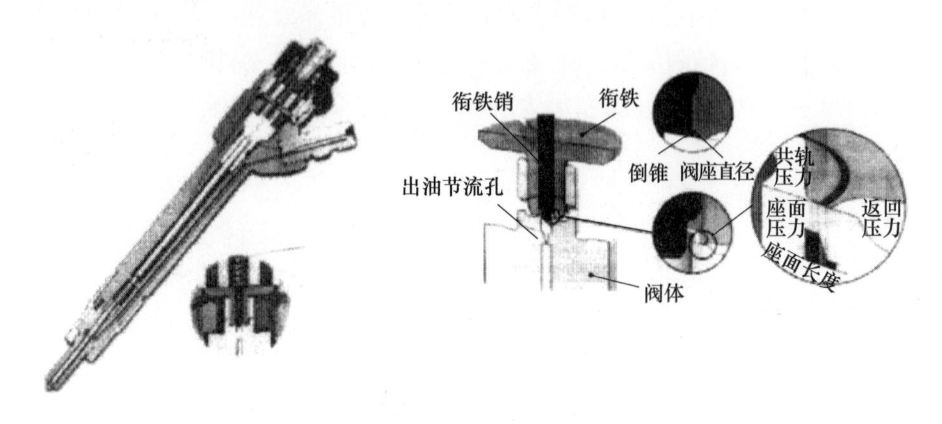

图 2-21 博世公司新型共轨喷油器结构

在采用压力平衡阀的情况下,只有在阀座处于理想状态时,才能真正起到压力平衡作用。基于高表面压力和磨损,在压力平衡环型表面内系统压力给阀施加开启力,随着磨损的增加,该环形压力渗透表面将被扩大,因此需将压力平衡阀做成能约束阀座的形状,以限制最大的压力平衡环形表面,如图 2-22 所示。但是,若将阀座表面限制得过小,则较高表面压力会导致较大磨损和阀升程的漂移。为了保证在运行期内在系统压力下的密封性,对此必须进行细密的考虑。新型电磁阀的阀座如图 2-22 所示,阀座位于出流节流孔上方的中央,阀的运动件被做成套筒状,并同时用作衔铁,成为磁回路中的零件。阀座磨损试验表明,高的阀弹簧力对磨损起到有利的作用,同时能够获得较大的密封长度,电磁执行器较大的剩余力用于提高电磁阀的动态性能是很必要的。

图 2-23 为共轨喷油器部件结构影响。图 2-23(a)表示液压开启力与阀座直径的函数关系。在承受压力的球阀工作范围内,在阀座直径为 0.5~0.75mm 的情况下,根据系统压力的不同,液压开启力最大可超过 100N,而压力平衡阀则具有较小的液压开启力。图 2-23(b)表示可能的电磁力与衔铁直径的函数关系。作为电磁铁磁极面积的尺寸,衔铁直径是影响电磁力的重要参数。压力平衡阀与较大的衔铁直径的组合能够获得较大的剩余力,这样除了具有改善动态

性能的作用以外,较大的剩余力还能克服运行中因燃油老化沉淀或杂质微粒所引起的干扰力,使电磁阀具有较好的耐久性。

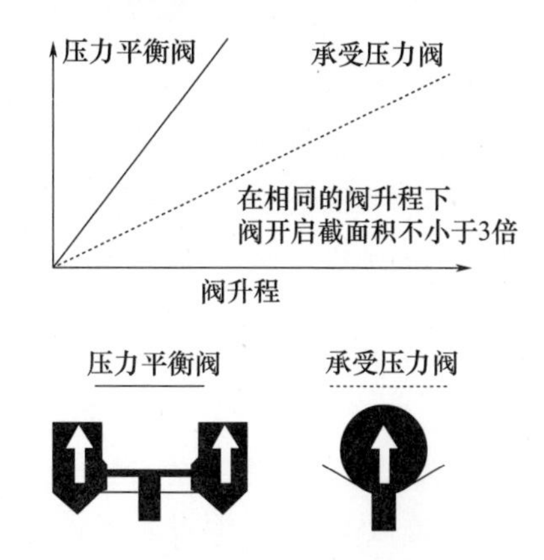

图 2-22　博世公司新型共轨喷油器平衡阀

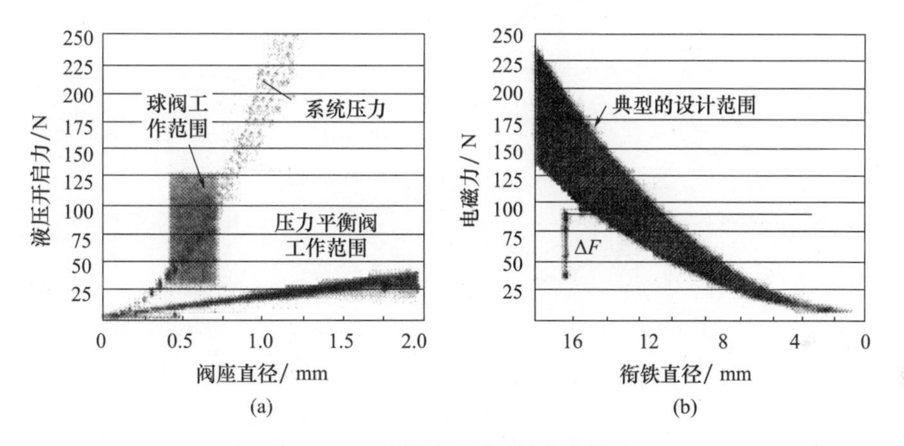

图 2-23　共轨喷油器部件结构影响

CRI2.5 喷油器的喷油量特性曲线显示,在 180MPa 系统压力时,这种电磁阀的关闭时间约为 116μs,它可与相同喷射压力的 CRI3.2 压电式喷油器相媲美。实机试验结果表明,在全负荷时,两者都能够达到同等的排放限制值和功率目标值,前者在 HC 和 CO 排放方面略有优势,在燃油消耗率与烟度、氮氧化物折衷方面基本相同。

2.4.4　各缸喷油量偏差的修正

博世公司还对共轨系统进一步开发了优化喷油系统和空气系统公差的系统功能,这种功能具有及时识别可能存在偏差的能力,并将这种偏差最小化。其中,"自学习功能"具有很重要的意义,它在整个使用寿命期内都能优化计量精度。通常为了降低成本，这些功能都不采用附加的传感技术，这样也有利于提高系统的耐久性。2003 年开发的零油量标定系统能使汽车在行驶中连续不断地监测并修正喷射范围内的喷油量。

电装公司为保证高精度控制喷油量，采用自学习控制方法，采用 QR 编码对运行中各喷油器之间的喷油量偏差进行修正。

高压共轨系统的自学习控制方法包括：小喷油量学习（SQL），从发动机转速的变化中检测出小喷油量的变化并进行修正；相对喷油量学习（RQL），从发动机转速的积分中检测出个别气缸的做功量，修正各缸之间喷油量的偏差；平均喷油量学习（MQL），检测出排气中 O_2 的浓度，修正平均喷油量等模式。

以 SQL 为例，在无负荷、怠速稳定工况下，将循环喷油量均匀地分成 4～5 次进行喷射，将每次小喷油量从发动机转速的平衡中与以 1～2mm^3/cyc 为基准的小喷油量进行对比，修正喷油量指令，进行学习控制。这样，从新车到旧车的整个期限内都能够确保喷油压力区域内小喷油量的精度。为了降低排放、改善油耗，将多次喷射的使用区域扩大到高压区域。加入高压区域的小喷油量学习后的控制模式，如图 2－24 所示。

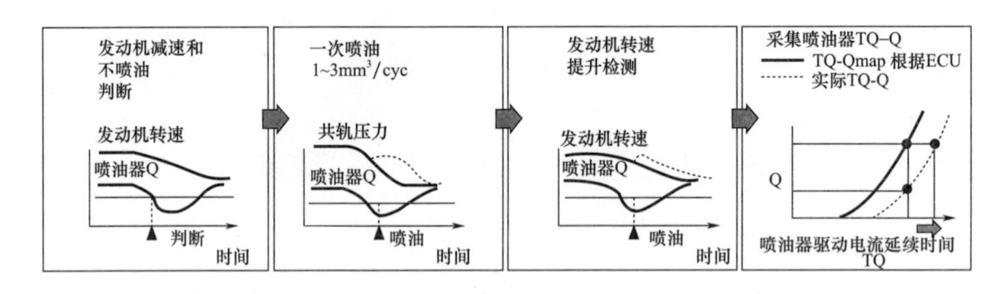

图 2－24　喷油器喷油量的修正

为了在整个运行工况范围内使各个喷油器之间的喷油量的偏差得到严格的控制，仅靠喷油器的加工和装配是难以保证的，因此电装公司采用 QR 编码进行电子修正，如图 2－25 所示。QR 编码是二元的信息码，在很小的面积上可以记录很多信息。喷油器在组装后的调整工序中，按照实际使用的燃油压力、控制脉宽运转，测量实际喷油量。将每一次的喷油量与目标喷油量进行比较，给出脉宽的调整量使之达到和目标喷油量一致，这些信息就是 QR 编码，将其记入喷油器上部的零件内。将喷油器装到发动机上时，读取该 QR 码，将 QR 码中记录的喷油量修正量传送到 ECU 中，据此就可以缩小各个喷油器之间的喷油量偏差。进行这项修正的关键之处是设定能够覆盖发动机所有运行工况的 4～10 个点，然后在各点之间用内插法进行修正，从而在发动机全部运行工况内都可以保证高精度的喷油量。

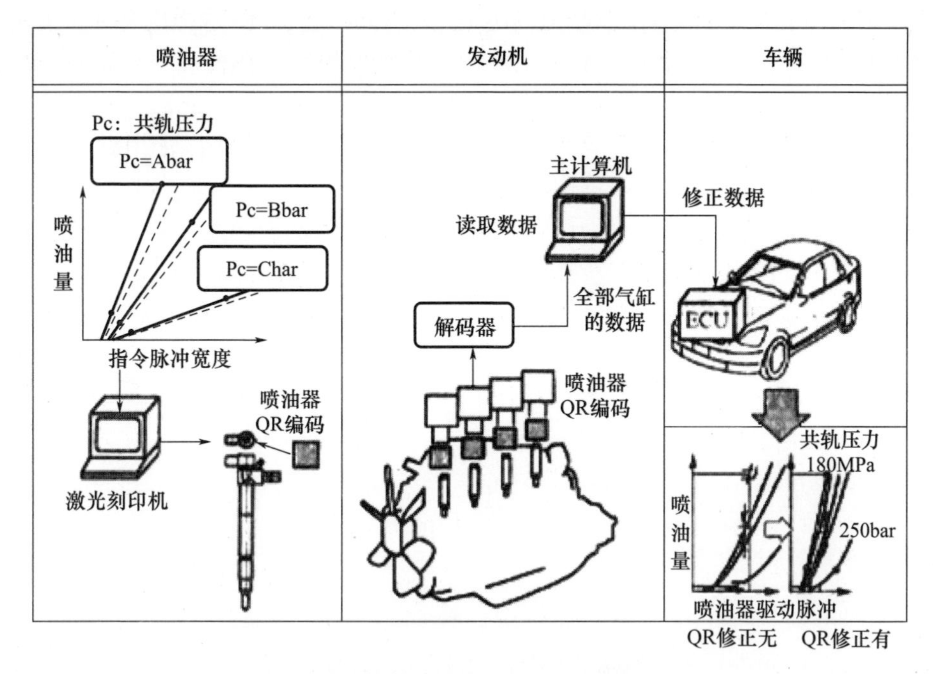

图 2 – 25　发动机喷油量的 QR 码修正

2.5　燃油喷射系统的数值仿真研究

燃油喷射系统的数值仿真研究的作用主要如下：

（1）定量分析各种结构参数对喷油特性影响，为系统初步设计提供结构参数取值范围。

（2）研究在各种运行条件下喷射系统的动态过程、内部流动过程和喷射过程特性的变化及影响。

（3）在试验验证的基础上进一步提高仿真模型的精度，实现结构参数的优化设计。

2.5.1　燃油喷射系统的仿真物理模型

燃油系统仿真模型建立与液压系统相似，可将整个系统简化成由许多种类的典型特征单元组成。根据高压共轨燃油喷射系统各部件的特性，可将其分为容器类、阀类、流道类、环形缝隙流类等，如图 2 – 26 所示。

典型泵—管—嘴燃油系统的物理模型如图 2 – 27 所示。

燃油喷射系统的仿真计算研究始自 20 世纪 70 年代，早期根据物理模型编制的数学计算模型大都进行了较大的简化，如空泡、泄漏、温度变化、声速变化、系统的弹性变形等因素的影响均未予以考虑。现在,随着研究的深入、计算技术的发展,这些原来简化的因素都可在仿真过程中进行影响分析。

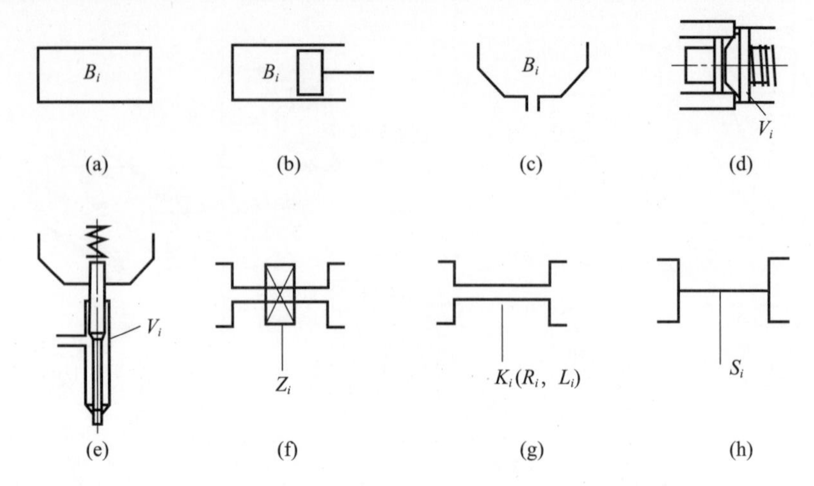

图 2-26 燃油系统仿真基本模型

(a)封闭式容积;(b)强制改变式容积;(c)开式(与大气相通)容积;(d)泵端出油阀及球形阀;(e)喷油嘴针阀;(f)强制开闭式油道;(g)油路通道;(h)精密偶件间的缝隙。

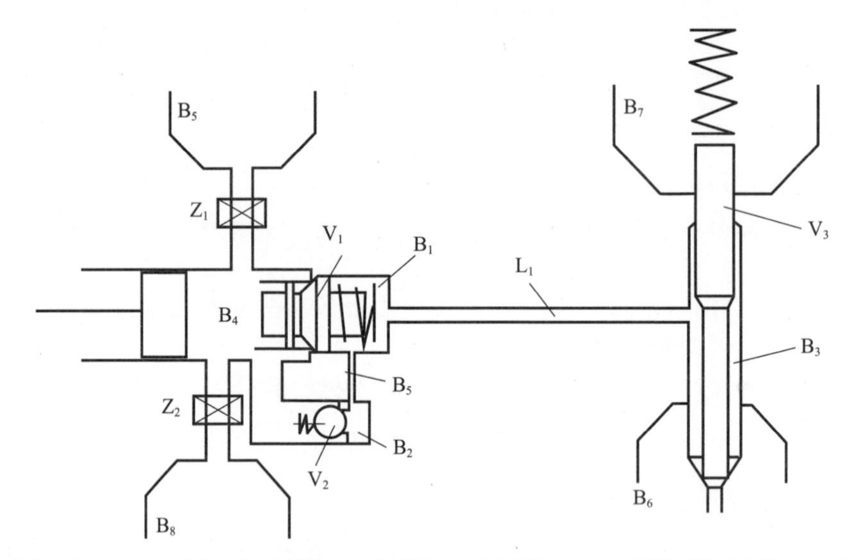

B—各种容积;V—各种阀门(V_1为针阀、V_2为球阀、V_3为活塞阀);Z—强制开闭式油道;L—长管。

图 2-27 典型泵—管—嘴燃油系统模型

2.5.2 燃油的物性参数

燃油的物性参数对燃油喷射过程的仿真计算结果会产生影响,主要有声速、密度、运动黏度和弹性模量，这些参数都取决于燃油的温度和压力，一般都采用经验公式进行计算。

（1）燃油声速。

$$a = 1390 + 4.228 \times p - 2.9 \times T + 0.0051 \times T \times p \tag{2-1}$$

（2）燃油密度。

$$\rho = (0.843 + 0.0005916 \times p - 0.000665 \times T + 35.7 \times T \times p) \times 10^3 \tag{2-2}$$

（3）燃油弹性模量。

$$E = a^2 \times p \tag{2-3}$$

（4）燃油运动黏度。

$$\begin{aligned} \gamma &= \gamma_0 \times K_D^{p/9.81 \times 10^4} \\ K_D &= 0.9789 + 0.26 \times 10^{-6} \times \rho_{20} \end{aligned} \tag{2-4}$$

式中：γ_0为大气压力下的燃油黏度；ρ_{20}为大气压力下，20℃时燃油密度。

（5）燃油流动阻力。在计算中假设以稳定流动阻力代替不稳定流动阻力，单位质量流体的流动阻力为

$$f = \frac{1}{2}\frac{\lambda}{d_T}v^2 \tag{2-5}$$

式中：λ 为燃油摩擦阻力系数；d_T 为油管内径；v 为油管内燃油流速。

λ 在不同的流动状态下应采用不同的公式进行计算，如表 2-4 所列。

表 2-4　不同雷诺数下的 λ 取值

Re	$Re<2300$（层流）	$Re>2300$（光滑管）	$Re>2300$（粗糙管）
λ	$\lambda = 64/Re$	$\lambda = (100Re)^{0.25}$	$\lambda = \left(1.14 + 2\lg\frac{d_T}{\Delta}\right)^{-2}$

注：Re 为雷诺数，$Re = \rho \cdot vd_T/\gamma$；$\gamma$ 为燃油运动黏度；Δ 为油管的粗糙度。

（6）燃油流动局部损失。燃油流动中经过突扩管段、突缩管段或节流孔时的流动损失，可用局部压力损失来计算，即

$$\Delta p = \xi \times \rho \times \frac{v^2}{2} \tag{2-6}$$

式中：ξ 为局部损失系数。

（7）刚体容积的弹性膨胀和弹性压缩。在高压和超高压共轨系统中，需考虑柱塞腔、共轨油管、喷油器针阀等刚性部件的弹性变形。这些部件均可作为厚壁圆筒的弹性膨胀变形来处理。

$$\Delta V = \Delta p \times V \times \frac{(1-2\gamma) \times 3 \times r^2}{E \times [R^2 - r^2]} \tag{2-7}$$

式中：R 为厚壁圆筒外径，r 为内径；V 为容积；Δp 为厚壁圆筒内的压力变化；E 为

材料的弹性模量（钢材的 $E=210\text{GPa}$）；γ 为材料的泊松比（钢材的 $\gamma=0.3$）。

喷油器的针阀可以考虑为实心轴针的弹性压缩变形，则

$$\Delta V = V \times \Delta p \times \frac{(1-2\gamma)\times 3}{E} \tag{2-8}$$

2.5.3 燃油喷射系统的数值计算模型

1. 基本方程

根据流体动力学一维不稳定流动的基本方程，质量守恒方程（连续方程）式和动量守恒方程（运动方程）式为

$$\begin{cases} \dfrac{\partial \rho}{\partial t} + u\dfrac{\partial \rho}{\partial x} + \rho\dfrac{\partial u}{\partial x} = 0 \\ \dfrac{\partial u}{\partial t} + u\dfrac{\partial u}{\partial x} + \dfrac{1}{\rho}\dfrac{\partial P}{\partial x} = -f \end{cases} \tag{2-9}$$

式中：f 为流体流动阻力；第二项（迁移项）与第一项之比 $u\dfrac{\partial \rho}{\partial x}\Big/\dfrac{\partial \rho}{\partial t}$，$u\dfrac{\partial u}{\partial x}\Big/\dfrac{\partial u}{\partial t}$ 近似于流体速度与流体声速之比 u/a，在燃油系统中燃油的最大流速约为 40～50m/s，声速约为 1200～1300m/s，比值 $u/a\approx 3\%$，因此可以忽略不计，将关系式 $a^2=\mathrm{d}P/\mathrm{d}\rho$ 代入，经整理后公式可简化为

$$\begin{cases} \dfrac{\partial u}{\partial x} + \dfrac{1}{a^2\rho}\dfrac{\partial P}{\partial t} = 0 \\ \dfrac{1}{\rho}\dfrac{\partial P}{\partial x} + \dfrac{\partial u}{\partial t} = -f \end{cases} \tag{2-10}$$

方程组求解需要定解条件，即初始条件和边界条件（各种元件的数学模型及相互之间的连接关系）。

2. 初始条件

喷射过程开始之前油路中各点的速度为 0，压力为残余压力，即

$$\begin{cases} P(x,0) = P_r \\ u(x,0) = 0 \end{cases} \tag{2-11}$$

残余压力可以采用迭代法来确定，即首先选定一个残余压力值作为初始条件代入，经过计算后将进入系统的燃油量 Q_1 与从喷孔喷出的燃油量 Q_2 进行比较，如果 $Q_1=Q_2$，则可以此参与压力值作为实际的残余压力值；如果 $Q_1\neq Q_2$，则用新的残余压力代替前一个残余压力重新进行计算，如此重复循环进行，直至 $|Q_1-Q_2|<\varepsilon$ 为止，ε 为允许误差。新的残余压力为

$$P_{\mathrm{r},1} = P_{\mathrm{r}} + \frac{Q_1 - Q_2}{\rho_{\mathrm{r}}\alpha_{\mathrm{r}}V_{\mathrm{a}}} \tag{2-12}$$

式中：ρ_{r} 为对应于 P_{r} 时的燃油密度；α_{r} 为对应于 P_{r} 时的燃油压缩系数；V_{a} 为高

压喷油系统的总容积。

3. 边界条件

边界条件可由泵、嘴两处的参数来确定，在不考虑油管两端集中接口处流动损失的假设条件下可表示为

$$\begin{cases} P(0,t) = P_{\mathrm{k}} \\ P(L,t) = P_{\mathrm{N}} \end{cases} \tag{2-13}$$

式中：P_{k}、P_{N} 分别为出油阀腔压力和针阀腔压力，可由边界方程求出。

4. 基本计算模型

（1）高压泵柱塞顶部空间 B4 属于容器类，其数学模型（连续方程）为

$$\frac{\mathrm{d}V_{\mathrm{p}}}{\mathrm{d}t} = A_{\mathrm{p}}w_{\mathrm{p}} = \beta V_{\mathrm{B4}}\frac{\mathrm{d}p}{\mathrm{d}t} + \sum_{i=1}^{n} Q_i \tag{2-14}$$

式中：左边为几何供油率，可由高压油泵的结构参数（凸轮形线与柱塞面积）给出；右边的第一项表示容积中的燃油在单位时间内受到的压缩量，β 为燃油压缩性系数。应当注意，在容积中压力的变化是压力波不断反射叠加的结果，但由于这个容积的几何距离很短，压力波反射的影响可忽略不计，故可认为容积内同一瞬间各处的压力都是相等的，p 即代表整个容积的压力；右边第二项表示单位时间内经过各个连接通道和阀门（Z,V）流出该容积的流量的总和，其表达式为

$$Q_i = (\mu f)_i\sqrt{\frac{2}{\rho}(\Delta p_i \mathrm{d}t)}$$

式中：Δp_i 为连接通道两端容积的压差；μf 为有效流通截面积；μ 为流量系数；f 对于截面不变的通道为常数，对于强制开关的通道 Z_1 和 Z_2 以及出油阀 V_1 则为变数。

容器类模块的输入参数有燃油特性、初始容积、穴蚀初始条件、与环境的热交换条件、容积内的初始压力和温度，输出参数有液体压力、实际容积、入口流量、出口流量等。

整个燃油喷射过程又可分为若干个阶段：①柱塞开始运动至出油阀开始升起；②出油阀升起至减压凸缘开始升出阀座；③减压凸缘升出阀座至出油阀抵达升程限制器；④出油阀抵达升程限制器至回油孔开启；⑤回油孔开启至出油阀开始下落；⑥出油阀下落至减压凸缘开始进入阀座；⑦减压凸缘开始进入阀座至出油阀完全落座；⑧出油阀完全落座至油管中压力波动完全衰减。

（2）喷油器的压力室 B3 也属于容器类，可采用类似的数学模型，即

$$\frac{\mathrm{d}V_l}{\mathrm{d}t} = \beta V_{\mathrm{B3}}\frac{\mathrm{d}\rho}{\mathrm{d}t} + \sum_{i=1}^{i=n} Q_i = \beta V_{\mathrm{B3}}\frac{\mathrm{d}\rho}{\mathrm{d}t} + \mu f\sqrt{\frac{2}{\rho}(p - p_Z)} = \beta V_{\mathrm{B3}}\frac{\mathrm{d}\rho}{\mathrm{d}t} + \frac{\mathrm{d}V_{\mathrm{b}}}{\mathrm{d}t} \tag{2-15}$$

关于喷油器油嘴($x=L$)的边界条件,对于多孔闭式喷嘴可分为5个阶段:①速度波传到喷油嘴至针阀开始抬起;②针阀开始抬起至针阀抵达升程限制器;③针阀抵达升程限制器至针阀开始下落;④针阀开始下落至针阀完全落座;⑤针阀落座至油管中压力波完全衰减。

由此可见,随着高压泵柱塞的运动及相关阀门的开闭,其边界条件也在不断发生变化。

(3)各种阀类机构,如针阀、出油阀、调压阀、限压阀、液压控制的柱塞等,其数学模型为动量守恒方程(运动方程):

$$m\frac{\mathrm{d}^2x}{\mathrm{d}t^2}+kx=\sum_i P_iD_i-A_x\left(\frac{\mathrm{d}x}{\mathrm{d}y}+u\right)^2-F_0 \tag{2-16}$$

式中:x为阀类升程;m为阀的质量;k为弹簧的弹性系数;u为燃油的流速;A_x为阀件的迎面阻力系数;F_0为弹簧的初始作用力;P_i为作用在阀面上的液压力;D_i为P_i作用在阀上的面积。

不同类型的阀,根据其物理模型分别有各自的输入和输出参数。

针阀类模型的输入参数有质量、干摩擦力、针阀最大升程、针阀导向部直径、针阀密封面直径、阀座刚度和阻尼、针阀限位端刚度和阻尼、阀座密封面处压力分布的计算方法(常数型、离散型)、针阀初始状态(坐标、速度)等,输出参数有针阀位移、速度、加速度、作用在针阀上的液压合力和机械合力。

球形限制阀的输入参数有流体特性、阀芯运动质量、球阀直径、阀芯最大升程、阀座角度、流体阻尼系数、限压阀值、阀进出口直径、弹簧刚度、阀座与限位处的刚度和阻尼,输出参数有阀芯位移、阀芯速度、流量、最小开启截面积、阀座处流动损失系数、阀芯的受力。

活塞类模块的输入参数有活塞类型(刚体或弹性体)、运动质量、干摩擦力、活塞输入和输出截面积、弹簧刚度和阻尼、活塞初始状态,输出参数有活塞位移、速度、加速度、活塞的受力情况。

(4)流道类,其数学模型为

$$\frac{\mathrm{d}m}{\mathrm{d}t}=\mu A_{jk}\sqrt{2\,|P_j-P_k|} \tag{2-17}$$

式中:μ为流量系数;$\mathrm{d}m/\mathrm{d}t$为通过流道的质量流量;A_{jk}为流道的截面积。

流道类模块的输入参数有流体特性、管长、管径、流动阻力特性、初始管内流动状态,输出参数有入口和出口处的静压、流量及总流量。

(5)环形缝隙类,其数学模型为

$$Q_{\mathrm{leakout}}=\frac{\pi d\delta^3}{12\eta L}(P_{\mathrm{in}}-P_{\mathrm{out}}) \tag{2-18}$$

式中:d为活塞直径;δ为活塞与配合面的间隙;L为活塞与配合面的密封长度;

P_{in}为入口端的压力；P_{out}为出口端的压力。

环形缝隙类模块的输入参数有流体特性、活塞直径、初始密封面长度和宽度，输出参数有流量、总流量、实际间隙宽度和长度。

5. 高压油管内的压力波动

无论是泵－管－嘴系统或高压共轨系统的高压油管，均不能作为集中容积来处理，因为在同一时间内油管中各处的压力并不相等，而是以压力波的形式进行传播的，因此，需采用计算流体力学（CFD）的流动基本方程（质量守恒方程、动量守恒方程、能量守恒方程）将其视为可压缩流体的一维不定常流动来进行数值模拟，其基本原理简述如下。

如图 2－28 中所示，在管道截面 1－1 处，有一假想面积 A（相当于管道流通面积）的柱塞以速度 $u+\mathrm{d}u$ 向前运动，使介质受到压缩，压力从 p 增高为 $p+\Delta p$，并以声速向前传播，这时作用在截面上的压力为 $\mathrm{d}F=A\mathrm{d}p$，经过时间 $\mathrm{d}t$ 以后，压力波前锋传播至截面 2－2 处，其间的距离为 $L=a\mathrm{d}t$，这时在原来波峰面上的压力由 p 增大为 $p+\mathrm{d}p$，速度由 u 增大为 $u+\mathrm{d}u$，同时，这一小段流体（$L=A\mathrm{d}t$）受到压缩（压缩量为 $\mathrm{d}L=-\mathrm{d}u\mathrm{d}t$），其密度由 ρ 变为 $\rho+\mathrm{d}\rho$。

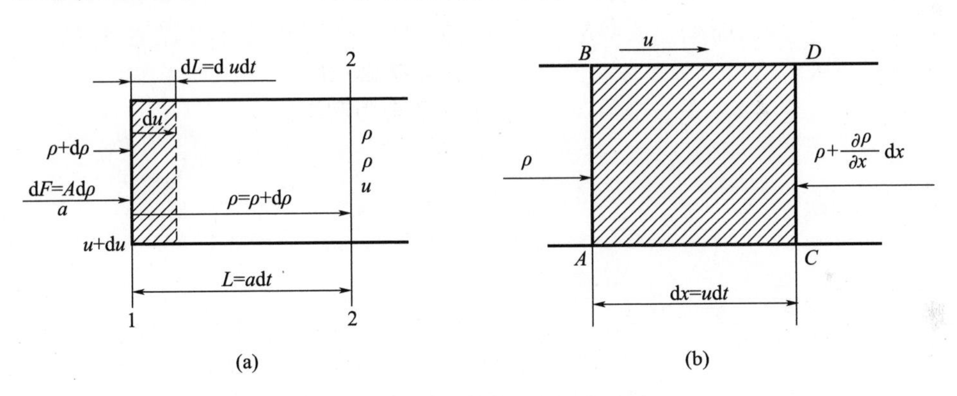

图 2－28　高压油管中的压力波动

（a）声速的确定；（b）压力波动的建立。

根据质量守恒定律，这段液柱在压缩前后的质量应保持不变，即

$$m=AL\rho=A(AL+\mathrm{d}L)(\rho+\mathrm{d}\rho) \tag{2-19}$$

根据动量守恒定律（牛顿第二定律），作用在上述这段流体两端作用力的总和应等于这段流体质量乘以其加速度，即

$$[(p+\mathrm{d}p)A-pA]=A\rho L\times\frac{\mathrm{d}u}{\mathrm{d}t} \tag{2-20}$$

略去高阶项简化后，最终可得到用以求解管道中压力波和速度波传播的波动方程，即

$$\begin{cases}\dfrac{\partial^2 p}{\partial t^2}=a^2\ \dfrac{\partial^2 p}{\partial x^2}\\ \dfrac{\partial^2 u}{\partial t^2}=a^2\ \dfrac{\partial^2 u}{\partial x^2}\end{cases} \tag{2-21}$$

波动方程为两阶双曲线型偏微分方程,可采用特征线法求解,其通解一般采用达朗贝尔(DALembert)的形式,即

$$\begin{cases}p=p_0+f_1\left(t-\dfrac{x}{a}\right)-f_2\left(t+\dfrac{x}{a}\right)\\ u=u_0+\dfrac{1}{a\rho}\left[f_1\left(t-\dfrac{x}{a}\right)-f_2\left(t+\dfrac{x}{a}\right)\right]\end{cases} \tag{2-22}$$

式中:p_0、u_0 分别为压力波传播前管内的初始压力和速度。

由于在两次喷射之间,系统内的燃油流动和压力波动均已停止,$u_0=0$,p_0 为残余压力。$f_1\left(t-\dfrac{x}{a}\right)$和$f_2\left(t+\dfrac{x}{a}\right)$为偏微分方程通解中的任意函数,取决于高压油管两端(泵端与嘴端)的边界条件。f_1、f_2 函数表示的是一个以速度为 a 的波动传播过程,它的单位为压力单位,f_1 表示前进压力波(从油泵传向喷嘴),f_2 表示反射压力波(从喷嘴返回喷油泵)。喷油泵压力向喷嘴传播过程及前进压力波与反射压力波相互干涉与叠加的情况如图 2-29 所示。

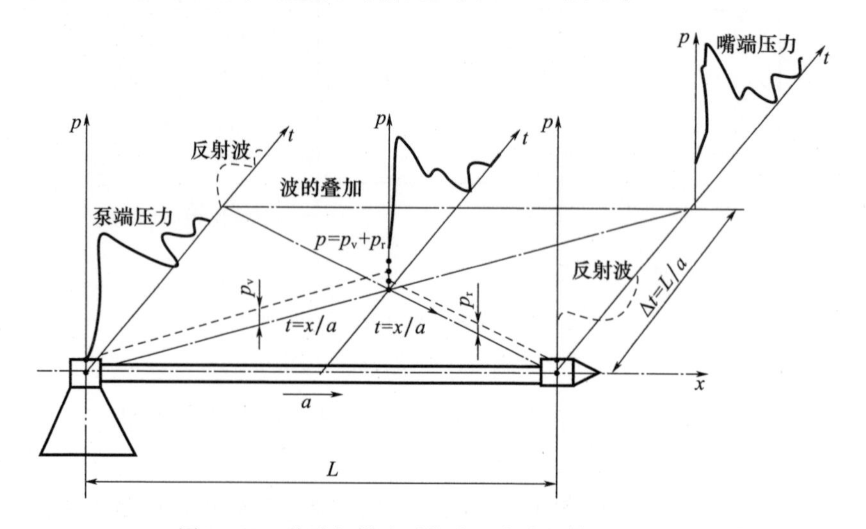

图 2-29 柴油机燃油系统中压力波的传递与叠加

6. 关于空泡问题的处理

当系统内燃油压力下降到当地状态的饱和气压以下时,就会出现空泡现象。空泡现象一般可分为两种情况:一是在喷射过程的后期,由于压力波动在油管内局部出现空泡,当压力波衰减后,高压系统内仍存在有一定的残余空泡;二是由

于卸载过大而出现空泡，在波动衰减后，系统内仍存在一定的残余空泡。在计算中如不考虑残余空泡的影响，则会给计算结果带来较大的误差。由于空泡的形成和破灭过程十分复杂，目前在计算时大都采用近似的方法来处理，常用的有充填溶剂法和实测声速法等。

充填容积法认为，无论是在集中容积区还是在高压油管某处，只要具备出现空泡的条件，则认为该处已出现空泡现象。空泡区的介质为气、液两相均匀混合物，无弹性。由于在常态下燃油饱和气压接近大气压力，因此认为出现空泡的条件为 $P<0$。在压力升高时，首先是充填空泡容积，只有空泡充满后弹性才能恢复，然后系统压力开始升高。

描述空泡状态的参数为空隙率（Z_{cav}），其定义为单位容积中所含有的空泡容积。Z_{cav}在区间(0,1)之间变化。当 $Z_{cav}=0$ 时，表示无空泡（或空泡消失）；当 $Z_{cav}=1$ 时，表示燃油全部汽化。在有空泡的情况下，用空隙率 Z_{cav}代替压力 P 作为描述液力状态的参数。残余孔隙率的处理方法与残余压力的处理方法相似，即假设在供油开始之前，Z_{cav}在系统内均匀分布，计算时首先假定一个残余空隙率值作为初始条件，计算结束后，将从出油阀处进入高压系统的燃油质量 Q_1 与从喷嘴孔喷出的油量 Q_2 进行比较，如两者相等，则可认为假定值是正确的，否则就需用新确定的残余空隙率代替并重新进行计算。新残余空隙率可用下式确定，即

$$Z_{cav,1}=Z_{cav}+\frac{Q_2-Q_1}{\rho_0 V_a} \tag{2-23}$$

如此反复进行循环计算，直至 $|Q_1-Q_2|\leqslant\varepsilon$。由于空泡区中的介质失去弹性，此前所建立的方程已失去效用，需要建立在空泡条件下的微分方程。

在泵端出油阀紧阀腔的连续方程为

$$\frac{\mathrm{d}(Z_{cav,k}\cdot V_K)}{\mathrm{d}t}=\eta f_k\frac{\mathrm{d}\gamma}{\mathrm{d}t}-\delta\mu_s V_s\sqrt{\frac{\rho}{2}|P_1-P_k|}+f_T u_0 \tag{2-24}$$

在喷嘴端针阀腔的连续方程为

$$\frac{\mathrm{d}(Z_{cav,N}\cdot V_N)}{\mathrm{d}t}=-f_T u_L \tag{2-25}$$

式中：$Z_{cav,k}$为出油阀紧帽腔空隙率；$Z_{cav,N}$为针阀腔空隙率。

当计算得到的 $Z_{cav}\leqslant 0$ 时，证明空泡已经充满，此后的计算仍须采用原来弹性介质连续方程来进行。

当泵端出油阀紧帽腔中的空泡被充满后，燃油开始进入高压油管，充填其中的空腔容积，在此过程中，充满燃油的区域弹性已经恢复，压力开始升高，尚未充满区域的状态参数仍然不变。因此，高压油管被分为两个区域，即弹性区和空泡区。在两界的分界线处，压力和空泡率都为零。随着充填的不断进行，弹性区不

断扩大,空泡区随之缩小。弹性介质的微分方程恢复有效。求解方程的边界条件,在泵端仍可采用原来的形式,在分界线上的边界方程则为 $P=0$。当出油阀紧帽腔充满后,开始充填高压油管瞬间的燃油流速,可用下式进行计算,即

$$u_0=\frac{1}{f}\mu_s f_s\sqrt{\frac{2}{\rho}P_P} \tag{2-26}$$

弹性区边界的推进运动速度可通过边界处燃油流速确定,计算公式为

$$u_c\mathrm{d}t=u\mathrm{d}t+(1-Z_{cav})u_c\mathrm{d}t \tag{2-27}$$

式中:u 为边界处的流体速度;u_c 为边界的运动速度(压力波在空泡区中的传播速度);$u\mathrm{d}t$ 为 $\mathrm{d}t$ 时间内进入分界线所扫过的空间内的燃油量;$u_c\mathrm{d}t(1\sim Z_{cav})$ 为该空间原有的燃油量。

在计算由于压力波动而产生的空泡时,在出油阀紧帽腔和针阀腔可采用上述公式计算,而在高压油管中则不考虑空隙率的影响,当计算出的压力小于0时,可令其等于0,计算继续进行。

采用这种简单的处理方法很难得到满意的计算结果。因为在气穴产生时,破坏了介质的连续性与压力传播的规律。比较合理的方法是将产生气穴以后的燃料作为两相介质处理,采用较低的声速进行计算,才能得到较为精确的结果。两相介质的声速除了与压力、温度和密度相关以外,还受到空隙率的影响。

7. 数值解法

描述喷油过程的偏微分(波动方程)方程和常微分方程(边界方程)都只能采用数值计算方法求解。特征线法是求解波动方程(双曲型方程组)的最有力工具。边界方程是常微分方程组的求解方法,还有龙格—库塔法、欧拉法、改进欧拉法等。通过研究,从计算时间和计算精度方面进行比较,对于燃油喷射过程来说,改进的欧拉法更为适用。

数值模拟的计算结果的准确性,最终还需用实测试验结果来进行检验。利用上述方法总的来看,在主喷射阶段都能较好地相符合(一般误差在 ±5% 左右)。在有残余空泡的情况下,其计算和测量方法都还有待进一步的完善。

进入20世纪90年代以后,相继出现了更为精确的计算模型。其中AVL公司开发的HYDSIM计算软件和西门子公司开发的AMEsin软件均是以流体动力学理论和多刚体系统振动为基础的计算分析软件,用于液压系统和液力—机械系统动态分析,很适合应用于燃油喷射系统的数值模拟。它采用模块化建模,模块按数学模型和功能可分为凸轮、活塞、容积、管道、泵、阀、电磁线圈体、喷孔、针阀等模型及用户定义的特殊元件。它对燃油系统中燃油密度的变化、燃油中声速的变化、泄漏和空泡、系统原件的变形等因素的影响都做了考虑。它既可用于常规的机械控制喷油系统,也可用于电控喷油系统。软件对物理系统中每个特

定的原件，均用屏幕上的一个图标来表示，图标是与机械、液力或逻辑相关的图形。

2.6　电控燃油喷射系统的发展趋势

柴油机燃烧过程的质量与燃油喷射有密切的关系，目前的研发趋势主要集中在两个方向：高压喷油技术和喷油率成形技术。

2.6.1　超高压力喷射

通常认为，在排放法规实施之前，追求高喷射压力的目的在于改善燃油的雾化特性，提高功率输出和降低燃油耗率，排放法规实施以后又可降低排烟和颗粒排放。

共轨系统的喷油压力，在初期一般为 120 ~ 135MPa，近年来已逐步提高到 200MPa 以上。提高喷射压力会直接影响到发动机的排放性和经济性，同时也对系统本身的结构和工作可靠性产生影响。燃油喷射的目的是增加蒸发汽化面积以增大燃烧速率，如把直径为 3mm 的油滴经过高压喷射喷散成 100 万颗直径为 0.03mm 的雾化细粒，由于质量燃烧率大致反比于油滴平均直径的平方值，则燃烧率可相应地提高 1 万倍。因此提高喷油压力，可使喷出油束的雾化质量得到改善，油滴颗粒的直径减小，数量增加，表面积增大，有利于改善与空气的混合及燃油细粒的蒸发。但喷射压力与燃油颗粒直径之间并不呈线性关系，随着喷油压力的提高，单位油滴表面积的增加变得较为缓慢，当喷射压力高于一定数值后其对改善混合气质量的作用已不明显，如图 2 - 30 所示。高喷射压力对降低微粒排放有明显的作用，而对于 NO_x 的形成则由于燃烧速率的加快而产生负面的影响，但当喷射压力超过 160MPa 以后，这种权衡关系已不太明显。日本新燃烧研究所为研究在超高喷油压力下(300MPa)的燃烧过程，开发了两种装置——增压型超高压系统(HPIE)和蓄压型系统(AHPI)，其目的是实现氮氧化物排放、燃油消耗率、碳烟排放能同时降低的燃烧过程。在研究中发现，燃烧开始时，是在燃烧室壁面附近多点同时着火，火焰由周围向燃烧室中心扩展，并在燃烧终了之前，雾束即被火焰所覆盖，燃烧时间很短，燃烧后形成的碳烟很快消失，但由于燃烧过快，导致燃烧室内局部温度过高，使 NO_x 的生成量增加，在两者之间存在着相互制约的关系。

当喷油压力提高到一定程度(160MPa)时，喷油颗粒的平均直径已几乎达到了极限($D_{32} = 10\mu m$)，再进一步提高喷射压力对于改善雾化的效果已不明显。但是，新型高压共轨系统的喷油压力仍在不断地升高，已达到 200MPa 以上，即出现了向超高压系统发展的趋势，其原因如下：

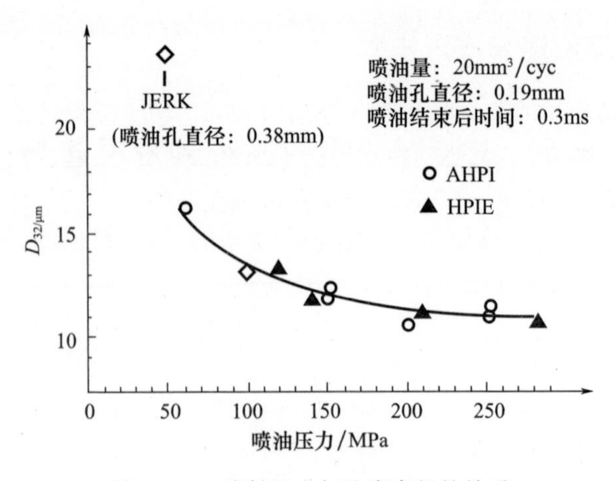

图 2-30　喷射压力与油滴直径的关系

(1) 在低速和中速等部分负荷工况下，为实现良好的雾化就需采用小直径的喷孔，这样在全负荷工况喷油量增大后，就会出现喷油持续期延长，使燃烧过长延迟而导致效率下降、排放增加等不良后果。提高喷射压力可缩短喷油持续时间。

(2) 试验结果表明，由于喷油压力提高后，在能量高的局部区域内，空气能比较活跃地被引入到油束内部，从而使油气当量比下降，因此可使碳烟排放明显减少。

(3) 由于雾化质量进一步的改善，有可能进一步减小空燃比，同时由于燃烧持续期的缩短，实现高强度低氧燃烧，有利于在保证高功率输出的前提下减少 NO_x、PM、CO_2 排放，并使油耗降低。

博世公司生产的第二代高压共轨系统的喷油压力是 160MPa，第三代高压共轨系统的喷油压力提高到 180MPa。发动机的输出功率增加了 5% ~7%，燃油消耗率降低了 3%。一般认为：喷油压力每提高 10MPa，燃油消耗率可降低 1.5%。据此推算，如果喷油压力提升到 250MPa（这是当前可能达到的极限值）时，则燃油经济性还有 10.5% 的改善空间。

喷射压力提高以后，喷油装置部件的受力载荷增大，同时驱动高压油泵的功率也相应增加，导致机械效率降低。在设定的循环喷油量情况下，高压喷射需要合适的喷孔面积与之匹配，目前批量生产的喷孔尺寸为 0.16 ~0.18mm，如果将喷孔直径缩小至 0.06 ~010mm，则可进一步提高喷射压力，使 PM 排放进一步降低。采用高压喷射还可缩短喷油持续期，有利于降低 NO_x 的形成，因此，随着发动机功率的增大，循环喷量增加及转速的提高，喷油压力还有进一步提高的趋势，当前最高已达到 200 ~250MPa。

2.6.2　柔性喷油速率成形技术

喷油率是指单位时间内喷油量与喷射时间的比值。它对柴油机燃烧过程的进程有直接的影响,进而影响到发动机的动力性、经济性和排放性。电控共轨系统在这方面具有独特的优越表现。通常在机械控制喷油系统中只能进行单次喷射,因而在喷油率的形态在预先设定以后即无法进行调节,而在电磁阀控制的情况下具有喷油速率调节的可能。

柴油机燃烧过程的单元时间通常有两种计量单位:过程的始、终点及持续时间用曲柄转角((°)CA)来表示;喷油间隔时间则常用毫秒(ms)或微秒(μs)来表示。两者之间的关系为:$t(s)=\varphi/(6n)$。例如,转速为4000r/min时,1°CA相当于42μs,因此对于高速车用发动机来说,采用多次喷油来控制喷油率,对控制设施的响应特性有很高的要求,但对于大功率中高速($n=1000\sim1500$r/min)柴油机则宽松了许多,更易于实现有效的控制。

车用发动机采用的多次喷油的典型模式如图2-31所示,包括:引导喷射(pilot-injection)通过预混合燃烧以降低颗粒排放;预喷射(pre-injection)用以缩短主喷射的滞燃期,以降低燃烧噪声和NO_x排放;主喷射(main-injection)发出动力;后喷射(after-injection)促进扩散燃烧,减少颗粒排放;远后燃烧(post-injection)提高排气温度,为排气后处理提供条件。

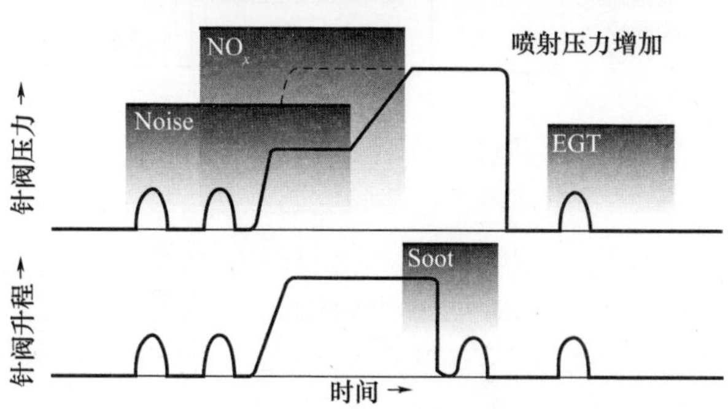

图2-31　多次喷射的针阀升程与喷油规律

CRIN4型喷油系统的喷油率特性具有以下特点:

(1) 在共轨压力下实现预喷射。

(2) 针阀开启后喷射压力呈线性增高。

(3) 主喷期呈快速坡型。

(4) 最高喷射压力达到220MPa(目标为250MPa),并且在主喷期结束时,针阀迅速关闭。

(5) 在主喷期后的具有轨压早期后喷射,可以减少颗粒排放。

(6) 具有轨压的晚期后喷射,可提高废气温度,有助于后处理装置降低氮氢化合物的排放。

海军工程大学针对大功率中高速柴油机研发的双压共轨系统,基于系统中基压与高压喷射方式时刻之间的配合(通过改变液压增压器电磁阀的动作时刻),通过时序控制的方法来实现喷油规律形态的变换,如图 2-32 所示。根据仿真计算的结果表明:在实际的喷射系统中,由于燃油可压缩性及系统原件运动惯性的影响,当液压增压器的控制电磁阀不动作,此时为基压喷射或液压增压器的控制阀在喷油器电磁阀之前先动作(间隔时间设定为 ΔT_{int} = +0.2ms),整个喷油过程均为高压喷射,此时的喷油规律呈矩型;当两者的控制电磁阀同时动作(ΔT_{int} =0ms),初期系统为基压喷射,与此同时增压器亦开始起作用,由于增压器的排量大于喷油量,喷射压力逐渐升高,在此情况下,喷油规律呈斜坡型;当喷油器电磁阀先动作(ΔT_{int} = -0.2ms)系统为基压,0.2ms 后增压器开始动作,喷射压力逐渐增大,此时的喷油规律呈靴型。

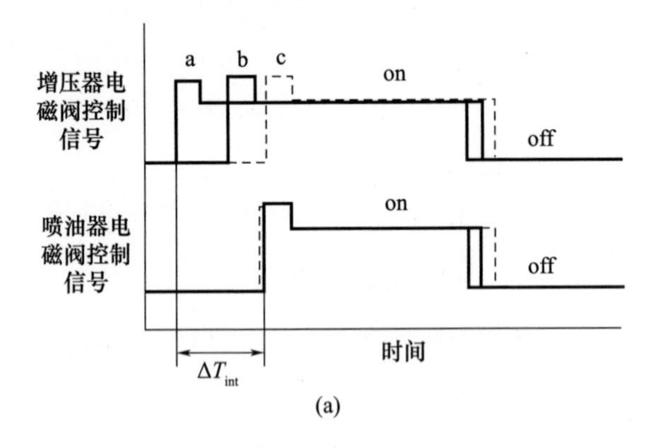

(a)

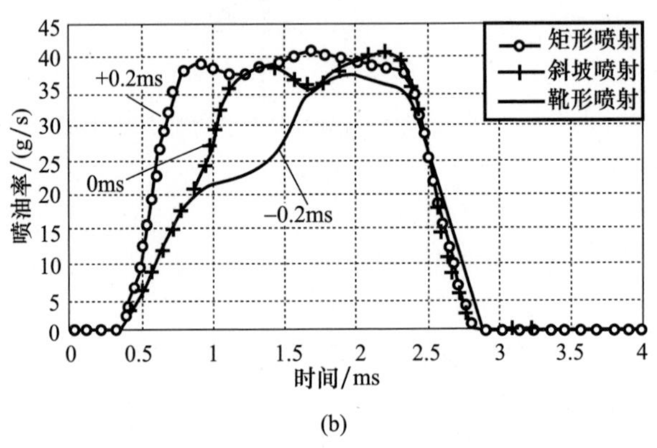

(b)

图 2-32　双压共规系统控制时序及喷油规律

采用多次间隔喷射代替喷油规律成形技术。多次间隔喷射方式(Split Injection),就是将每个循环的喷油量,分为多次相间隔的喷射(2 次或 3 次),通过各次喷射的喷油量及各次喷射之间的间隔期的分配和调整,达到对燃烧过程中各阶段的压力、温度、放热速率进行控制。其实质是根据时序控制的原理,通过喷射规律的优化,对柴油机的预混及扩散燃烧进行调节和控制,实现效率与排放之间最优的权衡与折衷。

多次间隔喷射,在气缸内形成有序的多次燃烧。多次喷射虽然会使燃烧持续期拉长,但由于每次燃烧后会引起气缸内的压力场、温度场、速度场、浓度场发生变化,为依次进行的燃烧创造了更为良好的条件。因此,当后喷期所喷射的油量很少时,对于发动机的燃油耗率影响很小。多次间隔喷射,在主喷期之后再加一次喷射,对于降低颗粒排放非常有效,但必须针对各个运行工况优化各次喷射的油量及各次喷射的间隔期,以取得最佳的效果。多次间隔喷射与其他的减排措施具有良好的兼容性,经过优化的多次喷射能在喷油定时延迟的情况下,在降低 NO_x 排放水平的条件下,同时减少颗粒排放,并有助于控制燃烧过程使发动机噪声降低。

2.7　现代超高压力喷油系统实例

2.7.1　CRIN4S 喷油系统

车用发动机为了满足更为严格的排放法规(以欧Ⅵ为代表),博世公司近年来研发完成了一种液力增压型超高压共轨系统。其特点是,高压油泵以较低的压力(135MPa)向共轨管输入燃油,再由喷油器内设置的液力增压器(增压比为 1∶2)将油压提升到 220MPa,然后经过微小的喷嘴孔喷入气缸。它采用电磁阀进行双驱控制(喷油器控制开关及增压器油路控制开关),可实现超高压喷射(喷油压力最高可达到 250MPa),并可实现多次喷射。

博世公司依据 APCRS(Amplified Pressure Common Rail Systen)原理开发了第四代车用发动机高压共轨喷射系统(N4 型喷油器),其主要特点如下:

(1) 采用高基压两级增压提高喷射压力,预期目标达到 220 ~ 250MPa。

(2) 在喷油器中设置两个电磁阀,通过高、低压油路之间的转换实现柔性喷油率成形技术,其主喷期的喷油速率可随工况变化的需要做相应的变化。

(3) 可实现多次喷射,在一次喷油过程中可进行 4 ~ 5 次。

APCRS 系统的基本原理如图 2 - 33 所示,系统内设置有串并联的高、低压油路,并配备了两个电磁阀分别用于控制喷油器和高低压油路的转换。在一次喷油过程中,通过两个电磁阀开关的时序控制可以根据负荷的变化灵活地调节喷油率形状,并可实现多次喷射。

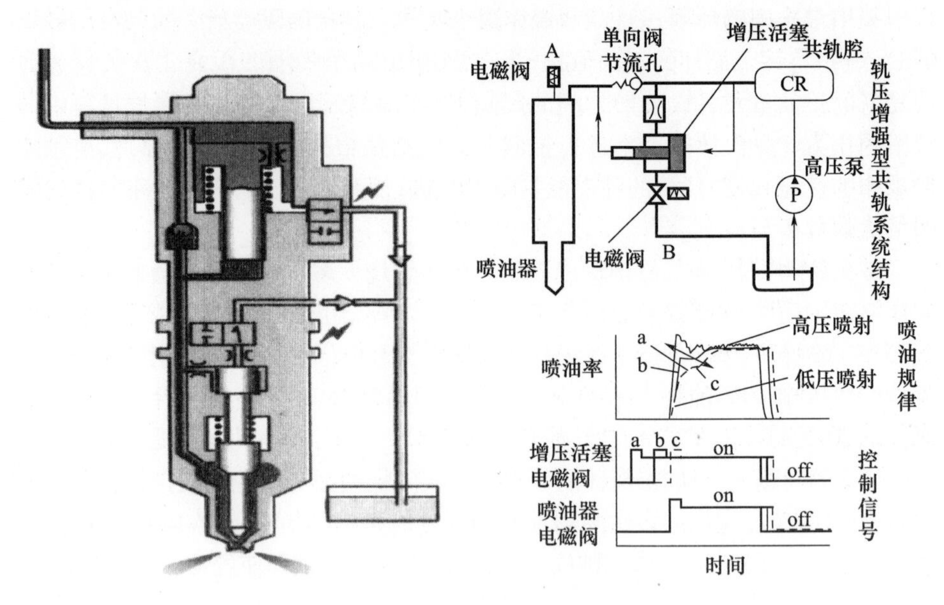

图 2－33　APCRS 系统基本结构及原理

2.7.2　模块式高压共轨系统

模块式高压共轨系统(Moduler Common Rail System，MCRS)的设计不同于一般的共轨系统，它与常规共轨系统最大的区别是它没有向各缸喷油器输送燃油的共轨管，因为大型柴油机安装共轨管不仅复杂而且昂贵，取而代之的是采用在高压泵之间配置小空间的储油室并在喷油器内设置很小的容积。这两者都能对泵油时和喷油时产生的压力波动起缓冲和屏蔽作用，并且能防止各喷油器之间的相互干扰。MCRS 系统的性能、结构、可靠性和耐久性均适用于输出功率大于115kW/cyl 的大型高速发动机。目前的喷射压力为 1600bar，可满足 EPA Tier2、Tier3 和 EU3a 规范的要求，以后喷射压力将提高到 220MPa。

标准的 CRS 系统喷油器没有高压液力存储容积，在喷油开始时出现明显的压力下降凹陷，喷油结束后在喷油器内部产生高压冲击，为了将最高压力限制在疲劳强度和喷嘴阀座磨损的允许值以下，需要采用较大直径的高压油管。并且，需要在高压油轨的出口处设置节流孔用以屏蔽压力冲击，但这又会导致平均喷射压力的降低。喷嘴关闭后产生的压力冲击会对后喷射的油量产生影响，因此 CRS 系统需要通过软件功能来对多次喷射后由于压力冲击造成的油量变化进行补偿。CRS 系统可根据不同的布置形式实现以下 3 种不同的性能。

(1) MCRS“Full”。喷油器内具有 70 倍喷油量大小的高压液力容积，它可以对喷射过程中的压降、各个喷油器之间的相互影响和气缸盖空间的利用做出综合兼顾。根据在不同用途情况下对排放和油耗率之间的折衷优化的经验表明，喷油过程中产生的压降对于燃烧过程并不起决定性的影响。喷油结束以后在喷嘴出现一个低压峰值。如果平均喷射压力与最高喷射压力之间的比值越大则表明喷射过程越有效。在喷嘴关闭后出现低频及低压的压力冲击对于减少喷嘴的磨损和提高多次喷射的能力及精确性是比较理想的。

（2）MCRS“Light”。如果气缸盖上安装有其他附件，不允许安装全尺寸的MCRS喷油器时，可采用储油室容积为喷油量30倍的“Light”型喷油器，由于出油时容积过小导致在喷射过程中的压降值达到不可接受的程度。喷油器进口节流孔开启可补偿此压降，但结果又会导致喷油器之间的相互干扰，因此需减小节流孔的直径，这又会导致喷射过程中更高的压降。

（3）MCRS“Mix”的情况。采用将“Light”与一个小的共轨管相组合，以减少压力损失，可能达到类似于“Full”情况时的各缸之间的干扰和压降值。

2.7.3　HPIE 和 AHPI 超高压喷油系统

日本电装公司和杰克赛尔公司为新燃烧研究所研发了增压型超高压系统（HPIE）和蓄压型超高压系统（AHPI），如图2－34所示，最高喷油压力可达到300MPa。

通过超高压喷射对燃烧过程的试验研究发现，燃烧起始于燃烧室壁面附近多点同时着火，火焰由周围向燃烧室中心扩展，在喷油终之前，油束被火焰覆盖，燃烧时间很短，燃烧后期形成的碳粒很快消失，由于燃烧过快，燃烧室内局部温度过高，对减少 NO_x 排放不利。

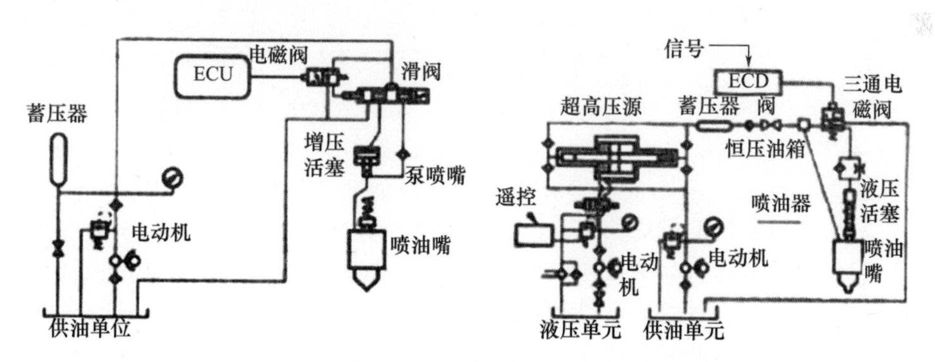

图2－34　HPIE 和 AHPI 超高压喷油系统原理图

2.7.4　双压共轨喷油系统

海军工程大学从2004年开始研发的双压共轨系统（Dual Pressure Common

Rail System,DPCRS),是一种采用外置液力增压器的双控、双压共轨系统。

为了进一步提高喷射压力,在当前的情况下继续采用单级压缩的方法已不可能,需要采用多级增压的途径,具体方法有:①采用低(基)压、高增压比方案;②采用(高)基压、低增压比方案。两者相比较,显然后者有利。高增压比的燃油增压器在设计和加工上都比较困难,而且采用高基压可实现双压分别供油,有利于改善发动机低负荷的运行经济性。

双压共轨系统由油箱、高压油泵、共轨腔、电控燃油增压器、燃油管及电控喷油器等组成,如图 2-35 所示。其特点是可以在两种油压下(基压 100MPa,高压 200~250MPa)独立地进行喷射,也可以在一次喷射过程中通过由电磁阀控制在基压和高压之间进行转换形成不同的喷射规律,从而能使发动机在全工况范围内实现运行性能的优化。

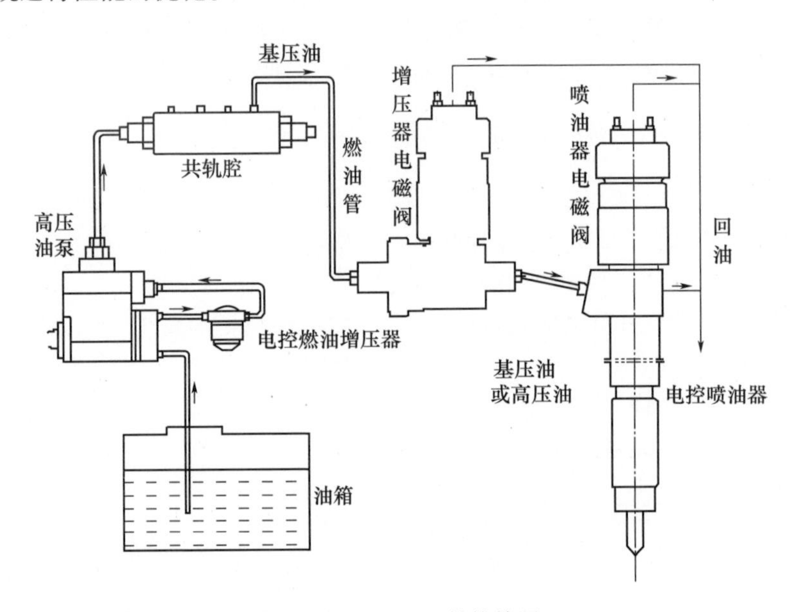

图 2-35 DPCRS 结构简图

双压共轨系统的设计理念及特点如下:

(1) 高喷射压力与小孔径喷嘴相配合,可以改善促进燃油的雾化和分布,有利于改善可燃混合气的质量,加快燃烧速度,提高燃烧效率。提高喷射压力可在较短时间内将所需的燃油喷入气缸,使燃烧过程靠近上止点附近,有利于提高循环效率,改善发动机的经济性,同时可为有效减低颗粒排放而采用推迟喷射、多次、间隔喷射等技术措施提供了空间。

(2) 双压共轨系统在原理上可以实现三种工作模式:部分负荷运行模式、额定负荷运行模式、超负荷运行模式(110% 额定负荷)。采用两种喷射压力分别满足全负荷及部分负荷工况对喷油量和喷射压力的要求。在常用的部分负荷工况时，系统提供较低的基压供油(100MPa 左右)即可满足运行的需要，有利于提高部分工况时的运行效率；在全负荷工况时转换为高压喷射(200 ~ 250MPa)，可以保持在喷油持续期基本不变的情况下供给所需的油量，并可改善油束的雾化和在增压度提高后气缸内空气密度增大情况下，使油束具有足够的贯穿距离，有利于保证发动机的高效率运行。通过对高低压油路的转换可实现对喷油率成形变化的控制，使之可实现在各种负荷工况下的优化运行要求。

(3) 系统布置上具有很大的可变性，既可将燃油增压器与喷油器分开，形成泵(增压器) - 管(短共轨管) - 嘴(喷油器)形式，也可能形成泵喷油器(增压器直接与喷油器相连接)的无管式系统。系统采用串并联油路，整个油路以低压为基压(120MPa)，仅在压力放大器出口与喷油器连接的一段，在高负荷运行时才承受高压(如若油压放大器与喷油器直接相连，则整个系统不存在高压段)。与常规的高压系统相比，无论在高压泵的功率消耗及系统的可靠性方面都处于十分有利的地位。由于将增压器与喷油器分离并移到外部，在制造技术上的要求及成本方面也大大降低，在更大程度上提高了实用性。

(4) 电控喷油器与常规高压共轨系统相同，将电控油压放大器(增压器)从喷油器中分离出来，单独设置在油路中。系统布置简单灵活，同时对放大器的尺寸限制比较宽松，有利于提高其结构强度和便于加工。通过改变放大器内大小活塞面积的比例可灵活地改变增压比以适应需要，并可形成系列化产品。

(5) 系统运行便于控制。采用双电磁阀控制，一个用于控制喷油器，另一个用于控制高压喷射与基压喷射之间的转换。通过两者之间的匹配可形成不同的喷油速率，有助于改善燃烧过程的质量。同时，通过对喷油器的控制也可分别在基压或高压喷射状态下实现多次喷射，从而使喷油规律的调节空间得到很大的扩展。

舰船和机车用发动机经常在低负荷(25% 左右)情况下运行，这时喷油量较少，可采用基压(低压)供油，这样可降低燃油喷射系统消耗的功率，并有利于提高系统工作的可靠性。在高负荷(75% 左右)工况下运行时，可根据负荷的具体情况，采用时序控制的方法，在基压喷射和高压喷射之间进行转换，通过两次喷射的始点和间隔角的控制来实现喷油速率成形的优化，保证发动机有良好的运行性能。在满负荷及超负荷(100% ~ 110%)的极限情况下，可采用高压喷射以保证发出功率所需的燃油量。

双压共轨系统的关键部件是燃油增压器，其结构如图 2 - 36 所示。单进单出的燃油增压器设置在共轨管与电控喷油器之间，内部设有增压活塞、控制电磁阀，球型止回阀及串、并联油路。通过控制电磁阀的开闭时刻即可掌握基压和高压之间的转换，改变喷油速率的形状，适应优化燃烧过程的需要。

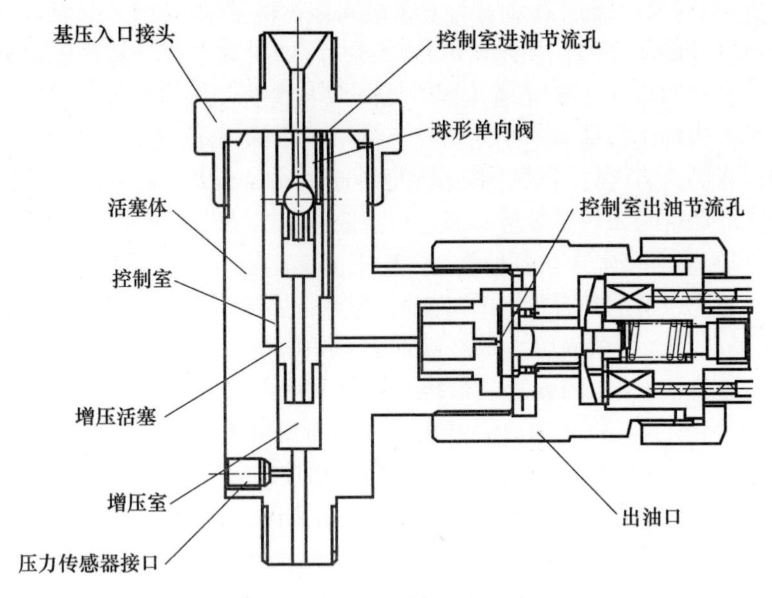

图2-36　燃油增压器结构图

在低负荷时,系统以基压供油,燃油从共轨管进入增压泵,经球形单向阀,通过增压活塞中心通道、增压泵出口、高压油管至喷油器。这时电磁阀断电,增压泵处于初始状态,其控制室、增压室和增压活塞大端上方空间内均充满基压油,增压活塞两端的压力相等,活塞处于静止状态,此时增压泵相当于油路中的一个单向阀,基压油经过高压油管输送至喷油器。当负荷增大需要高压喷射时,电磁阀通电,这时控制室内燃油流回油箱导致该容积内的压力降低,增压活塞两端的压力失衡并向小端移动,单向阀关闭,增压室内压力升高,高压油经高压油管输送至喷油器,实现高压喷射。增压泵电磁阀关闭后,基压室经节流孔向控制室补充燃油,控制室压力回升,同复位弹簧一起使增压活塞复位。

这种燃油增压泵结构的性能表现为:具有明显的增压效果,但各系统实测增压比均低于原设计的增压比;增压过程结束后增压室与喷油器压力室内存在剧烈的压力波动现象;随着喷油器电磁阀和增压器电磁阀的控制时序变化,喷油率形状可由矩形逐渐过渡到靴形,在相同轨压、相同增压压力、相同喷油脉宽时,矩形喷射油量最多,靴形喷油最少,在相同轨压、相同增压压力时,为获得相同喷油量,靴形喷射需要更长的喷油持续期。

为改善增压性能偏低的缺点,进一步设计了两位三通电控增压泵,其物理模型及结构如图2-37所示。其工作过程如下:当电磁阀通电时,出油通道被打开,进油通道(与共轨腔相连)被关闭,控制室在没有燃油补充的情况下,压力迅速下降,电控增压泵实现增压;当电磁阀断电时,出油通道被关闭,进油通道被打开,增压活塞在复位弹簧的作用下实现复位。因此,除支持柱塞复位外,弹簧还保证在系统开始工作时柱塞始终处于同一位置。从而在无需增压喷射时,燃油经过柱塞和单向阀流向喷油器。与两位两通原理的电控增压泵相比,两位三通原理的电控增压泵性能得到很大提升:在喷油持续期内的增压效果明显,增压室压力峰值提高了15MPa;控制耗油量得到明显降低,减小了大约35.2%;增压室和控制室内燃油压力波动得到消除。

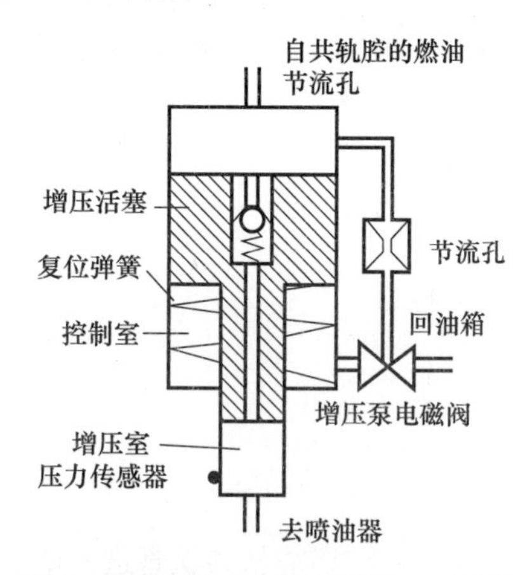

图2-37　两位三通增压器原理及结构

2.8　小　结

（1）燃油喷射系统对柴油机的性能（动力性、经济性、排放性）有着直接的、关键性的影响,电控高压燃油喷射系统对柴油机技术发展具有里程碑式的意义。

（2）当前电控高压共轨系统的高端典型配置是采用二级液压增压、多点电子控制、无轨或短轨+蓄压室组成的系统。其主要指标为:喷射压力250MPa,每循环喷射次数5~7次,喷油率形状灵活可变。

（3）车用小型高速柴油机可满足欧Ⅳ~欧Ⅵ排放指标,大型中高速、中速,低速柴油机可满足IMO TierⅡ、TierⅢ及EPATier4排放指标。

（4）目前的排放指标已达到极限,今后仍将提高经济性为主要目标,不仅节油而且减少温室气体排放（CO_2）。

（5）目前,国内在车用小型发动机领域由于排放法规的强制执行,对于电控高压共轨技术的研发和使用已得到充分的重视。在中高速大功率发动机领域尚处于相对落后的状态,其原因可能是,由于发动机的用途不同,运行的环境条件及运行工况也有很大差别,如在船用主机与城市车用发动机的排放规范指标要求方面存在较大的差距,在设计观念和具体技术指标的要求上都有所不同,这必然也会反映在燃油喷射系统方面。但是,近年来对于船用发动机的最新排放指标的严格程度有很大提升(2016 年执行的 IMO TierⅢ要求 NO_x 排放指标较 2010 年的 IMO TierⅡ降低 80%,即从 8g/(kW·h)降至 2g/(kW·h)),因此应采取积极的步骤,加快步伐适应形势的发展。

(6) 今后的燃油喷射系统发展方向应是进一步提高电控燃油系统控制的精确性、灵活性、响应的快速性和系统工作的可靠性,使新型柴油机的技术含量得到稳步提升;通过模块化设计,使产品系列化,提高主要部件的材料品质和加工工艺水平,降低初装成本和运行费用。

参考文献

[1] 徐家龙. 柴油机电控喷油技术[M]. 北京:人民交通出版社,2011.

[2] 高宗英,朱剑明. 燃料供给与调节[M]. 北京:机械工业出版社,2009.

[3] 初纶孔. 柴油机供油与雾化[M]. 大连:大连理工大学出版社,1989.

[4] 欧阳光耀,安士杰,刘振明,等. 柴油机高压共轨喷油技术[M]. 北京:国防工业出版社,2012.

[5] 张静秋. 柴油机双压共轨系统研究[D]. 武汉:海军工程大学,2009.

[6] 徐洪军. 基于多次喷射的柴油机性能研究[D]. 武汉:海军工程大学,2009.

[7] 陈海龙. 增压式高压共轨系统理论与实验研究[D]. 武汉:海军工程大学,2012.

[8] Marco Genser, Ulrich Moser, Lars Hauger. New Common Rail Sysetems Suited for Diesel Engines from1 – 5 Magwatt [C]. 25th CIMAC Congress,2007.

[9] Gunnar Stiesch. Utilizing Multiple Injections for Optimized Performance and Exhaust Emissions with the MTU Series 2000 Common Rail Marine Engines [C]. 25th CIMAC Comgress,2007.

[10] Lothar Czerny. Future Potential of Series 4000 Marine Engines[C]. 25th CIMAC Congress,2007.

[11] Christoph K and erbacker Large Engine Injection System for Future Emission Legislations[C]. 26th CIMAC Congress,2010.

[12] Christoph K and lbacher. The 2200 bar Modular Common Rail system for Large Diesel and HFO Engines[C]. 27th CIMAC Congress,2013.

[13] Guang yao Ouyan. Theoretical and Experimental Investigationon Augmenthigh – Pressure Common Rail System[C]. 27th CIMAC Congress,2013.

[14] Johann A. Wloka. Investigations on injection rate oscillations in common railinjectors for high pressure injction[C]. 27th CIMAC Congress,2013.

[15] MaccTranHeller. Fuel Injection Systems in China and Asia[C]. 27th CIMAC Congress,2013.

[16] G. M. Bianchietal. Numerical Investigation of Critical Issues in Multiple – Injection Strategy Operated by a New C. R Fast – Actuation Solinoid Injector[C]. SAE2005 – 01 – 1236.

第3章　柴油机可燃混合气的形成

直喷式柴油机中可燃混合气的准备过程称为混合气形成。其内容包括燃油的喷射、破碎、雾化并分散到燃烧室空间及其后燃料微粒蒸发、扩散与燃烧室内运动着的空气进行混合，最终形成可燃混合气的整个过程。混合气形成过程直到燃烧结束前都在进行，在着火后由于燃烧室温度的升高和湍流火焰的传播，加速剩余油气与新鲜空气的混合，但经过一段时间的燃烧以后，由于油气和新鲜空气的急剧减少，二者的混合速率也随之下降。混合气形成是直接影响着火和燃烧品质的重要前提条件。

3.1　燃油雾化过程的气液两相流模型

燃油雾化对于燃烧过程有着重要的影响，如直径为0.3mm的油滴雾化生成为3μm的油滴时，其数目将达到100万颗，它们与空气的接触面积增加约1万倍。而燃料的质量燃烧率大致正比于油滴总面积，因此也增加约1万倍。

燃油喷射是一种多相流动，内燃机燃油喷雾的数值模拟涉及液体雾化、气液两相作用、油滴间的聚合、碰撞及油滴的传热传质等物理过程，为了计算喷雾与气体间质量、动量和能量的交换，必须考虑液滴的大小、速度和温度分布；当Weber数大于1时，必须考虑液滴的振荡、变形和破裂。目前的油注燃烧模拟中多采用两相喷雾模型，现有的两相喷雾模型有两种描述方式，即连续液滴模型（Continuous Droplet Model，CDM）和离散液滴模型（Discrete Droplet Model，DDM）。

CDM模型是将一群相同而又互不作用油滴所组成的油滴群用Lagrange方法进行跟踪，通过求解气相偏微分方程的计算网格，对气/液两相之间的耦合（交互作用）进行计算，它通过一个关于油滴数密度分布函数f的偏微分方程（欧拉喷雾方程）来描述全部油滴的运动。由于f是时间t、空间(x,y,z)、速度$u(u_x,u_y,u_z)$、油滴直径和温度的函数，所以在三维模型中，方程包含多达9个自变量。CDM模型不仅把液体相作为连续介质，同时也把液滴相视为拟连续介质或拟流体，认为液滴相在空间中有连续的速度、温度等参数分布及等价的输运性质（黏性、扩散性和导热性等），因此，也常称为欧拉－欧拉法或双流体法。从理论上讲，采用求解喷雾方程为基础的CDM方法可以为喷雾场提供全面而详尽的描述,这一优点是其他方法无可比拟的,但由于其计算量太大,现阶段尚难以应用于实际工程。

DDM 模型也是一种统计描述方法。DDM 的特点是将喷雾看成是与气相流场之间有相对运动的离散液滴群,各液滴之间不存在场效应。它把流体相作为连续介质,以欧拉方式研究其流场,对于液滴群则采用蒙特卡罗方法,它不考虑全部油滴,而只处理其中若干具有代表性的统计样本,每个样本代表一定数目大小和状态都完全相同的油滴,用拉格朗日方式跟踪这些样本的运动,应用拉格朗日运动坐标系研究液滴或液滴群在流场中的动力学和热力学特性,故称为欧拉-拉氏法。它可用一组常微分方程描述其运动轨迹、传热和传质过程,液相对气相的干扰则以附加源项的形式出现在描述气相的偏微分方程中,交替求解气液两相的方程就可以得到每一时刻缸内各组分的浓度分布和其他参数。该模型能够较好地描述液滴的状态及液滴与气体之间的相互作用,并且能够消除液相流动求解中的数值扩散误差。LosAlamos 实验室和英国帝国理工学院于 1980 年各自独立地发展了这种方法。目前以 DDM 为基础而发展起来的多维燃烧模型最多,应用最为广泛,如 KIVA、FIRE 和 STAR-CD 等通用的大型程序都采用 DDM 模型。

DDM 在建模过程中引入下列基本假设:

(1) 忽略液态燃油射流的分裂和雾化过程,即认为燃油一旦离开喷嘴就形成离散的微小液滴。

(2) 连续分布的液滴直径可以用有限个名义滴径来代表。

(3) 油滴与气体之间通过相对运动、传热和蒸发实现动量、热量和质量交换,油滴对气体的作用等价地分布于有关的流体网格单元中。

(4) 将喷雾视为稀薄喷雾,从而忽略油滴彼此之间的相互作用。

作为统计样本的油滴,可从喷油规律曲线所代表的面积(循环供油量)按一定的时间步长(如 1°CA)离散为若干区段。每一区段的油量为 δ_{mi},同时把喷油孔截面离散成 N_i 个小面积,油滴样本从每块小面积的中心射入气缸,于是,在每一时间步长内就有 $N_i \times N_i$ 个油滴样本产生出来,其总油量为 δ_{mi}。由此可得到在时间步长 δ_t 内进入气缸,直径为 d_j 的样本所代表的具有同样特性的油滴数目。

$$N_{d_j} = \frac{\delta m_i \sigma_j}{\sum_{j=1}^{N_j} \sigma_j \pi \rho_i d_j^3 / 6} \tag{3-1}$$

式中:ρ_i为燃油密度;σ_j 为名义直径为 d_j 的油滴数在全部油滴数中所占的概率。

在轴对称模型中,可假定喷油器位于气缸中心,α 是喷射方向与气缸轴线的夹角,β 是油滴运动与喷嘴中心的夹角(即油注扩散角),假设油滴的初始方向在 2β 范围内从 0 到 β 线性变化,而速度是均匀分布的。油滴离开喷嘴后,用拉格朗日方式跟踪其运动,即求解下列常微分方程组。

油滴轨迹方程:

$$\frac{\mathrm{d}x_i}{\mathrm{d}t} = u_{d_i} \tag{3-2}$$

运动方程:

$$\frac{\mathrm{d}u_{d_i}}{\mathrm{d}t} = \frac{3}{4} C_\mathrm{D} \frac{\rho_g}{\rho_l} \frac{1}{d} \left| U_\mathrm{i} - u_{d_i} \right| (U_\mathrm{i} - u_{d_i}) \tag{3-3}$$

质量方程(油滴蒸发):

$$\frac{\mathrm{d}M}{\mathrm{d}t} = -2\pi D \frac{p_t}{\overline{\mathrm{RT}}} \ln\left(\frac{p_\mathrm{t} - p_{V,\infty}}{p_\mathrm{t} - p_{V,s}}\right) \mathrm{Sh} \tag{3-4}$$

能量方程(传热):

$$MC_\mathrm{p} \frac{\mathrm{d}T_\mathrm{d}}{\mathrm{d}t} = \pi \mathrm{d}K(T_\mathrm{g} - T_\mathrm{d}) \frac{z}{\mathrm{e}^z - 1} \mathrm{Nu} + L \frac{\mathrm{d}M}{\mathrm{d}t} \tag{3-5}$$

式中:x、u 为油滴的坐标矢径和速度;U_i、T_g 为油滴所在处的气体速度和温度;C_D 为油滴在气体中运动的阻力系数;D 为燃油蒸汽扩散系数;L 为燃油蒸发潜热;$p_{V,\infty}$、$p_{V,s}$分别为油滴周围环境中蒸汽分压和油滴表面饱和蒸汽压;$\overline{\mathrm{RT}}$表示该项取为油滴表面和环境的平均值;$z/(\mathrm{e}^z - 1)$是对未考虑传质的导热率的修正因子,$z = C_\mathrm{pV}(\mathrm{d}M/\mathrm{d}t)/(\pi \mathrm{d}K\mathrm{Nu})$,$C_\mathrm{pV}$为蒸汽比热。方程中用到的阻力系数和 Nu、Sh 数可由经验公式计算得到。常微分方程组可采用龙格—库塔算法求解。

油滴在气场中穿行时,不断与周围气体进行质量、动量和能量交换。对每一网格单元中的气体而言,来自油滴的这种耦合作用可表示为气相控制方程中的一个附加源项,$S_{p\varphi} = \frac{1}{\delta t_i} \sum_p [(m\varphi)^0 - (m\varphi)^n]$。其中,上标 0 和 n 分别表示时间步长的开始与结束时刻,m 为油滴质量,Σ 表示对时间步长内位于该网格单元中的全部油滴求和。整个喷射过程中,气液两相间的耦合作用通过在时间坐标上交替求解气液两相的控制方程来实现。在一个时间步长内的计算顺序如下。

(1) 如果本时刻正好处在喷油周期内,则按规定的初始条件,喷入一组新油滴,如已超出喷油周期,则直接转入(2)。

(2) 利用前一时刻的流场数据计算本时间步中新射入油滴的运动历程及其对气相流场的耦合源项。

(3) 考虑全部油滴(包括本时刻中新射入以及以前积累射入的油滴)的耦合作用,求解气相流动方程,得到流场各个参数的值。

(4) 利用新的流场数据计算所有油滴新的位置及各参数,并计算它们对流场的耦合项。

3.2 雾化两相流的动力学和热力学过程

柴油机的喷油雾化是一个物理与化学相互耦合的复杂过程,涉及许多动力学及热力学方面的问题。

3.2.1 油滴所受的阻力与变形

油滴的空间分布及运动状态在很大程度上取决于其运动过程中所受到的阻力。按照一般规律,油滴的运动速度将随时间的增长按指数规律衰减,但在喷油情况下,油滴传递给气体的动量会改变气体的状态,同时,处于喷雾尖梢的油滴所产生的尾迹会减小后续油滴与气体间的速度差,从而使阻力减小。这样,后面的油滴可能超过尖梢部分的油滴,这一过程的反复进行,其给果是喷雾的贯穿度远远超过对单个油滴在同样初始条件下计算得到的贯穿度,因此需对经验公式中的阻力系数进行修正。

液体油滴与固体颗粒之间有一个重要的区别是在运动过程中会发生显著的变形,而且还可能在气流的作用下发生旋转。当球形油滴在气流中运动时,从垂直于气流的方向看,气动力在其表面上产生的静压是不均匀的,前后驻点压力最大,而随着距驻点的距离增大,压力逐渐减小。由于油滴内外压差的不平衡,使油滴发生变形,在平行于气流方向被压缩,而在垂直于气流方向被拉伸,即从圆形变为椭圆形。在传统的阻力计算公式中总是采用油滴的最大横截面积作为迎风面积,但在高湍流度的柴油机燃烧室中却并非如此,这样,其迎风面积就会有所变化,阻力系数也有相应的改变。

3.2.2 油滴的碰撞和聚合

在稠密喷雾区中,油滴之间的距离可达到与其预期直径处于同一量级。油滴之间存在着强烈的相互作用,主要表现为油滴的相互碰撞、聚合以及较大油滴的分裂破碎,这些效应对于喷雾场的特性具有重要的影响。

根据运动状态和碰撞条件,液滴之间的碰撞可能产生两种不同的后果:一是两个液滴聚结在一起形成一个较大的液滴;二是摩擦碰撞,即两个液滴在碰撞后各自保持原有的大小和温度,只是速度的大小和方向发生变化。

3.2.3 油滴的湍流扩散

湍流涡团的无规则运动必然使油滴在运动过程中不断受到一种随机的干扰力,油滴越小则干扰作用越明显,从而造成油滴的运动轨道并非光滑的曲线,而是充满曲折和脉动的不光滑曲线。由于湍流脉动在运动粒子上产生的这种附加的随机运动,即所谓的湍流扩散,柴油机中雾化油滴的直径为几个微米到几十个微米的量级。湍流扩散对其运动的影响是不能忽略的,有时可能完全改变油滴轨道的形状和位置,因此在喷雾的气体—油滴两相模型中,必须加以考虑。

3.2.4　油滴的蒸发

柴油机在高负荷运转时,燃烧开始前喷入气缸的燃料的 73% ~95% 均已蒸发,但其中仅有 10% ~35% 已蒸发的燃料与空气良好混合成可燃混合气,因此,在高负荷时,燃烧速率主要取决于混合速率,而蒸发的影响不大,在启动和低负荷运行时,蒸发就会成为主要的限制因素。

从理论上说,油束是由许多个油滴所组成,单个油滴蒸发的总合就是油束的蒸发量,但事实上,由于油束中的油滴高度密集,对单一油滴蒸发的边界条件(空气运动状况、周围介质的成分等)都处于不断变动之中。同时,油滴和油滴之间还存在着传热、碰撞聚合或分裂等各种状况,因此油束蒸发的理论解析仍然是一个复杂的难题。为了满足准维燃烧模型计算的需要,可对最简单的单个油滴的蒸发过程进行研究。

单个液滴在静止环境中的蒸发问题是传质原理在球坐标系中的斯蒂芬问题。从物理方面来看,周围环境的传热提供了液体蒸发所需要的能量,蒸汽随后从液体表面向周围的气体中扩散,质量的损失引起液滴的半径随时间缩小并最终全部蒸发($r=0$)。因此,要计算液滴半径随时间的变化规律和液滴的寿命,就首先要知道在任意时刻表面的蒸汽质量流量。在数学方面,如要全面描述这个过程,需要利用下列守恒定律:

(1) 液滴:质量守恒、能量守恒。

(2) 液滴蒸汽/周围气体的混合物($r_s < r < \infty$):总的质量守恒、液滴蒸汽(组分)守恒和能量守恒。

由此可见,对于这一问题的全面描述,需要至少 5 个方程,这些方程基于不同的简化条件可能是常微分方程,也可能是偏微分方程。

1. 假设条件

(1) 油滴是在静止、无限大的介质中蒸发;燃料是单成分液体,且其气体溶解度为零。

(2) 蒸发过程是准稳态的,这样可避免建立偏微分方程。

(3) 油滴内各处的温度均匀一致,而且假定该温度是燃油的沸点,并进而假设温度为低于液体沸点的某一温度,液滴表面温度取决于向液滴的传热速率。传热常常控制着整个液滴蒸发,这样,固定温度的假设就可以不用求解液滴周围气相和液相能量守恒方程。

(4) 液滴表面蒸汽的质量分数,由液滴温度下的液体—蒸汽平衡来确定。

(5) 假设二元扩散的路易斯数为1,在分析中可以采用比较简单的 Shvab - Zeldovich 能量方程。

(6) 假设所有的热物理参数如导热系数、密度、比热等都是常数,特别是 ρD 乘积是常数。尽管事实上液滴表面的气体向远处移动时有很大的变化,但常物性的假设可产生一个简单的封闭解。

在以上假设的基础上,通过气相质量方程、气相能量方程、液滴 - 气相边界能量平衡方程及油滴液相质量守恒方程可以求得质量蒸发率和油滴半径对时间的关系 $r(t)$。

2. 质量守恒方程

根据以上的假设条件,就可以写出液滴组分守恒方程和液滴质量守恒方程,并求出质量蒸发率 $\dot{m}$ 和液滴半径 $r_0(t)$。即从组分守恒方程求出 $\dot{m}(t)$,然后就可以求出液滴尺寸随时间的变化函数 $r_0(t)$。

从斯蒂芬问题可知,从液相蒸发出的组分就是传输的组分,而周围的流体是静止的,这样,总的质量守恒可表示为

$$\dot{m}(r) = 4\pi r^2 \dot{m}'' = \text{cons} \tag{3-6}$$

式中:$\dot{m}'' = \dot{m}_A'' + \dot{m}_b'' = \dot{m}_a''(\dot{m}_b'' = 0)$。油滴蒸汽的组分方程就变为

$$\dot{m}_A'' = Y_A \dot{m}_A'' - \rho D_{AB} \frac{\mathrm{d}Y_A}{\mathrm{d}x} \tag{3-7}$$

再经过进一步推导,可得蒸发速率为(当 $r \to \infty$ 时,$Y_A = Y_{A,\infty}$)

$$\dot{m} = 4\pi r_s \rho D_{AB} \ln\left(\frac{1 - Y_{A,\infty}}{1 - Y_{A,s}}\right) \tag{3-8}$$

如采用传质数,也称斯波尔丁(Spalding)数 B_y 表示,则蒸发速率可写为

$$\dot{m} = 4\pi r_s \rho D_{AB} \ln(1 + B_y) \tag{3-9}$$

式中:$B_y = \dfrac{Y_{A,s} - Y_{A,\infty}}{1 - Y_{A,s}}$;$\rho$ 为密度;D_{AB} 为扩散系数。

当传质数为零时,蒸发速率为零;当传质数增加时,蒸发速率也增加。由于传质数定义中有质量分数差 $Y_{A,s} - Y_{A,\infty}$,所以 B_y 的物理意义可理解为传质的"驱动势"。

从液滴质量的减少速率等于液体蒸发速率质量之间的平衡(液滴质量守恒),就可以得到液滴半径随时间变化规律为

$$\frac{\mathrm{d}m_d}{\mathrm{d}t} = -\dot{m} \tag{3-10}$$

液滴的质量为

$$m_d = \rho_l V = \rho_l \pi D^3 / 6 \tag{3-11}$$

式中:V、D 分别为液滴的体积和直径($D = 2r_s$)。

将式(3-11)和式(3-9)代入式(3-10),并微分整理后可得

$$\frac{\mathrm{d}D^2}{\mathrm{d}t} = -\frac{8\rho D_{AB}}{\rho}\ln(1+B_Y) \tag{3-12}$$

从式(3-12)可以看出,液滴直径平方的导数是一个常数,因此 D^2 随时间呈线性变化,其斜率定义为蒸发常数 K,即

$$K = \frac{8\rho D_{AB}}{\rho_l}\ln(1+B_Y) \tag{3-13}$$

由此可计算出液滴完全蒸发所需的时间,从初始的尺寸求得液滴的寿命,即

$$\int_{D_0^2}^{0}\mathrm{d}D^2 = -\int_0^{t_d}K\mathrm{d}t \tag{3-14}$$

则

$$t_d = D_0^2/K$$

若改变式(3-14)的积分上限就可以得到一个表示 D 随时间变化的关系式为

$$D^2(t) = D_0^2 - Kt \tag{3-15}$$

式(3-15)称为液滴蒸发的 D^2 定律,由此可得到关于油滴蒸发的时间尺度概念,如果油滴直径为50μm,则油滴寿命是10ms的量级。

由于影响燃油蒸发的因素很多,如油滴的运动、油滴之间的相互作用、燃油的成分、环境的压力与温度等,因此将传统的针对低压环境的单组分燃料的经验公式应用到高压多组分的情况就不尽合适。柴油是含有数百种组分的混合物,而各种组分的蒸发和着火特性都互不相同。在燃烧室高压高温条件下也出现一些不同的特征:在高压情况下,液体燃料接近或达到其临界状态,在气液界面上二者的密度趋于一致,二者的传热传速率也趋于一致。因此,传统模型中所采用的准稳态气体假设就不再成立,该假设认为:首先,气相中的热质传递过程远慢于液相,故可把气体作准稳态处理,但在高压下,两者的传热传质必须同样进行处理;其次,在临界点附近液体和气体的某些物性都会发生剧烈的变化,如燃油的蒸发潜热趋向于零,导热系数等剧烈上升,特别对气体,由于远离理想状态而需采用更为复杂的状态方程;再次,为满足热力学相平衡条件,要求在气液相面上,两相所有组分的温度、压力及化学势都相等;最后,气体在液体中的可溶度也低于在高压下蒸发产生影响。

早期的液滴蒸发模型重要缺陷在于将液滴视为空间均匀而仅随时间变化,忽略了相关参数之间存在的梯度差别,即将其视为零维。近30年来,对高压多组分燃油的蒸发机理及数值模拟提出了许多数学模型,其中Jin和Borman的一维模型具有代表性,其基本假设为:

(1) 液滴为球对称,可用径向的空间坐标来描述。

（2）环绕液滴的压力均匀分布。

（3）气液界面处于热力学平衡状态。

（4）热量传递与质量传递不存在交叉现象。

（5）气体只溶解于液滴表面一薄层内而不向其内部扩散。

利用液滴表面气相与液相处于热力学平衡状态的假设，可求出界面两侧组分的浓度。然后，以此为边界条件求解液滴的质量方程和能量方程，沿液滴半径方向划分10个左右网格，用有限差分法求解。

在工程应用中，计算模型不仅要考虑液滴多组分和高压效应，而且计算量又在可接受范围之内。为此，Abraham 提出一个简化蒸发模型，基本思想是认为决定多组分燃料中某个组分的蒸发速率有两个主要因素：一是该组分的挥发性，体现在其蒸发潜热的大小；二是该组分在液体混合物中的扩散率。这种方法比较简便，但精确度不够高，为了提高其精确度，最近又出现了一些新的改进和补充。

3.3 油束及油滴的形成

在柴油机中，喷油器将燃油喷入燃烧室后，形成了一个由液柱、油滴、燃油蒸汽和空气组成的多相混合空间，称为喷雾场。从动力学和热力学的角度来看，整个喷雾场都是瞬变且极不均匀的。为了便于研究，可把整个喷雾场划分为数个区域，分别为液核区、发展区（这两部分组成近场区，即通常称之为油束）和充分发展区（远场区）。试验表明，即使在喷油压力高于30MPa的情况下，油注的分裂长度可达到10～30mm，即油核区仍然存在。在油核区的周围，有一部分燃油已经雾化并从四周卷吸进大量空气，使喷雾边界发生横向扩展形成发展区，发展区可延续到距喷嘴数百倍喷孔直径处。

3.3.1 油束的形态

燃油的喷射过程是一个复杂的动态过程。燃油在高压下通过喷嘴上细小的喷孔进入燃烧室空间，燃油喷柱在高速前进的过程中，其前锋受到周边高温高压空气的阻力（摩擦力和形状阻力），同时，燃油在离开喷孔时具有相当大的初始扰动，致使喷柱被撕裂、破碎，形成油滴，其形态如图3－1所示。在此过程中大油滴受到各种外力的作用，如当惯性力大于其表面张力一定倍数时，大油滴将被分裂为更细微的小油滴（韦伯效应），形成直径为2～30μm的雾状油滴群。从定性的角度出发，大致可分为以下6个阶段：①通过喷孔把燃油伸展成油柱；②在油柱表面出现波纹和扰动；③在扰动的作用下，油柱表面形成油线；④油线分裂产生较大的油滴；⑤油滴在各种外力（气体动力、表面张力、黏性力）的作用下发生振动，分散成小油滴；⑥小油滴之间的碰撞可能形成更小的油滴也可能聚合成较大的油滴。这些油滴的集合体称为油束，油束的主要的特征参数有分裂长度、喷雾锥角、喷雾贯穿度和平均滴径分布（SMD）。

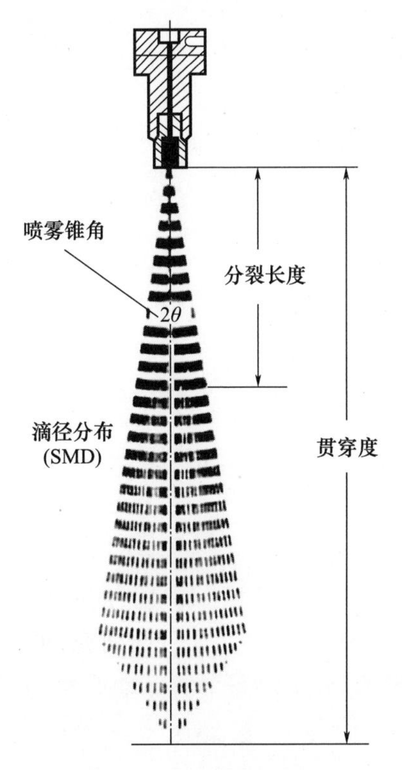

图 3－1　燃油喷束形态

3.3.2　油束特性及相关参数

1. 油束射程

油束的射程对提高燃烧室中空气利用率和燃油－空气混合速率十分重要。射程过长会使燃油触及温度较低的燃烧室壁面，产生 NC、CO 排放；射程不足则会影响到燃烧室周边空气的有效利用。

由于柴油机气缸内油束运动情况非常复杂，迄今为止，对油束特性的描述主要依赖于由试验总结出的经验公式。

对于大缸径静止空气的燃烧室，适用采用 Dent 公式。

$$L=3.07\left(\frac{\Delta p}{\rho_g}\right)^{\frac{1}{4}}(td_0)^{\frac{1}{2}}\left(\frac{294}{T_g}\right)^{\frac{1}{4}} \tag{3-16}$$

对于小缸径高速柴油机，可采用新井（Arai）公式。

当 $t \leqslant t_b$ 时，油束射程与时间 t 成正比。

$$t_b = 28.65 \left(\frac{\rho_1}{\rho_g}\right)^{\frac{1}{2}} \left[\frac{d_0}{(\Delta p/\rho_1)^{\frac{1}{2}}}\right] \tag{3-17}$$

$$\frac{L}{L_b} = 0.0349 \left(\frac{\rho_g}{\rho_1}\right)^{\frac{1}{2}} \left(\frac{t}{d_0}\right) \left(\frac{\Delta p}{\rho_1}\right)^{\frac{1}{2}} \tag{3-18}$$

$$L_b = 15.8 d_0 \sqrt{\frac{\rho_1}{\rho_g}}$$

当 $t \geqslant t_b$ 时,油束射程与$\sqrt{t}$成正比。

$$L = 2.95 \left[d_0 t \left(\frac{\Delta p}{\rho_g}\right)^{\frac{1}{2}}\right]^{\frac{1}{2}} \tag{3-19}$$

在空气有涡流时,油束的射程 L 修正为 L_f,则

$$\frac{L_f}{L} = \frac{1}{1 + 2\pi\omega L/U_j} \tag{3-20}$$

式中:ω 为空气旋转速度;U_j 为起始喷油速度。

2. 油束夹角

$$\theta = 0.05 \left(\frac{\Delta p d_0^2}{\rho_g \nu_g^2}\right)^{\frac{1}{4}} \tag{3-21}$$

3. 油滴尺寸及分布

Sauter 平均直径(SMD)d_{32}表示整个油束的油滴细化程度。

$$d_{32} = \frac{\sum \Delta N D_{di}^3}{\sum \Delta N D_{di}^2} = \text{SMD} \tag{3-22}$$

式中:N 为油束截面内的总油滴数,ΔN 为 $D_d - \frac{\Delta D_d}{2} \leqslant D_d \leqslant D_d + \frac{\Delta D_d}{2}$范围内的油滴数。SMD 的物理含义是全部油滴的体积与其总面积之比,如果假定全部油滴的直径等于 SMD 时,其总体积与总面积之比将保持不变,即油滴的受热与蒸发的条件保持不变。SMD 主要用来表示燃油雾化的细微度,SMD 值越小,说明喷雾越细,但不能反映喷雾的均匀度,后者可用油滴的最大值与平均直径之差来表示,差值越小则表示喷雾越均匀。雾化特性曲线常用来表示其细微度和均匀度,曲线图上的曲线越窄,越靠近纵坐标,则表示油滴越细越均匀,即雾化质量越好。

4. 粒度分布曲线

燃油雾滴很不均匀,从 4 ~ 100μm 都有,多数集中在 10 ~ 40μm 范围内。研究雾滴粒度的目的是为了更好地了解和控制它们的蒸发、扩散及与空气之间的混合和燃烧。雾滴粒度会影响喷注的贯穿距离、在燃烧室壁面上的涂布油量、蒸发表面积、气化速度、滞燃期、混合速度和燃烧速度等。分布曲线的纵坐标也可

取为表面积、体积及重量等。分布曲线的峰值,即粒数最多的粒径称为模态直径。

广安根据柴油机喷雾试验研究提出了粒子大小的体积分布公式

$$\frac{dV}{V}=13.5\left(\frac{x}{\bar{x}_{32}}\right)\exp[-3.0(x\sqrt{\bar{x}_{32}})]d(x\sqrt{\bar{x}_{32}}) \tag{3-23}$$

3.3.3　油束分裂及油滴雾化

燃油以液体形态喷入燃烧室内,与空气接触后,由于空气动力、惯性力、黏性力和表面张力等的相互作用,连续的液注会分裂破碎成为离散的团块。从喷孔射出喷柱的状态,可用三个无纲量参数来表示。

(1) 射流 Reynolds 数:

$$Re_1=\left(\frac{\rho U}{\eta}\right)_l d_j \tag{3-24}$$

(2) 射流 Weber 数:

$$We_g=\frac{\rho_g U^2 d_j}{\sigma} \tag{3-25}$$

(3) Ohnesorge 数:

$$Z=\frac{We_1^{0.5}}{Re_1}=\frac{\eta_1}{\sqrt{\rho_1\sigma d_j}}=\frac{[(\rho_l/\rho_g)We_1]^{\frac{1}{2}}}{Re_g} \tag{3-26}$$

式中:d_j为喷孔直径;σ 为表面张力;下标 l 表示液体;下标 g 表示气体。

用 Re_1 数和 Z 数作坐标可绘出各种油滴破碎状态的分区情况,如图 3-2 所示。它实质上反映了作用在射流上的液体惯性、表面张力、黏性力和空气动力的不同组合情况而出现的 4 种破裂状态。

(1) Rayleigh 破碎区(图 3-2 中 Ⅰ 区)。分裂是由于射流表面出现的轴对称震荡波在表面张力的作用下增长而引起的,破碎起始区位于喷孔直径几百倍长度的下游,其特点是油滴直径大于喷孔直径。

(2) 第一类风生分裂区(图 3-2 中Ⅱ区)。破碎区也位于许多倍喷孔直径的下游,油滴的直径与喷孔相当,处于同一数量级。其分裂原因是射流与周围空气的相对运动(即表面风)增强了表面张力的作用,而表面曲率的变化又使得液注内部产生不均匀的静压力分布(半径小处压力大,半径大处压力小),压力梯度驱使液体流向曲率大处,从而加速了液注的分裂,此时表面张力起着不稳定的作用,促进其分裂。

(3) 第二类风生分裂区(图 3-2 中Ⅲ区)。破碎开始于几倍喷孔直径的下游处,形成的油滴平均直径远小于射流直径,分裂是由于小波长扰动波的不稳定增长,这种小波长波也是由于射流与相对风所引起,但此时表面张力的作用是抑制扰动波的增长。

(4) 雾化区(图 3-2 中Ⅳ区)。发生在喷孔出口处,油滴一离开喷孔就立即在其外表面上发生分裂,油滴直径远小于喷孔直径。

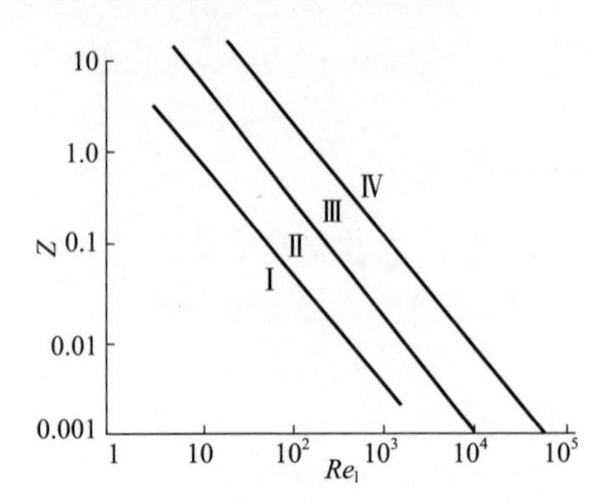

图 3-2　各种油滴破裂状态分区示意图

3.4　油滴分裂雾化机理

3.4.1　雾化机理

早期关于喷射雾化机理的研究提出了许多雾化机理的假说。

(1) 空气动力干扰学说(Castleman,1932 年)认为,由于射流与周围气体之间的气动干扰作用,使射流表面产生不稳定的波动,随着速度的增加,不稳定波的波长越来越短,一直达到微米量级,于是射流散布呈雾状。韦伯效应表示空气动力效应对雾化的影响,即油滴的动能对于油滴雾化所需能量的贡献。

Weber 数计算式(3-25)中,柴油的密度 $\rho_f = 820 \sim 845\mathrm{kg/m^3}$,油滴的表面张力 $\sigma = 21 \sim 31\mathrm{N/m}$,试验证明,单个油滴破碎的条件为韦伯数大于 12,由此可计算出使柴油油滴破碎的最低速度 v_j 为 46.6m/s。当喷油压力达到 80 ~ 100MPa 时,则喷孔出口处的流速可达到 200 ~ 300m/s,$We > 100$,若流速为 200m/s 时,$d_j \leqslant 5\mu\mathrm{m}$,能使油滴得到良好的雾化。

(2) 湍流扰动学说(Dijuhasz,1931 年)提出,射流的雾化过程发生在喷嘴内部,液体本身的湍流度可能起着重要的作用,湍流运动在喷嘴内产生的径向分速度会导致在喷嘴出口处引起扰动,从而产生雾化。

(3) 空化扰动学说(Bergwerk)认为,喷嘴内的湍流分速在所讨论的雷诺数范围内不足以引起雾化现象,他将雾化归因于喷嘴内空穴现象所产生的大振幅压力扰动,如图 3-3 所示。

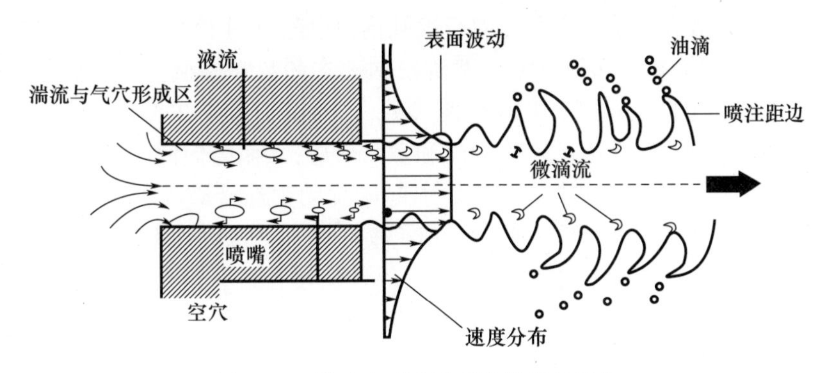

图 3－3　燃油在喷孔及喷孔附近的雾化

（4）边界条件突变学说认为，在喷嘴出口处，流体的边界条件发生突变是发生雾化的原因。Shkadov 通过研究交界面处边界层内切应力的变化，证明此处存在不稳定的短波长表面波。Rupe 则认为雾化是由速度的改变而引起的，他观察到高速层流液体射流比充分发展的湍流更不稳定，因而认为在喷嘴出口处，层流射流突然失去了喷嘴壁面的限制，使得截面内速度分步骤然改变而发生雾化现象。

（5）压力振荡学说（Giffen）认为，燃油供给系统产生的压力振荡可能对雾化有重要的作用。

上述各种假说在理论上都存在一定的缺陷，没有一种能圆满解释所有试验现象，各假说之间甚至得出相互矛盾的结论。空气动力雾化机理说是各种假说中发展得最为充分的理论，它认为高速射流与介质气体之间的空气动力作用导致液面不稳定波迅速而有选择性的增长，并最终使液柱分裂为液滴。该理论在用于中低压喷射雾化研究中虽取得较满意的结果，但对于高压喷射雾化一直不够理想，缺陷在于该理论不能解释初始不稳定波产生的原因，而且该模型得出的结论不能反映不稳定波的初始幅值与射流雾化之间的关系，即认为初始扰动不影响雾化，这与柴油喷雾试验结果是相悖的。

近 20 年来，在试验手段和数值计算方法取得长足进步的情况下，对燃油油注雾化机理的研究不断深入和全面，取得了新的发展。

近期的研究表明，燃油喷雾是高压燃油喷入燃烧室后，以空气动力雾化机理起主导作用，形成的一个由连续液体、离散油滴、燃油蒸汽和空气组成的两相混合物的场。采用高压喷射方式会引起喷嘴内部流动的强湍流和空穴现象，这两个因素对喷嘴附近区域燃油雾化的影响是不可忽视的。因此，在研究柴油喷雾的形成过程时就不能不考虑其边界条件——喷嘴内部流动的影响。将空气动力雾化、湍流和空穴作用雾化三个假设结合起来解释柴油机高压燃油喷射雾化机理是目前的研究热点。

(1) 汉诺威大学的梅克尔等对于喷孔内流动特性对燃油喷射的影响进行了研究,提出了初始雾化和后续雾化两阶段的理念和数学模型。初始雾化发生在喷孔内及据喷孔直径不到5~10倍距离处,这时由于燃油在喷孔出口处的急剧转向与在喷孔内的高速流动产生湍流和空穴效应,从而会促使燃油油注的分裂,有助于油滴的形成。油注中的湍流所引起的扰动为油滴破碎提供能量,而且由于液流内局部真空引发的气穴(包括从溶解在燃油中的空气所析出的气泡由于压力低于饱和蒸汽压而产生的蒸汽泡),一旦从喷孔进入燃烧室溃灭其产生的能量也能促进燃油的雾化。后续雾化则是油注在燃烧室内行进过程中发生的,主要是受气体阻力,即韦伯效应的影响。

(2) O'Rourke 和 Bracco 根据喷雾场中各区域的气液耦合情况及相互作用关系,将喷雾场按其离喷嘴的距离由近到远依次划分为液核区、翻腾流区、稠密区、稀薄区和极稀薄区,如图3-4所示。

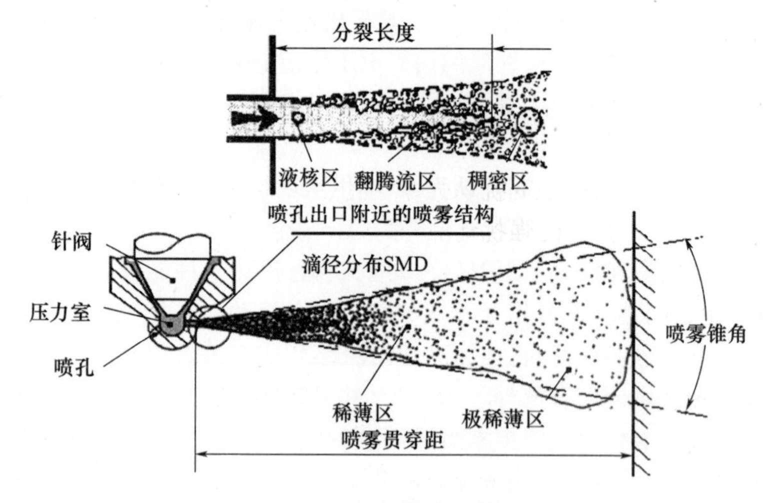

图3-4　喷雾结构示意图

① 液核区。大量试验观测表明,燃油从喷嘴射出后并非瞬间完成雾化,而是存在一个长度与喷嘴喷孔特征尺寸成正比的连续液体核心,称为未受扰液核或分裂长度,该区内的液体流动类似于单相射流的势核。

② 翻腾流区。在紧邻液核的周围地带,液体开始分裂,但由于在两相混合物中液体所占体积分数与气体相当(甚至超过),所以燃油不能在气体中弥散开以形成液滴,而是以薄片、纤丝或网络的形式存在。翻腾流是雾化过程的第一步,称为一次雾化或一次破碎(Primary Breakup)。

③ 稠密区。液体以离散液滴的形式存在,由于气液间的相对速度极大,作用于油滴表面的气动力促使液滴破碎,燃油得到进一步的雾化,即二次雾化或二次破碎(Secondary Breakup)。此区中由于油滴间的距离小,油滴间的相互作用

不能忽略,主要考虑油滴间的碰撞,碰撞的结果是油滴的变形、聚合或破碎,从而强烈影响喷雾场的滴径分布。此外,由于油滴的密集,油滴和气体间的质量、动量和能量交换率不能再像稀薄喷雾中那样沿用单油滴的计算公式,而应考虑液滴群的作用。

④ 稀薄区。由于空气卷吸,油滴间的距离远远大于其直径,油滴间的相互作用减弱,但气液间的耦合作用仍然很强,这时油滴间的相互作用通过“油滴 - 气体 - 油滴”这种间接方式发生。

⑤ 极稀薄区。喷雾场最外围的部分,此时气液间的动量交换已经完成,气液间的相对速度接近零,油滴停止破碎。油滴间的相互作用,如碰撞、变形、聚合、破碎和振动均可忽略,只需考虑油滴的湍流扩散和蒸发。

(3) Fath 利用激光切片 Mie 散射法测量近嘴区域喷雾体轴线截面上的扰动强度信号,拍摄得到的图片经伪彩色处理后可以看到,射流从喷嘴喷出后只在很短的距离内保持圆柱状,然后液面上的扰动波迅速增长形成极不规则的外表面。在射流内部,紧接喷嘴出口的区域有一个长度与喷孔孔径相当的扰动强度较低的锥形区域,这一区域的扰动很小,对应于未受扰液核。在未受扰液核下游的一小段喷雾区域内,检测到有较强的扰动强度分布,表明这段区域有较大的扰动。Fath 后来经过试验验证,发现扰动强度信号在气泡和液滴的表面得到的信号最强,所以对应于液核区内的强扰动信号的应该是气泡结构。因此,根据扰动强度信号分布,可以分析得到近嘴区域喷雾结构的分析示意图。由图得出未受扰液核的长度约为 0.2mm,与喷孔直径处于同一量级,远小于过去所认为的分裂长度;未受扰液核区之外的稠密液核区开始弥散有空穴空泡,而这些空穴最早出现于未受扰液核区的外围,即喷孔的边缘,并向下游逐渐扩散。空穴出现的位置与喷嘴完全空穴流时空穴区的位置对应,这说明喷雾内的空穴气泡来源于喷嘴内部,近嘴区域的喷雾是与喷嘴内部的流动结构相关联的。

(4) 德国慕尼黑工业大学对高喷射压力对燃烧的影响开展了研究。在不需要后处理装置的情况下,采用喷孔直径极小的喷嘴,在 300MPa 喷射压力下几乎可达到欧Ⅵ排放标准($NO_x = 0.4$g/(kW · h),PM = 0.01g/(kW · h))。这种喷嘴显示出非典型的燃烧特性。通常认为,增大油束的动量可促进其雾化及混合,从而对降低颗粒排放有正面的影响。另外,油束动量的增大会使 NO_x 的排放增加。为此,在单缸试验机上喷射压力为 180MPa,对各种喷嘴几何参数时的喷油速率和混合质量进行试验研究,得到的结果简述如下。

① 喷孔直径对喷射速率及振荡现象的影响。当喷射压力为 275MPa 时,喷射速率最大达到 115g/s 左右,并且未见到有振荡现象发生。喷射速率增大的原因归之于管道内压力波反射所引起。在开启边缘可观察到喷油速率有振荡现象,当喷孔直径从 100μm 缩小到 91μm 时,不稳定现象更为加剧。在研究中曾

出现非常有趣的现象，即在最不稳定的喷射速率情况下而排放水平却最低。

② 油轨压力对振荡效应的影响。从试验中可以发现，对于喷孔直径为91μm的喷嘴，其关闭时刻的偏移起始于喷射压力为275MPa，在低于此压力时喷油器可平稳地工作，在开启、关闭时刻发生任何偏差也未产生问题。若再大幅度提高压力时，则会导致激励线圈发生不稳定现象。在试验中发现，当喷射压力超过250MPa时，线圈和喷油器达到非常高的温度，其原因部分是由于漏泄增加所引起，在大量热流涌向线圈的情况下不再能保持稳定工作。随着喷射压力的增大，振荡也不断地加剧。此外，振荡的强度与喷孔几何尺寸也有关系，喷孔直径为91μm的喷嘴比喷孔直径为100μm的喷嘴约高出一倍左右。

③ 油束雾化特性。喷射过程中，在针阀开启和关闭时期，在喷嘴阀座处流动发生阻塞，油束在喷嘴出口处实现分裂破碎。

光学观察结果表明，喷射压力从50MPa升至250MPa，缩短了在不利于破碎区域的滞留时间（200～75μs），进入雾化区的时间大为缩短（125～25μs）。因此，在高压喷射时形成良好的混合物不仅是由于具有很大的动量，而且也是由于在针阀开闭期间油束的雾化得到了巨大的改善。喷射过程更长时间处在有利于形成破碎的区域内，从而使油气混合得到改善。在喷射压力达到250MPa时，瞬时之间即进入了雾化区，若喷射压力为50MPa时则可以看到，燃油从喷嘴孔出来以后，在空气动力的阻滞作用下使之在喷嘴孔之前形成了微小的云层，直到主喷射开始并撞击到这个云层时才开始进入雾化阶段，相比之下处于非常不利的条件，因此这种从喷孔出来的燃油所形成的凝聚区，只具有很低的动量，几乎没有雾化，成为排放污染物形成的主要源头。

研究的结论为，在高喷油压力和小直径喷孔的情况下，在喷油速率曲线的上升边缘会出现振荡现象，它与油轨压力之间呈非线性函数关系；虽然喷油速率的振荡十分强烈，在喷射压力为300MPa时其振幅可覆盖喷油率最大值的36%，但无论从宏观或微观方面都没有发现对喷射夹角和贯穿距离等油束参数产生影响；研究中发现，虽然在极高的喷射压力作用之下，油束的雾化过程仍然是要通过Rayleigh区和第一风化区等初始破碎裂化区域，但高压情况下可缩短在针阀开启和关闭时期靠近喷嘴处破碎裂化的滞留时间。

3.4.2 喷嘴结构对喷嘴内部流动特性及喷雾的影响

喷嘴结构及喷孔内部的燃油流动特性不仅决定着喷雾质量及雾束与燃烧室的配合，而且影响喷油特性（喷油时刻、喷油持续期、喷油规律），这些都直接影响柴油机的性能指标。因此，在研究柴油喷雾的形成过程时就不能不考虑其边界条件——喷嘴内部流动的影响。深入了解喷嘴内部的燃油流动，不仅有助于设计出更合适的燃油系统，还有助于对燃油喷射雾化机理的认识。另外，发动机的多维模拟也需要对喷嘴内部流动进行准确的模拟，以获得燃油供给速率和雾化初始条件等方面的信息。

燃油体流经流进喷孔，在入口处由于流体与流道壁面分离，会出现低压区，如果低压区压力低于流体的饱和蒸汽压力，溶入流体的空气会释放出来，同时部分流体会蒸发，于是产生气穴。它的存在使液相流体的连续性遭到破坏，空穴体置换流体时，流动状态发生变化，在流场内形成燃油蒸汽、液体溶气和液体的两相空穴流动。气穴形成以后沿壁面随主流流动，随周围环境的变化，气穴经历继续发展或溃灭的过程，若气穴来不及流出喷孔就完全溃灭，则称这种状态为部分气穴流；若气穴形成后的条件仍促使气穴不断发展，使得气穴在完全溃灭以前沿孔口壁面流出，则形成空穴流动，如图3－5所示。

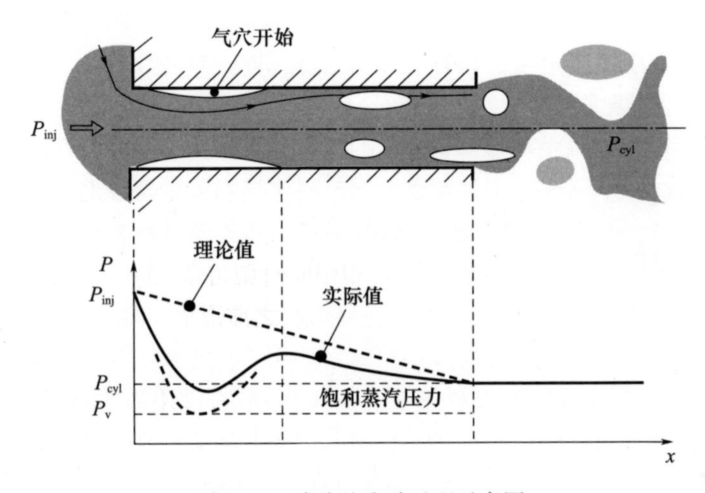

图3－5　喷孔处流动过程示意图

高压共轨燃油喷射系统所用喷油嘴的喷孔孔径一般在0.2mm以下，最高喷射压力在150MPa以上，而喷射背压却只有1.5～8.0MPa，导致孔内燃油的流动速率极高，一般在300m/s以上，由此喷嘴内部流动具有流动空间极小、高速强湍流运动和瞬态性等特点，不可避免地存在气穴流动现象。近年来的研究成果表明，气穴的产生和发展对喷孔出口的流动状态会产生较大影响，其所产生的液体湍动对液体喷束雾化造成的影响，远远大于喷束与周围空气交互所造成的影响，因而发动机缸内燃油的雾化与喷油嘴内部流动情况即湍流和气穴密切相联，特别是随着现代内燃机喷射压力的不断提高，这种现象愈加明显。在多孔柴油喷油器喷孔内部，研究表明气穴对燃油喷射有利，这是由于流体内部的气穴模式导致湍流增加、液态燃油射流的初期破裂和最后雾化改善。另外，喷嘴孔内气穴的动力学作用产生了更易蒸发的、更小的微滴，加强了燃油空气混合，改善了燃油雾化效果，缩短了点火延迟。气穴的强度取决于喷油嘴的几何形状和喷射速度，可以说射流破碎长度依赖于喷油嘴结构。大量的研究一致认为,尖角喷孔比圆角喷孔更容易引起气穴发生。F. Payri 和 J. Arregle 等研究了气穴对不同几何结构的喷嘴出口流量的影响,观察了其喷雾和火焰形成,发现当存在空穴时,出口速度有明显的增大,但流量密度有所减少。并且,发现相对于无气穴发生的圆锥型喷孔,当气穴强度变大时,圆柱形喷孔的流体长度有明显的减少,分析原因是由于出口速度和喷雾角度的增加,同时揭示了圆柱喷孔在无气穴条件(低喷射压力)下有较缓的燃烧时间。大量的研究得出如下结论。

(1) 喷孔直径对喷嘴流量系数影响最大,流量系数随孔径的缩小而有较大幅度的增大;长径比的影响次之,流量系数随长径比的增大而增大,且长径比较小的喷嘴在小流量时多次喷射的一致性较差;孔数较多的喷嘴对喷射夹角较为敏感,夹角增大流量系数增大,而孔数较少的喷嘴流量系数基本无变化;喷孔数影响最小,孔数增多流量系数略有下降,各孔流量均匀性提高。

(2) 进行喷嘴多相流计算时,将 $k-\zeta-f$ 湍流模型与复合壁函数法结合使用,能较准确地模拟喷嘴的质量流量,并且发现随着喷孔长度的增加,壁面摩擦对空穴区的扰动不可忽略,这是导致不同长径比喷嘴流量特性差异的关键因素,因此采用粗糙壁面设置更符合实际情况,能进一步提高计算精确度。

(3) 喷嘴结构参数不同,会使各喷孔内气穴产生的时刻、分布区域和强度不一致,最终影响各喷孔的流量特性,并且传递到喷孔出口面,对喷雾特性产生影响。

(4) 喷雾贯穿距随喷射背压的增大而减小,喷雾锥角随喷射背压的增大而增大;喷雾锥角主要受喷孔出口处气穴强度、喷孔直径和喷射速度影响,与它们成正比,其中喷孔直径影响最大;喷雾贯穿距与喷油速率成正比,与气穴强度成反比,但主要受喷油速率的影响。

3.5 燃油喷射雾化的数值仿真研究

3.5.1 喷雾模型——油束破碎模型

喷雾破碎过程通常可分两个阶段:初次破碎和二次破碎。初次破碎是指高压流体从喷嘴喷出之后,首先形成一股射流(油束),同时发生分裂。在此过程中,可能产生大小、形状各不相同的液体微团结构,从团块、条带、纤丝直到细小的雾粒,称为初次雾化,主要在靠近喷嘴并且韦伯数很高的情况下发生,不仅与液、气两相的交互作用有关,还与喷嘴内部的流动现象有关;二次破碎是指初次破碎所产生的较大的团块和液滴在其运动过程中继续破碎与分裂,形成更小的液滴,称为次级雾化(二次雾化)。这两种雾化过程在物理现象上虽有许多相近和相似之处,但在机理上却有本质的区别。初始雾化涉及气动稳定性、空穴和湍流等多种因素,情况更为复杂,次级雾化则主要归因于气动稳定性。20 世纪 90 年代以前,几乎所有的喷雾与燃烧模型都是根据假定的边界条件(如出口流速等)计算,而且认为在喷孔出口处已形成了同样尺寸的油滴。由于忽略了喷油过程与燃油在喷孔中流动的影响,因而出现了从喷油过程到燃烧过程之间的脱节情况,当前,出现了多种模型对此物理过程进行描述。

现代的柴油机燃油喷射雾化理论认为,空穴、湍流和空气动力的共同作用是射流雾化的主要原因。空穴的发展是一次雾化的主要诱因,空穴溃灭时不仅产生强的表面扰动造成液体雾化,而且也卷吸了一部分空气进入液核促进油气混合,同时湍流的作用促进空穴气泡生成,也决定着空穴在喷孔出口处的分布。由空穴和湍流引起的表面扰动波在空气动力的作用下进一步促进其增长,最终导致扰动波以液滴的状态从射流表面分离雾化。在认识到喷嘴空穴和湍流对一次雾化的重要作用后,研究人员开始试图将空穴和湍流的作用耦合到发动机多维模拟的喷雾模型中。近年来,随着喷嘴内部两相流模拟方法的提高,已能利用 CFD 方法准确模拟喷嘴内部常见的空穴现象,从而能提供较为准确的喷雾初始边界条件。早期的雾化数值计算模型(TAB、WAVE 等)并不对这两个阶段加以区分,近期发展的一些基于 CFD 的计算软件(KIVA、FIRE、FLUENT 等)则对初级破碎阶段中喷嘴内的流动状态的影响给与特别的重视,将两个阶段进行分别处理。现以孔式喷油器为例,对 WAVE、KH－RT 模型及空化模型进行简要的介绍。

1. WAVE 模型

WAVE 模型的基本思想为:燃油喷注(油束)的破碎和所形成的液滴被视为是液体射流稳定性瓦解的结果。理论上认为,从圆形喷孔产生的稳定液柱进入静止不可压缩气体,轴对称表面的无穷小位移在初始稳态运动中被强化,从而引起小的轴对称波动压力,液相和气相中产生轴向和径向的速度分量,这些波动的影响将被引入求解波长增长率与波长的耗散方程、连续性方程和运动方程。

1982 年,Reitz 和 Bracco 研究了液体在高速下通过小圆孔喷入静止的不可压缩气体射流的破碎机理,即在最简单的情况下,圆柱液体射流表面受到外来小扰动(无限小振幅线性扰动)作用下的稳定性问题。研究结果表明,液体射流破碎是由于气液两相流期间的相对速度造成的,射流表面的不稳定波(KH 波)的增长引起了液滴从液体表面剪切下来。Reitz 基于经典流体力学的 Kelvin－Hemholtz 理论对气液界面的波动分析,并根据线性化稳定性理论提出了 WAVE 模型(亦称 K－H 模型),它不仅可以用于液体圆孔射流的分裂雾化,也可用于平面液片或曲面液膜的雾化及液滴的二次雾化分析。

研究一个密度为 ρ_1,运动黏度为 ν_1,半径为 a 的圆柱射流以相对速度 U 喷

入到密度为 P_g 的静止、不可压缩、无黏性的稳态气体环境中的稳定性，如图 3－6 所示。在随射流运动的柱坐标系下，一个任意的无穷小轴对称的表面扰动作用在初始状态上在射流表面生成不稳定表面波，其幅值为

$$\eta = \eta_0 e^{ikz + wt}$$

式中：η_0 为扰动的初始振幅；k 为波数（$k = 2\pi/\lambda$，λ 为波长，相应 Ω 的波长记为 Λ）。此外，与扰动项联系的参数，还有轴对称压力脉动 p，轴向速度 u 和径向速度 v；液体和气体分别用下标 $i = 1,2$ 来表示。

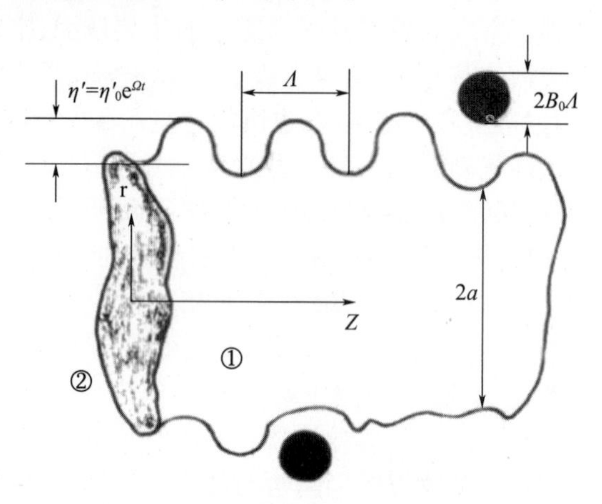

图 3－6　液柱表面波和破碎示意图

在小扰动的假设条件下，可忽略扰动速度及其导数的非线性项，动量守恒方程可简化为以下形式。

连续方程：

$$\frac{\partial u_i}{\partial z} + \frac{1}{r}\frac{\partial}{\partial r}(rv_i) = 0 \qquad (3-27)$$

液体和气体线性化后的运动方程：

$$\begin{aligned} &\frac{\partial u_i}{\partial t} + U_i(r)\frac{\partial u_i}{\partial t} + v_i\frac{\partial U_i}{\partial r} = -\frac{1}{\rho}\frac{\partial p_i}{\partial z} + \frac{\eta_i}{\rho_i}\left[\frac{\partial^2 u_i}{\partial z^2} + \frac{1}{r}\frac{\partial}{\partial r}\left(r\frac{\partial u_i}{\partial r}\right)\right] \\ &\frac{\partial u_i}{\partial t} + U_i(r)\frac{\partial v_i}{\partial z} = \frac{1}{\rho}\frac{\partial p_i}{\partial r} + \frac{\eta_i}{\rho_i}\left[\frac{\partial^2 v_i}{\partial z^2} + \frac{\partial}{\partial r}\left(\frac{1}{r}\frac{\partial rv_i}{\partial r}\right)\right] \end{aligned} \qquad (3-28)$$

在液－气界面上的边界条件为

运动学条件：

$$v_1 = \partial\eta/\partial t \qquad (3-29)$$

切向力条件：

$$\partial u_1/\partial r = -\partial v_1/\partial z \qquad (3-30)$$

法向力条件：

$$-p_1 + 2v_1\rho_1 \frac{\partial v_1}{\partial r} - \frac{\sigma}{a^2}\left(\eta + a^2 \frac{\partial^2 \eta}{\partial z^2}\right) + p_2 = 0 \tag{3-31}$$

式中：u_1、v_1 分别为液体速度的轴向和径向分速度；η、v 分别为动力黏度和运动黏度；σ 为表面张力。在上述边界条件下，可以求出微分方程组的解析解，即色散方程。

$$\omega^2 + 2vlk^2\omega\left[\frac{I_1'(ka)}{I_0} - \frac{2kL}{k^2+L^2}\frac{I_1(ka)}{I_0(ka)}\frac{I_1'(La)}{I_0[La]}\right]$$

$$= \frac{\sigma k}{\rho_l a^2}(1-k^2a^2)\left[\frac{L^2-a^2}{L^2+a^2}\right]\frac{I_1(ka)}{I_0(ka)} + \frac{\rho_g}{\rho_l}\left[U - i\frac{\omega}{k}\right]^2\left[\frac{L^2-a^2}{L^2+a^2}\right]\frac{I_1(ka)}{I_0(ka)}\frac{k_0(ka)}{k_1(ka)}$$

$$L^2 = k^2 + \frac{\omega}{vl} \tag{3-32}$$

式中：I_0、I_1 分别为零阶和一阶修正的第一类 Bessel 函数；k_0、k_1 分别为零阶和一阶修正的第二类 Bessel 函数；U 为液柱和气体的相对速度。ReitzRD 将其数直接进行曲线拟合给出表面波最大生成率 Ω 和相应波长 λ 之间的关系式。

$$\frac{\lambda}{a} = 9.02\frac{(1+0.45Z^{0.5})(1+0.4T^{0.7})}{(1+0.87We_2^{1.67})^{0.6}} \tag{3-33}$$

$$\Omega\left(\frac{\rho_1 a^3}{\sigma}\right)^{0.5} = \frac{0.14+0.38We_2^{0.5}}{(1+Z)(1+1.4T^{0.6})} \tag{3-34}$$

式中：$Z = \frac{We_1^{0.5}}{Re_1}$（液体的 Ohnesorge 数）；$T = ZWe_2^{0.5}$（泰勒数）；$We_1 = \frac{\rho_1 U^2 a}{\sigma}$（液体的韦伯数）；$We_2 = \frac{\rho_2 U^2 a}{\sigma}$（气体的韦伯数）；$Re = \frac{Ua}{\nu_1}$（雷诺数）。液注直径 $2a$，通常取为喷孔直径 d。

上述公式称为 Kalvin – Hemholtz 波模型。式(3 – 33)表示最不稳定的表面波波长 λ 和 We_2 数的关系，式(3 – 34)表示最不稳定表面波的生长速率 Ω 和 We_2 数的关系。随着 We_2 数的增加最大表面波生成率迅速增加，而相应的波长减小。黏度的影响反映在 Ohnesorge 数中，随着液体黏度的增加，表面波生长率减小而波长增加。上述对油注稳定性分析的结果可以用来估计雾化过程分离油滴的尺寸。

WAVE 模型假设具有最大增长率的 K – H 不稳定波引起的射流破碎所形成的油滴直径和破碎时间为

$$r_{\text{stable}} = B_0\Lambda$$

$$\tau = \frac{3.726B_1 a}{\Lambda\Omega} \tag{3-35}$$

式中：B_0 为模型常数，取为 0.61；B_1 为用来修正破碎时间的模型常数，与射流的初始扰动有关。

当 $B_0\Lambda > a$ 时，半径为 a 的父液滴破碎成半径为 r_{staber} 的新液滴；当 $B_0\Lambda \leqslant a$ 时，父液滴的半径变化率为

$$\frac{\mathrm{d}a}{\mathrm{d}t}=\frac{-(a-r_{staber})}{\tau} \tag{3-36}$$

WAVE 模型适用于高韦伯数（$We>100$）的高速喷射即相应于高压喷雾情况的模拟。只有在高压喷射的条件下，射流表面波是由 KH 不稳定波控制的假设是合理的。在计算中可通过调整模型常数来调节喷孔空穴流动和湍流流动的影响。

2. RT（Rayleigh – Taylor）模型

油束中的油滴以极高的速度在空气中运动时，不仅在沿流动方向（切向）由于 KH 波的不稳定增长而导致破裂雾化，而且在气液界面的法向也存在由于两相间密度的巨大差别而产生的惯性力，会引起另一种扰动波，即 RT 波。因此，RT 波的不稳定增长也成为导致在油滴背风面出现不稳定而分裂出小油滴的原因，如图 3－7 所示。可以采用类似于分析 KH 波的方法，求出最快生成率和相应的波数。

$$\Omega_{RT}=\sqrt{\frac{2}{3\sqrt{3\sigma}}\frac{[-g_t(\rho_l-\rho_g)]^{1.5}}{\rho_l+\rho_g}} \tag{3-37}$$

$$K_{RT}=\sqrt{\frac{-g(\rho_l-\rho_g)}{3\sigma}} \tag{3-38}$$

式中：g_t 为油滴运动方向的加速度，$g_t=g\cdot\boldsymbol{j}+a\cdot\boldsymbol{j}$，$g$ 为重力加速度，a 为油滴加速度，$\boldsymbol{j}$ 为油滴运动轨迹切线方向的单位矢量。在导出上面公式时均不计油束黏性的影响。

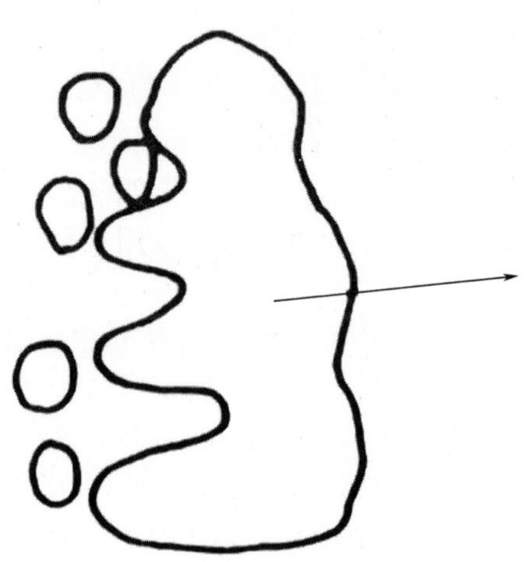

图 3－7　油滴 RT 破碎模型机理示意图

波长 $\lambda_{RT}=2\pi\frac{C_{RT}}{K_{RT}}$用来与已扭曲的油滴(在气动力的作用下)的尺寸做比较,若波长小于油滴直径,则假定 RT 波可在油滴表面生长,计算表面波生成时间并与油滴破碎滞后时间相比较。油滴破碎时间为 $\tau_{RT}=4\left(\frac{\rho_l}{\rho_g}\right)^{1/2}\cdot(C_\tau)^{-3/4}\cdot We^{-1/4}$,$C_\tau=1$ 为调节常数,经过 τ_{RT}时间后,油滴破碎成小油滴的集合体,其半径为 $r=\frac{\pi C_{RT}}{K_{RT}}$,$C_{RT}=0.3$。

3. KH - RT 模型

1995 年 Hwang 和 Reitz 提出了比较适合于柴油机实际情况的高速油滴破碎机理,主要论点是球形油滴在垂直方向气流的作用下变成扁平型,然后在 RT 不稳定表面波作用下加速扁平化,并分裂出一些大尺度碎片,然后在波长更短的 KH 不稳定表面波的作用下,把大尺度碎片分割成丝条状,最后生成更细的油滴、油滴群的集合体,即为油束,如图 3 - 8 所示。

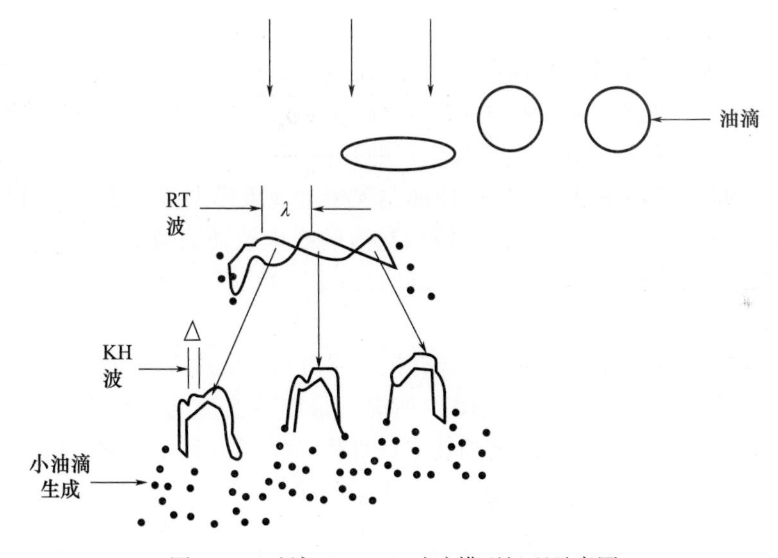

图 3 - 8 油滴 HK - RT 破碎模型机理示意图

在 WAVE 模型基础上发展形成的 HK - RT 模型认为,在油滴破碎过程中,KH 表面波和 RT 扰动处于竞争状态,KH 机理适宜于描述在高相对速度和高环境密度下的破碎雾化;RT 机理适宜于描述由于油滴的快速减速而导致表面波在油滴背风面快速增长,引起变形而形成小油滴。KH - RT 模型采用 WAVE 模型模拟 KH 破碎过程,RT 扰动通过具有最大增长率的表面波的频率 Ω 和相应的波数 k 来描述,即

$$\Omega = \sqrt{\frac{2}{3\sqrt{3\sigma}}\frac{g_t\left|\rho_l - \rho_g\right|^{1.5}}{\rho_l + \rho_g}}$$
$$k = \sqrt{\frac{g_t\left|\rho_l - \rho_g\right|}{3\sigma}} \tag{3-39}$$

RT 破碎时间为

$$\tau = \frac{B_2}{\Omega} \tag{3-40}$$

RT 扰动产生的油滴直径为

$$r_{stable} = B_3\frac{\pi}{k} \tag{3-41}$$

式中:g_t 为油滴运动方向的减速度;B_2、B_3 为模型常数。

在 KIVA 和 FIRE 软件中都提供了将喷嘴流动模型与 KH - RT 模型结合在一起的计算程序,可以较好地对柴油机高压喷射雾化进行预测。

3.5.2 喷雾模型——空穴模型

现代柴油机采用高压喷油器,在其喷孔内会出现对燃油油束的分裂雾化有显著影响的空穴现象。对于孔式喷油器通常采用离散的 blob 模型,该模型假设初始油滴的半径和速度分别为喷孔出口的几何半径和平均喷射速度,忽略了喷嘴内部流动状态产生的影响,是一种现象模型。现象模型不注重空穴过程的机理和细节,而着眼于从实际效果上模拟空泡的产生及溃灭对射流初始状态(离开喷嘴瞬间)的影响,主要包括喷孔出口的流量系数、喷射速度和初始喷雾锥角等参数的估算。

实际喷孔内可能发生的流动形式有包括层流和湍流在内的单相流动、空穴两相流动和介质倒流。尤其在高压喷射情况下最容易发生空穴流动。如图 3 - 9 中,R 为喷孔入口弯角半径,D 为喷孔出口直径,L 为喷孔长度。通过喷孔入口收缩流道处(c 点)的压力 p_c来判断是否处于空穴状态。

$$U_c = \frac{U}{C_c} \tag{3-42}$$

$$C_c = \frac{1}{\sqrt{\frac{1}{C_{ct}} - \frac{11.4R}{D}}} \tag{3-43}$$

$$p_1 = p_2 + \frac{\rho_l}{2}\left(\frac{U}{C_d}\right)^2 \tag{3-44}$$

$$C_d = 1/\sqrt{K_{inlet} + fL/D + 1} \tag{3-45}$$

式中:ρ_l 为燃油密度;C_d 为流量系数;p_1、p_2 为进,出口处的压力;U_c 为收缩系数;

$C_{ct}=0.611$ 为理论常数；U 为名义平均速度；f 为壁面摩擦系数；K_{inlet} 为入口处（1 点）的损失系数。

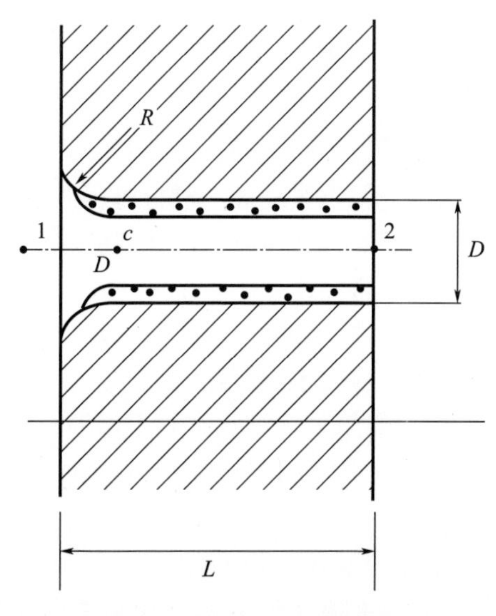

图 3－9　空穴流动模型

当 p_c 大于液体的饱和蒸汽压力时，喷嘴内处于单相流状态，可设定液滴出口速度等于 U，初始液滴索特平均直径 D_{32}（SMD）等于喷孔出口直径；当 p_c 小于液体饱和蒸汽压力时则设定流动处于空穴状态。这时需要重新计算一个新的入口处压力 p_1 和流量系数 C_d，即

$$p_1 = p_{vapor} + \frac{\rho_1}{2}U_c^2 \tag{3-46}$$

$$C_d = C_c\sqrt{\frac{p_1 - p_{vapor}}{p_1 - p_2}} \tag{3-47}$$

通过求解收缩口到出口之间的质量守恒方程和动量守恒方程，求得有效喷射速度和有效喷射面积为

$$U_{eff} = U_c - \frac{p_2 - p_{vapor}}{\rho_1 U} \tag{3-48}$$

$$A_{eff} = A\frac{U}{U_{eff}} \tag{3-49}$$

式中：A 为喷孔截面积。

因此，喷射液滴索特平均直径为

$$D_{32} = \sqrt{4A_{eff}/\pi} \tag{3-50}$$

喷嘴的形状对空穴的产生有直接的影响，R/D 的比值越低，即喷嘴的入口越

尖,则空穴在喷孔内发生的位置越提前,形成的有效速度越高,有效直径也越小。*L/D* 的比值只影响空穴发生的时间,不影响空穴发生的程度。

3.6 小　结

(1) 可燃混合气形成过程包括混合和蒸发,主要取决于喷射压力、空气反压力、涡流运动的强度、燃烧室空间内温度等。混合过程的质量指标有雾化的细微度、混合的均匀度、油滴的贯穿度、混合物形成的时间尺度。

(2) 可燃混合气的形成对燃烧过程的质量产生重要直接的影响。柴油机的油气混合过程是在极短的时间内和燃烧交叉的复杂环境条件下进行的。柴油机扩散燃烧阶段的燃烧速度主要取决于混合速度。

(3) 传统的观念认为,过量空气的增加有利于燃油与空气的混合,过量空气越多则循环效率越高,并等同于发动机经济性指标,同时认为可降低燃烧过程的最高温度,有利于降低颗粒排放和 NO_x 的排放水平。高压燃油系统促使燃油雾化的进程发生很大的变化,缩短了在不利于破碎区域的滞留时间,进入雾化区的时间大为缩短,从而使油气混合得到改善,即在很短的时间内,在较低的过量空气系数的条件下也可得到良好的混合效果,同时可提高发动机的动力性能,实现更为完美的燃烧效果,提高柴油机综合性能指标。

参考文献

[1] Stephen R Turns. An Introduction to Combustion[M]. 北京:清华大学出版社,2009.
[2] 刘联胜. 燃烧理论与技术[M]. 北京:化学工业出版社,2008.
[3] Welty J,Retal. Fundamentals of Momentum,Heat and Mass Transfer[M]. 北京:化学工业出版社,2005.
[4] 蒋德明. 内燃机燃烧与排放学[M]. 西安:西安交通大学出版社,2001.
[5] 高宗英,朱剑明. 燃料供给与调节[M]. 北京:机械工业出版社,2009.
[6] 邵利民. 高压共轨喷射系统参数优化研究[D]. 海军工程大学,2010.
[7] 初纶孔. 柴油机供油与雾化[M]. 大连:大连理工大学出版社,1989.
[8] Ryouta Minamino. Japan Fuel Injection Concept for the Future Clean Diesel Engines[C]. 27th CIMAC Congress,2013.
[9] Johann A. Wloka. Germany Investigations on injection rate Oscillations in Common RailInjectors for High Pressure Injection. 27th CIMAC Congress,2013.

第4章　柴油机的燃烧过程

4.1　概　　述

韦伯辞典将燃烧定义为“产生热或同时产生光和热的快速氧化反应，也包括只伴随少量热没有光的慢速氧化反应”。大部分燃烧设备中的燃烧都是快速反应。燃烧将储存在化学键中的能量转变为热。燃烧化学反应是可燃物质（燃料）分子结构层面变化产生的结果，是和原子结构发生变化的核反应有所区别。

有火焰燃烧和无火焰燃烧是两种基本的燃烧方式，有焰燃烧的特点是燃烧所需的氧气是依靠周围空气的扩散提供的，在燃烧时的高温条件下，扩散混合过程远较燃烧反应过程缓慢，因此，燃烧速度和燃烧完全程度主要取决于扩散混合速度，而与化学动力学因素的关系不大，亦称为扩散燃烧。无焰燃烧的特点是燃料与氧化剂已经按一定比例均匀混合，预混可燃气的燃烧速度不再受混合时间的限制，一旦温度达到着火点时即发生剧烈的化学反应，燃烧过程仅取决于化学反应时间，由于高温区集中，几乎看不到火焰，亦称为动力燃烧。但是，预混可燃气只是实现无焰燃烧的必要条件，还需要辅之以高于着火点温度的环境条件。因此，判断的准则应该是化学反应时间在总反应过程中所占的比重。实际的燃烧过程大多数是介于两者之间，即同时受到化学动力学因素与流体动力学因素的共同影响。

预混合与扩散（非预混合）燃烧。这两种典型的火焰实质上反映了反应混合物的混合状态。在汽油机中，燃料与氧化剂在化学反应前已经达到了分子水平的混合状态，在正常燃烧的情况下，静电火花点燃即产生预混火焰并在空间内进行传播。在扩散火焰中，燃料与氧化剂最初是分开的，氧化反应只发生在燃料与氧化剂的接触面上，即混合与反应同时进行。在柴油机中既有预混燃烧又有扩散燃烧。“扩散”这一术语是指化学组分之间的分子扩散，即燃料从一个方向向火焰扩散，同时氧化剂分子从另一个方向向火焰扩散。在湍流非预混火焰中，湍流将燃料和空气在更宏观的层次上进行对流混合，然后在更小的尺度上进行分子混合（分子扩散），并完成混合及化学反应。

柴油机的燃烧过程实质上是一种具有化学反应、热功转换、传热传质的流动过程，它涉及化学（反应动力学）、物理（传热、传质）、热力学（热功转换）及流体动力学(湍流流动)等多门学科。

4.1.1 燃烧热化学及热力学

氧化剂的化学当量值是指完全燃烧一定量的燃料所需要的氧化剂的量。当提供的氧化剂量超过化学当量值时,则混合物称为贫混合物,反之则为富混合物。化学当量的空燃比可表示为

$$(A/F)_{\text{stoic}} = (m_{\text{air}}/m_{\text{fuel}})_{\text{stoic}} \tag{4-1}$$

$$\text{当量比 } \Phi = \frac{(A/F)_{\text{stoic}}}{A/F} = \frac{F/A}{(F/A)_{\text{stoic}}} \tag{4-2}$$

当 $\Phi > 1$ 时,相应于富燃料混合物;$\Phi < 1$ 时,相应于贫燃料混合物;$\Phi = 1$ 时,相应于化学当量比的混合物。过量空气百分比表示为

$$\text{过量空气百分比} = \frac{1-\Phi}{\Phi} \times 100\% \tag{4-3}$$

燃烧和反应系统与热力学相关的问题包括:元素守恒相关的概念和定义、表征化学键能的焓的定义、定义反应热和热值等的第一定律相关概念、绝热燃烧温度等,另外,还有基于第二定律的化学平衡,并应用于燃烧产生的混合物的预测。

1. 标准(绝对)焓和生成焓

对于任何物质,标准焓定义为生成焓与显焓之和。生成焓是指考虑了与化学键相关的能量的焓,显焓值是一个与温度有关的焓。生成焓的物理解释就是标准状态下元素的化学键断裂并形成新键而产生所需要的化合物时的净焓变化值。对于特定的燃烧反应,反应焓就是燃烧焓。燃烧热(Δh_c 热值)在数量上与反应焓相等,但符号相反。高热值是指所有的产物都凝结为水时的燃烧热能释放出最大量的能量,低热值则是指没有水凝结时的燃烧热。

2. 绝热燃烧温度

定压绝热燃烧是燃料与空气的混合物在定压条件下进行的绝热燃烧。反应物在初态($T = 298\text{K}, p = 1 \times 10^5\text{Pa}$)的标准(绝对)焓等于产物在终态($T = T_{\text{ad}}$,$p = 1 \times 10^5\text{Pa}$)的标准焓,即 $h_{\text{reac}}(T_i, p) = h_{\text{prod}}(T_{\text{ad}}, p)$。定容绝热燃烧温度可根据热力学第一定律有 $U_{\text{reac}}(T_{\text{init}}, p_{\text{init}}) = U_{\text{prod}}(T_{\text{ad}}, p_{\text{f}})$,并利用热力学图表给出的标准焓 H,可计算定容绝热燃烧温度。

$$h_{\text{reac}} - h_{\text{prod}} - R_{\text{u}}\left(\frac{T_{\text{init}}}{MW_{\text{reac}}} - \frac{T_{\text{ad}}}{MW_{\text{prod}}}\right) = 0 \tag{4-4}$$

3. 化学平衡

在燃烧过程中的高温条件下,燃烧产物不是简单的理想混合物,故不能用确定化学当量平衡的方法(原子平衡方法)来求得,其主要成分会离解成许多次要成分,而在某些条件下次要成分会呈现出相当大的量。例如,碳氢化合物在空气

中燃烧的理想产物是 CO_2、H_2O、O_2 和 N_2，这些组分的离解和离解组份的进一步反应会产生以下成分：H_2、OH、CO、H、O、N、NO 及其他可能的组分。因而，实际燃烧所达到的温度要低于完全燃烧可能达到的最高温度，这是因为燃烧产物的离解使内能转换成为化学能，即离解的产物仍然保持了化学能。化学平衡要解决的是如何计算在给定的温度和压力条件下所有这些组分的摩尔分数，其约束条件是各元素的物质量与其初始的混合物中的物质量是守恒的。这对于元素的约束仅仅是表示 C、H、O、N 的原子数是常数，不管其在不同组分中的结合形式。

化学平衡的概念来自热力学第二定律，考察在定容绝热反应过程中，温度与压力上升，直到最终的平衡。因此，最终状态不仅是由第一定律所确定，同时也要服从第二定律。第二定律要求系统内的熵变为 $dS \geqslant 0$。因此，当系统从任一边接近时，系统的组分都自发地向最大熵的点趋近，一旦达到了熵的最大值，组分即不会进一步发生变化。故平衡的条件为 $(dS)_{U,V,m}=0$。对于一个定内能、定体积、定质量的孤立系统，应用热力学第二定律、第一定律和状态方程就可以确定其平衡温度、压力和组分。

对于一般的反应系统有，$aA+bB+\cdots \Leftrightarrow eE+fF+\cdots$。各个物质的量的变化 (dN_i) 与其相应的化学当量系数成正比 $(dN_A=-ka,\cdots)$。经过推导可得到在定温、定压条件下的化学平衡表达式为

$$\Delta G_{\mathrm{T}}^{0}=-R_{\mathrm{m}}T\ln K_{\mathrm{p}},K_{\mathrm{p}}=\frac{(p_E/p^0)^e\cdot(p_f/p^0)^f\cdots}{(p_A/p^0)^a\cdot(p_B/p^0)^b\cdots} \tag{4-5}$$

式中：K_{p} 称为反应的平衡常数。从 K_{p} 的定义和它与 $\Delta G_{\mathrm{T}}^{0}$ 的关系式，可以定性地确定一个特定的反应在平衡时是偏向产物（趋于完全反应）还是偏向反应物（几乎不发生反应）。如果 $\Delta G_{\mathrm{T}}^{0}$ 是正的，反应是偏向于 0 反应物的，因为 $\ln K_{\mathrm{p}}$ 是负的，这就要求 K_{p} 是小于 1 的数，反之则反应偏向于产物。

4.1.2　反应系统化学与热力学的耦合

在燃烧的热化学部分，只讨论了在初态和终态的反应系统的热力学，如从平衡原理出发，从反应物的初态和生成物终态的组分可导出绝热燃烧温度的概念。计算燃烧时并未涉及到化学反应速率方面的问题。如果在热力系统中把化学动力学和热力学的守恒原理（质量、能量守恒等）进行耦合，则可以更全面地描述系统从初始反应物状态到最终生成物状态的详细过程，亦可计算出从反应物到生成物的过程中系统的组分浓度、温度随时间的变化规律。在下面经过简化的讨论中并未包括传质方面的问题，主要是在基本方面研究热力学、化学动力学和流体动力学之间的相互作用。下面简要介绍几种典型的热力学系统。

1. 定压—定质量系统

对于一个定质量系统，其能量守恒方程为

$$\dot{Q}-\dot{W}=m(\mathrm{d}u/\mathrm{d}t) \tag{4-6}$$

经过推导能量方程可表示为

$$\frac{\mathrm{d}T}{\mathrm{d}t}=\frac{(\dot{Q}/V)-\sum(\bar{h}_i\omega_i)}{\sum([X_i]\bar{c}_{p,i})} \tag{4-7}$$

焓计算为

$$\bar{h}_i = \bar{h}^0_{f,i} + \int_{T_{\mathrm{ref}}}^{T}\bar{c}_{p,i}\mathrm{d}t \tag{4-8}$$

组分方程为

$$\frac{\mathrm{d}[X_i]}{\mathrm{d}t}=\dot{\omega}_i-[X_i]\left[\frac{\sum\dot{\omega}_i}{\sum[X_i]}+\frac{1}{T}\frac{\mathrm{d}T}{\mathrm{d}t}\right] \tag{4-9}$$

式中:右边第一项是化学反应生成项;第二项是体积变化项;$\dot{\omega}_i$ 为某一组分 i 在多步反应机理中的净生成率。

定压定质量系统的问题可以简洁地表示为求下列方程组的解:

$$\frac{\mathrm{d}T}{\mathrm{d}t}=f([X_i],T) \tag{4-10a}$$

$$\frac{\mathrm{d}[X_i]}{\mathrm{d}t}=f([X_i],T) \tag{4-10b}$$

其初始条件为

$$T_{(t=0)}=T_0,[X_i]_{(t=0)}=[X]_0$$

2. 定容—定质量系统

定容系统与定压系统的不同之处在于其做功项为零,因此有 $m\frac{\mathrm{d}u}{\mathrm{d}t}=\dot{Q}$。考虑到公式中的 u 在数学上相应与定压系统中的 h,通过相类似的推导可得

$$\frac{\mathrm{d}T}{\mathrm{d}t}=\frac{(\dot{Q}/V+R_uT\sum\dot{\omega}-\sum(\bar{h}_i\dot{\omega}_i))}{\sum[[X_i](\bar{c}_{p,i}-R_u)]} \tag{4-11}$$

式中:对于理想气体有 $\bar{u}_i=\bar{h}_i-R_uT$ 和 $\bar{c}_{v,i}=\bar{c}_{p,i}-R_u$。

$$\frac{\mathrm{d}T}{\mathrm{d}t}=f([X_i],T) \tag{4-12a}$$

$$\frac{\mathrm{d}[X_i]}{\mathrm{d}t}=\dot{\omega}_i=f([X_i],T) \tag{4-12b}$$

其初始条件为

$$T_{(t=0)}=T_0及[X_i]_{(t=0)}=[X_i]_0$$

4.1.3 反应流的简化守恒方程

当考虑多组分反应混合物的细节时,需要给出表述反应流质量、组分、动量

和能量守恒的简化控制方程。结合发动机燃烧的具体情况对以下三种情况进行研究。

(1) 一维平面(x 轴)的稳定流(定常流),用于对层流预混火焰进行分析。

(2) 一维球形(r 轴)的稳定流(定常流),用于对燃料液滴蒸发和燃烧的分析。

(3) 二维轴对称(x 轴和 r 轴)的稳定流,用于对层流及湍流火焰进行分析。

1. 质量守恒方程(连续性方程)

$$\frac{\mathrm{d}m_{cv}}{\mathrm{d}t} = [\dot{m}]_x - [\dot{m}]_{x+\Delta x} \tag{4-13}$$

物理意义为:微元控制体(厚度为 x 的平面薄层)控制容积内质量的积累更与控制体进出口的质量流量之差。经过氧化可写为

$$\frac{\partial \rho}{\partial t} = -\frac{\partial(\rho v_x)}{\partial x} \tag{4-14}$$

在稳定流中,$\partial\rho/\partial t = 0$,即$\partial(\rho v_x)/\partial x = 0$,或 ρv_x = 常数。在燃烧系统中,流动中的密度因位置的不同而会有很大的变化,因此速度也必须有相应的变化才能保持反应物的 ρv_x 和质量通量 $\dot{m}''$ 守恒。故在通用形式中,某一个固定点的质量守恒可写为

$$\frac{\partial \rho}{\partial t} + \nabla \cdot (\rho v) = 0 \tag{4-15a}$$

式中:第一项表示单位体积质量增加速率;第二项表示单位体积流出的质量净流量。

通用的连续方程可写为

$$\frac{1}{r}\frac{\partial}{\partial r}(r\rho v_r) + \frac{\partial}{\partial x}(\rho v_x) = 0 \tag{4-15b}$$

2. 组分质量守恒方程(组分连续方程)

已知二元混合物简单扩散的一维组分守恒方程为

$$\frac{\mathrm{d}}{\mathrm{d}x}(\dot{m}''Y_A) - \frac{\mathrm{d}}{\mathrm{d}x}\left(\rho D_{Ab}\frac{\mathrm{d}Y_A}{\mathrm{d}x}\right) = \dot{m}_A''' \tag{4-16a}$$

式中:$\dot{m}''$为质量通量 ρv_x;$\dot{m}'''$是化学反应引起的单位体积内 A 组分的净质量生成率。一维通用形式可写为

$$\frac{\mathrm{d}m_i''}{\mathrm{d}x\mathrm{d}x} = \dot{m}_i''', \quad i = 1,2,\cdots,N \tag{4-16b}$$

第 i 组分的质量守恒的通用形式可写为

$$\frac{\partial(\rho Y_i)}{\partial t} + \nabla \cdot \dot{m}_i'' = \dot{m}_i''' \tag{4-17}$$

组分质量通量的定义是根据 i 组分的平均质量流速来定义的,可表示为

$$\dot{m}_i'' \equiv \rho Y_i v_i \tag{4-18}$$

组分速度 v_i 是考虑了浓度梯度引起的质量扩散(常规扩散)以及其他形式扩散共同作用的一个相当复杂的参数。混合物质量通量等于各个组分质量通量的总和,即

$$\sum \dot{m}_i'' = \sum \rho y_i v_i = m''' \tag{4-19}$$

由于 $\dot{m}'' \equiv \rho V$,则质量平均流速为

$$\boldsymbol{V} = \sum Y_i \boldsymbol{v} \tag{4-20}$$

这就是所熟悉的流体速度,定义为质量宏观整体速度。组分速度与整体速度之差则定义为扩散速度,即 $\boldsymbol{v}_{i,\mathrm{diff}} \equiv v_i - \boldsymbol{V}_i$,也就是说但各组分的速度是与整体速度有关的。扩散质量通量也可以用扩散速度来表示为

$$\dot{m}_{i,\mathrm{diff}}'' = \rho Y_i \boldsymbol{v}_{i,\mathrm{diff}} \tag{4-21}$$

总的组分通量是宏观整体流动与分子扩散运动之和,即

$$\dot{m}_i'' = \dot{m}'' Y_i + \dot{m}_{i,\mathrm{diff}}'' \tag{4-22}$$

或者用速度的形式来表示为

$$\rho Y_i \boldsymbol{v}_i = \rho Y_i \boldsymbol{V} + \rho Y_i \boldsymbol{v}_{i,\mathrm{diff}} \tag{4-23}$$

根据浓度梯度的方向,扩散通量可以与宏观整体流动是同向或反向。通用组分守恒方程也可以写成如下由组分扩散速度和质量分数表示的形式

$$\frac{\partial(\rho Y_i)}{\partial t} + \nabla \cdot [\rho Y_i (V + v_{i,\mathrm{diff}})] = \dot{m}_i''' \tag{4-24a}$$

这个表达式常见于许多文献和计算程序中。

对于稳定流的球对称坐标系,有

$$\frac{1}{r^2}\frac{\mathrm{d}}{\mathrm{d}r}(r^2 \dot{m}_i'') = m_i''' \tag{4-24b}$$

对于轴对称坐标系,有

$$\frac{1}{r}\frac{\partial}{\partial r}(r\rho v_r Y_A) + \frac{1}{r}\frac{\partial}{\partial x}(r\rho v_x Y_A) - \frac{1}{r}\frac{\partial}{\partial r}\left(r\rho D_{AB}\frac{\partial Y_A}{\partial r}\right) = \dot{m}_A''' \tag{4-24c}$$

上述方程中,假设轴向扩散与径向扩散、轴向对流和径向对流等相比是可以忽略不计的。

当系统有大量性质差别巨大的组分存在时,如大燃料分子的扩散远慢于氢原子的扩散,此外,火焰中巨大的温度梯度形成了另一种推动传质过程的作用力,它导致了较轻的分子从低温区向高温区的扩散,称为热扩散(索雷特扩散)。

多元混合物中的组分扩散有 4 种形式:浓度梯度引起的常规扩散;温度梯度引起的热扩散;压力梯度引起的压力扩散;组分中不同单位质量的体积力引起的强制扩散。在燃烧系统中,压力梯度很小,不足以引起压力扩散。体积力扩散是由荷电组分(如离子)和电场作用而引起的,虽然火焰中有一定浓度的离子,但

体积力扩散不是很明显的,因此只需考虑常规扩散和热扩散两项。

假设组分为理想气体,通常将常规扩散方程简化为

$$\dot{m}''_{i,\mathrm{diff},x} = \frac{p}{R_u T}\frac{MW_i}{MW_{\mathrm{mix}}}\sum_{j=1}^{N} MW_j D_{ij}\,\nabla x,\quad i = 1,2,\cdots,N \tag{4-25}$$

对应的扩散速度公式为

$$\boldsymbol{v}_{i,\mathrm{diff},x} = \frac{1}{x_i MW_{ix}}\sum MW_j D_{ij}\nabla x_j \tag{4-26}$$

第 i 组分的热扩散速度为

$$\boldsymbol{v}_{i,\mathrm{diff},x} = -\frac{D_i^T}{\rho Y_i}\frac{1}{T}\nabla T \tag{4-27}$$

式中:D_i^T 为热扩散系数,根据扩散向冷区或热区进行来取其为正或负。

多元扩散系数由两个参数来决定,一是混合物中组分的摩尔分数 x_i,二是两两组分间的二元扩散系数 D_{ij},可以通过压力来确定多元扩散系数。

3. 动量守恒方程

1) 一维形式

由于忽略了黏性力和重力,唯一向控制体施加作用的只有压力。在稳态情况下动量守恒的一般描述:同一方向上,控制体所受力的总和等于这一方向上动量的净流出量,可表示为

$$-\frac{\mathrm{d}p}{\mathrm{d}x} = \rho v_x\frac{\mathrm{d}v_x}{\mathrm{d}x} \tag{4-28a}$$

即为一维欧拉方程。

2) 二维形式

在柱坐标系下,轴对称流动所对应的轴向和径向动量守恒方程为

$$\text{轴向:}(x)\frac{\partial(r\rho v_x v_x)}{\partial x} + \frac{\partial(r\rho v_x v_r)}{\partial r} = \frac{\partial(r\tau_{rx})}{\partial r} + r\frac{\partial\tau_{xx}}{\partial x} - r\frac{\partial p}{\partial x} + \rho g_x r \tag{4-28b}$$

$$\text{径向:}(r)\frac{\partial(r\rho v_r v_x)}{\partial x} + \frac{\partial(r\rho v_r v_x)}{\partial r} = \frac{\partial(r\tau_{rr})}{\partial r} + r\frac{\partial\tau_{rx}}{\partial x} - r\frac{\partial p}{\partial r} \tag{4-28c}$$

4. 能量守恒方程

1) 一维形式可写为

$$\sum\dot{m}_i''\frac{\mathrm{d}h_i}{\mathrm{d}x} + \frac{\mathrm{d}}{\mathrm{d}x}\left(-k\frac{\mathrm{d}T}{\mathrm{d}x}\right) + \dot{m}''v_x\frac{\mathrm{d}v_x}{\mathrm{d}x} = -\sum h_i\dot{m}_i''' \tag{4-29}$$

2) Shvab－Zeldovich 形式

它的作用在于可将方程(4－29)左边含有组分质量通量和焓变的项消去,并转化为只有与温度有关的项。其关键的假设是路易斯数($Le = k/(\rho c_p, D)$)等于 1。另假设为,用费克定律描述组分质量通量,通用形式为

$$\nabla \cdot \left[\dot{m}'' \int c_p \mathrm{d}T - \rho D \nabla \left[\int c_p \mathrm{d}T \right] = - \sum h_{f,i}^0 \cdot \dot{m}_i''' \right] \tag{4-30}$$

3）用于火焰计算的形式

在稳态层流与混合非预混火焰的数值模型中，能量方程采用组分扩散速度项 $v_{i,\mathrm{diff}}$ 会给计算带来方便，计算方程可写为

$$\dot{m}'' c_p \frac{\mathrm{d}T}{\mathrm{d}x} + \frac{\mathrm{d}}{\mathrm{d}x}\left(-k \frac{\mathrm{d}T}{\mathrm{d}x} \right) + \sum_{i=1}^{N} \rho Y_i v_{i,\mathrm{diff}} c_{p,i} \frac{\mathrm{d}T}{\mathrm{d}x} = - \sum_{i=1}^{N} h_i \dot{m}_i''' \tag{4-31}$$

5. 守恒标量的概念

迄今为止，对扩散燃烧的机理尚未搞清楚，一些假想的物理和计算模型对机理的认识有一定的帮助。

守恒标量法：应用守恒标量的概念可以简化反应流的求解（计算速度场和温度场），尤其是在研究非预混火焰问题时更为重要。守恒标量的定义：流场内满足守恒的任一标量。例如，在特定条件下没有热量源（或汇）的流体中，即流场中没有辐射流入或流出、没有黏性耗散，各个位置的绝对焓满足守恒要求。在这种情况下，绝对焓即可视为守恒标量。化学反应不会创造或消灭元素，所以元素质量分数也是一个守恒标量，此外还有许多其他的守恒标量。下面只研究其中有关的两个，即混合物分数及混合物绝对焓。

假定：化学反应瞬时完成，湍流混合起控制作用。这个假定意味着瞬时分子组分的浓度和温度仅是所研究时刻守恒标量浓度的函数。在快速化学反应的极限情况下，化学反应和湍流之间相互作用的问题可以大大简化，因为分子组分浓度仅与守恒标量有关，从该守恒标量统计特性可以得到所有热力参数的统计特性，因此不需要计算平均化学反应的速率。在有化学反应的条件下，有许多标量是守恒的，可以作为描述非预混化学反应湍流的主要参数，如第 i 种元素的质量分数 Z_i 就是其中之一。

$$Z_i = \sum_{i=1}^{N} \mu_{ij} Y_j, \quad i = 1,2,\cdots,L \tag{4-32}$$

式中：Y_j 为第 j 种物质的质量分数；μ_{ij} = 在第 j 种组分中第 i 种元素的质量/第 i 种组分个质量。

在化学反应中，元素是守恒的，守恒方程为

$$\frac{\partial}{\partial t}(\rho Z_i) + \frac{\partial}{\partial x_k}(\rho u_k Z_i) = \frac{\partial}{\partial x_k}\left(\rho D \frac{\partial Z_i}{\partial x_k} \right), \quad i = 1,2,\cdots,L \tag{4-33}$$

如果所有的守恒标量都线性相关，则求解其中一个，其他所有的守恒标量都可以求出，因此守恒标量的选取是任意的。

4.1.4 燃烧扩散理论简述

在燃烧准备和燃烧过程中都离不开动量、能量和质量的激烈的传输过程。

传输过程指的是流体中含有物或本身属性（动量、热量等）从一处迁移到另一处的过程。从多到少方向的传输称为扩散，其中由分子运动产生的为分子扩散，由湍流运动产生的为湍流扩散，随流体质点时均运动而迁移的称为移动流（Advection）或对流传输；在剪切流中由时均流速不均匀而引起的称为弥散或离散（Dispersion）。对混合及燃烧有直接的、巨大的影响的当属湍流扩散和分子扩散，移流（如进气涡流、挤流等整体流）传输也很重要。湍流扩散的研究有拉格朗日法和欧拉法。下面简要介绍一些湍流扩散的基本概念。

1. 动量扩散－牛顿黏性定律

对于不可压缩、等温、纯剪切平面流，若在 x 方向流速为 u_i，垂直于平面为 x_j 方向，则单位面积剪切力和速度梯度成正比，称为牛顿黏性定律，表达式为

$$\boldsymbol{\tau}_{ij} = -\mu \frac{\partial u_i}{\partial x_j} \tag{4-34}$$

式中：μ 为动力黏性系数，负号表示剪切力方向与速度增加方向相反。

2. 热量（能量）扩散－傅里叶导热定律

$$\boldsymbol{q} = -\lambda \frac{\partial T}{\partial x_j} \tag{4-35}$$

式中：λ 为导热系数，$\lambda = a\rho c_p$，a 为热扩散系数。

3. 质量扩散传质原理

如果一个系统具有两种或两种以上的组分，而且它们的浓度又是逐点变化时，则在系统内部就自发地存在一种减少浓度差的质量传递现象。我们将一组分从高浓度区域向低浓度区域的传递过程称为传质。

质量传递机理取决于系统的动力学，它既可以在静止流体中由分子的随机运动（如理想气体的分子碰撞）来进行，也可以借助于流动的动力特性（如湍流）从一个表面传递到运动的流体中。这两种不同的传质机理往往是同时作用的，而且常常是一种机理在数量级上处于支配地位。分子运动过程较慢而且在较小的空间尺度下进行，湍流输运则取决于携带物质的涡的速度和大小。燃油液滴的蒸发和燃烧即属于传质学范畴的问题。

运动流体和固体表面之间的传递或两种不相容被运动界面（如气/液或液/液接触面）分割的流体之间的传质都要借助于运动流体的动力学特性。这种传质现象称为对流传质，它是从被传递组分的高浓度区域向低浓度区域传递的。流体受到外力作用而产生的运动称为强制对流。如果流体的运动是由密度差所引起，则称为自由对流或自然对流。

单位时间内通过单位面积的溶解物质与溶解浓度在该面积法线方向的梯度成正比，称为费克第一定律，表达式为

$$\boldsymbol{Q} = -D_m \frac{\partial C}{\partial x_j} \tag{4-36}$$

式中:$\boldsymbol{Q}$ 为溶质在 x_i 方向的单位通量;C 为溶质浓度;D_m 微分子扩散系数。

4. 三种扩散定律的对应量

表4-1为三种扩散定律的对应参数。

表4-1 三种扩散定律的对应参数

传输过程	传输率	扩散率	传输特征量	传输推动力
热量(能量)	$\boldsymbol{q}$	a	$\rho c_p T$	$\frac{\partial(\rho c_p T)}{\partial x_j}$
动量	$\boldsymbol{\tau}$	ν	ρu	$\frac{\partial(\rho u_i)}{\partial x_j}$
质量	$\boldsymbol{Q}$	D	C	$\frac{\partial C}{\partial x_j}$

三个系数也可组成下列准则数。

$$\text{普朗特数(Prandtl)}:\mathrm{Pr} = \frac{\nu}{a} = \frac{\mu c_p}{\lambda} = \frac{\text{动量扩散率}}{\text{能量扩散率}} \tag{4-37}$$

$$\text{施密特数(Schmidt)}:\mathrm{Sc} = \frac{\nu}{D} = \frac{\mu}{D\rho} = \frac{\text{动量扩散率}}{\text{质量扩散率}} \tag{4-38}$$

$$\text{路易斯数(Lewis)}:\mathrm{Le} = \frac{\mathrm{Sc}}{\mathrm{Pr}} = \frac{a}{D} = \frac{\text{能量扩散率}}{\text{质量扩散率}} \tag{4-39}$$

为了简化层流参数计算,有时假定:$\mathrm{Pr} = \mathrm{Sc} = \mathrm{Le}$,分子扩散时引起流动中的速度场、温度场与浓度场的分布规律可看成是一致的。

5. 扩散方程-费克第二定律

取微元体在 x_1 处溶质(扩散质)的浓度为 $C(x_1,t)$,在一维扩散中,单位时间内进入 x_1 面的扩散质为 $Q(x_1,t)$,从 $x_1+\delta x_1$ 面出去的扩散质为 $Q\left(x_1, t+\frac{\partial Q(x_1,t)}{\partial x_1}\delta x_1\right)$,经过 δt 时间的进出差值为 $\frac{\partial Q(x_1,t)}{\partial x_1}\delta x_1 \delta t$,控制面内的扩散质的变化量为 $\frac{\partial C(x_1,t)}{\partial t}\delta t \delta x_1$。根据质量守恒定律,有

$$\frac{\partial Q(x_1,t)}{\partial x_1} + \frac{\partial C(x_1,t)}{\partial t} = 0 \tag{4-40}$$

代入费克第一定率公式,令 $j=1$,可得

$$\frac{\partial C(x_1,t)}{\partial t} = D_m \frac{\partial^2 C(x_1,t)}{\partial x_1^2} \tag{4-41}$$

称为费克第二定律,常称为扩散方程。

推广至三维时，有

$$\frac{\partial C}{\partial t}=D_m\left(\frac{\partial^2 C}{\partial x_1^2}+\frac{\partial^2 C}{\partial x_2^2}+\frac{\partial^2 C}{\partial x_3^2}\right) \tag{4-42}$$

如果流体是层流流动时，则移流扩散方程为

$$\frac{\partial C}{\partial t}+\frac{\partial}{\partial x_i}(Cu_i)=D_m\frac{\partial^2 C}{\partial x_i\partial x_i}+F \tag{4-43}$$

式中：左边第一项是当地变化；左边第二项是随移流变化，u_i 为移流速度；右边第一项是分子扩散；右边第二项是源或汇项。

欧拉性湍流扩散方程为

$$\frac{\partial \overline{C}}{\partial t}+\frac{\partial}{\partial x_i}(\overline{C}\,\overline{u}_i)=D_{ij}\frac{\partial^2 \overline{C}}{\partial x_i\partial x_j}+D_m\frac{\partial^2 \overline{C}}{\partial x_i\partial x_i}+F \tag{4-44}$$

式中：左边第一项为当地浓度变化；左边第二项为随移流变化；右边第一项为湍流扩散；右边第二项为分子扩散。

由于 D_{ij} 远大于 D_m，因此在实际计算中往往可忽略分子扩散项。但在实际扩散中，分子扩散还是很起作用的，如果没有分子扩散，则在湍流中存在着小尺度的不规则度，即存在许多小尺度的丝带或碎片，只有分子扩散才能使之彻底均匀化，在燃烧中更是如此。

4.2　湍流流动

1883 年雷诺（O. Reynolds）发现了黏性流体运动存在着物理本质不同的两种流动状态，即层流和湍流（紊流），以及层流向湍流的过渡过程。在湍流充分发展的阶段，可见到湍流是由大大小小的涡团叠加在一起，并组成具有不同周期、波长、振幅和方向的三维脉动的连续涡群。对其中某个质点来说，其各种瞬时参数（如速度的方向和大小）都随时间和空间而不断地变化。

4.2.1　湍流的基本概念

1. 湍流的特征

层流和湍流是两种不同的基本流态，湍流是流动的属性而不是流体的属性。湍流起源于层流的不稳定性，当流动的雷诺特征数超过相应的临界值，在大雷诺数下非线性惯性力的不稳定作用远远超过黏性力的稳定作用，流动就从层流转变为湍流。湍流状态下的流体包括许多尺寸大小和涡量（度量角速度的物理量）不同的涡团。一个大涡中可以包括许多小涡，充分湍流流动的一个特性就是有各种尺度的旋涡存在，湍流中充满了各种尺度的不断旋转中的流体团块，称为涡团。产生涡团的惯性作用实质上是流场的不均匀性（速度梯度）对涡团不断拉伸的结果，因此湍流运动的脉动结构是三维的。涡团无规则运动也同流体分子无规则运动一样会引起物质组分、动量和能量等各种物理量的扩散输运。这些尺度不同的涡团组成连续的涡团谱。湍流涡团（或称涡体）在顺流向运动时，还做横向、垂向和局部逆向运动并与它周围的流体发生掺混。湍流中流体质点的轨迹是杂乱无章、相互交错且迅速变化的。流体质点是指很小的流体体积，它内部的压力和流速都是均匀的，它的尺寸由湍流的最小尺度结构所决定，即与最小涡体尺度相当，大致为 1.0mm。湍流涡团可理解为较大的流体连续区域，它内部各点的湍动量之间有关联，也就是它组成流体质点的相干团，其尺度与大涡体相当。湍流涡团的最小尺度仍然远远大于分子的运动尺度（平均自由程），因此可以用连续介质力学的方法来描述流体的湍流运动。

20 世纪 60 年代以来，通过对湍流的所谓猝发现象的研究发现，湍流大尺度涡团的运动并非完全是随机的，而是在空间上表现出一定程度的有序（拟序）性（Coherence）和时间上表现有一定的周期（间歇）性（Intermittence）。因而，湍流的无规则性在空间和时间上都是一种局部现象，即在湍流运动中存在着有序的大尺度涡团结构和无序的小尺度结构。拟序结构（相干结构）是指一种连接空间的状态，在此空间范围内存在着状态关联的有组织的运动，具体是指流场中出现的条带结构、各种大涡结构以及其他有组织的流条、流团等，这些有组织的运动带有拟序特性，反映在运动过程中，湍流是间歇地处于“活动期”和“平静期”的交替过程，而活动期的演变具有重复性和可预测性。拟序结构的发现改变了对湍流性质的传统认识，湍流的发生及由此产生的各种效应主要来自拟序效应，这对于湍流本质和机理的研究及其数学模拟产生了巨大的影响，使湍流研究进入了一个新的阶段。

湍流的特征可归纳如下：

（1）不规则性或随机性（Irregularity or Randomness）。涡流是非规则的、混乱的和不可预测的。湍流中充满了大小不同的不断旋转着的流体团块，称为漩涡（Eddy），湍流的基本特征正是源于这种具有随机性质的涡团结构。

（2）扩散性（Diffusivity），耗散性（Dissipation）。涡流总是在耗散，最小的涡成为耗散涡。湍流中涡团的无规则运动的宏观效果引起物质组分、动量和能量等各种物理量的扩散，且这种扩散性比分子扩散性强烈得多（大 3 ~4 个量级）。而涡团要维持其运动，必须克服黏性力而作功，使湍流动能转变为流体的内能。只有不断供给能量涡流才能生存，否则会迅速衰退直至消失成层流。

（3）三维涡旋脉动。湍流中充斥着大大小小的涡旋，以高频扰动涡为特征的有旋运动产生涡团惯性作用是由于流场的不均匀性（速度梯度）对涡团不断拉伸的结果，但这种拉伸过程只在三维条件下进行，因此湍流运动只能是三维的。

(4) 连续性。湍流宏观上是连续的现象,分子运动是离散的,而湍流运动则是连续的。湍流涡团的最小尺度仍远远大于分子的运动尺度(平均自由程),可以用连续介质力学的方法来描述湍流运动,满足 N - S 方程。

(5) 非线性。湍流是流体运动的性质,不是流体的物理属性,因此不受流体分子特性的约束,如在密度上没有明显的不均匀性,只要液相和气相的雷诺数相等,就可以看成动力相似。在雷诺数足够大的情况下,湍流的特征量与流体的物理性几乎无关,而与流场特性如几何形状、边界条件等有密切的关系。

(6) 湍流的大尺度涡团具有拟序性(Coherence)和间歇性(Intermittence)。通过对湍流"猝发"现象的研究,发现湍流大尺度涡团的运动并非完全是随机的,而是在空间上表现出一定的有序(拟序)性,时间上表现出一定的周期(间歇)性。因而,湍流的无规则性在时间和空间上都是一种局部现象,而在湍流运动中同时存在着有序的大尺度涡团结构和无序的小尺度结构。

"连续性"和"耗散性"是黏性流体共有的特性。

2. 湍流的物理描述

雷诺最早提出将湍流流动看成是一种流体的各种特性参数的随机不稳定性变化,是湍流的基本特征。对于湍流来说,雷诺数可以用来衡量湍流尺度涉及的范围,即雷诺数越大,说明最小的旋涡与最大的旋涡之间的尺寸差别越大。正是由于湍流尺度的范围很大,使得很难从基本原理出发来直接对湍流进行计算。描述湍流流场的一个重要方法(雷诺平均法)就是定义平均量和脉动量。平均量定义为足够长时间间隔内流体特性(如速度、压力等)的平均值,即 $\bar{v} = \frac{1}{\Delta t}\int_{t_1}^{t_2} v(t)\,\mathrm{d}t$ 。脉动量是瞬时值与平均值之和,即 $v(t) = \bar{v} + v'(t)$。这种将变量表示为平均量与瞬时量之和的方法称为雷诺分解。湍流的强度通常用均方根(RMS)来表示,即 $v'_{\mathrm{rms}} = \sqrt{\overline{v'^2}}$。相对强度定义为 $v'_{\mathrm{rms}}/\bar{v}$。

在雷诺分解法平均法则中,会出现脉动量的二阶或三阶相关矩,它们通常都不等于零,大小取决于随机量之间互相关联的程度。脉动量的相关矩,即为控制方程中的非线性项。

N - S 方程适用于各种湍流运动,但此方程是非线性的,不同湍流的流型又十分复杂,所以没有统一解。雷诺提出将湍流运动看成是一种叠加在随时空缓慢变化的平均流之上的涨落或脉动,成为一切平均法处理湍流的基础,常用的有三种平均方法。

1) 时间平均(以速度为例)

$$u = \bar{u} + u' \tag{4-45}$$

式(4 - 45)表示速度等于其时间平均值与脉动值之和,时均值定义为

$$\bar{u} = \lim_{T\to\infty} \frac{1}{T}\int_{t_0}^{t_0+T} u\mathrm{d}t \tag{4-46}$$

式中：t_0 为取平均的起始时刻；T 为取平均的时间段长。

$$\bar{u}' = \lim_{T\to\infty} \frac{1}{T}\int_{t_0}^{t_0+T} u'\mathrm{d}t = 0 \tag{4-47}$$

式(4-47)表示一切脉动值的时均值为零。

当脉动起伏较大时，可采用短时间的平均，即将脉动量分为许多段，每段取积分平均得到一个非定常的平均量，是一个不连续的函数，也可采用重叠的分段平均得到连续的函数。

2）系综平均(Ensemble Average)

系综平均又称为总体平均或统计平均。

时间平均法对时间平均值不变或变动很小的定常湍流是适用的，但对于非定常湍流，时间平均值不只是时间 t 的函数，而且还是时段 T 的函数，对此通常采用系综平均法。内燃机气缸内湍流常用此法平均。

在相同的条件下，重复作 N 次试验，对 N 次试验值取平均。理论上定义系综平均值为 N 趋于无穷大时的平均，即

$$\bar{u}_e = \lim_{N\to\infty} \frac{1}{N}\sum_{i=1}^{N} u_i \tag{4-48}$$

显然，N 越大，平均值越真实。一般可认为在定常湍流的条件下，时均值与系综平均值是相等的。

3）带权密度平均(Favre Average)

在燃烧问题和可压缩流中，还存在密度脉动，因此对流动要做雷诺分解：

$$\overline{\rho u_1 u_2} = \overline{(\rho+\rho')(u_1+u_1')(u_2+u_2')} \tag{4-49a}$$

此时可采用带权密度平均或带权质量平均。

$$u = \tilde{u} + u'' \tag{4-49b}$$

定义

$$u = \frac{\frac{1}{T}\int_0^T \rho u\mathrm{d}t}{\frac{1}{T}\int_0^T \rho\mathrm{d}t} = \frac{\overline{\rho u}}{\rho} \tag{4-50}$$

由此可得

$$\overline{\rho u} = \bar{\rho}\tilde{u} \tag{4-51}$$

另外，$\overline{\rho u} = \overline{\rho(\tilde{u}+u'')} = \overline{\rho\tilde{u}} + \overline{\rho u''} = \bar{\rho}\tilde{u} + \overline{\rho u''}$，两式相减，得 $0 = \overline{\rho u''} = \overline{(\bar{\rho}+\rho')u''} = \overline{\bar{\rho}u''} + \overline{\rho' u''}$，所以 $\overline{u''} = -\frac{\overline{\rho' u''}}{\bar{\rho}}$。由此式可知，带权密度分解中，$u''$的平均值 u''通常不为零。

3. 湍流的分类

1）定常（均匀）湍流与非定常（非均匀）湍流

均匀湍流是指在统计平均意义上，湍流的任何性质与空间位置无关，可定义为：任何湍流的统计平均值及其空间导数，当坐标作任何位移时均保持不变，即

$$\overline{Q}(x_i)=\overline{Q}(x_i+r_i) \quad 或 \quad \frac{\partial Q_i}{\partial x_i}=0 \tag{4-52}$$

$\overline{Q}$ 为湍流的任意统计平均湍动量。均匀湍流与均匀流不同，均匀湍流的均匀性是指脉动量（如脉动速度、脉动强度等）具有均匀性，而均匀流是指平均运动量（如断面平均流速、时均流速等）沿程不变。

2）各向同性湍流和非各向同性（各向异性）湍流

各向同性湍流是指任何统计平均湍动量与方向无关，即任何一个湍流特征量（或函数）各个方向都一样，不存在任何特殊地位的方向。从坐标关系来看，也可定义为任何统计平均湍动量与坐标轴的位移、旋转和反射无关。在各向同性湍流中，$\overline{u}_x^2=\overline{u}_y^2=\overline{u}_z^2$，$\overline{u_iu_j}=$常数。各向同性湍流必然是均匀湍流，因为湍流的任何不均匀相都会带来特殊方向，如速度分布不均匀，就会出现速度梯度，此方向即为特殊方向。

各向同性湍流虽然在客观上不精确存在，但局部各向同性湍流和近似各向同性湍流是存在的。因此，各向同性理论可用于非各向同性湍流的微结构（最小涡体），或作为非各向同性湍流的首次近似，它可以带来很大的简化。例如，雷诺应力 $\tau_{ij}=-\rho\overline{u_iu_j}$可由 9 个量减为 3 个量。

3）边壁切变湍流和自由湍流

湍流结构直接受固体壁面影响的湍流称为边壁切变湍流，简称壁湍流，如明槽流和管流。一般来说，在边界附近流动产生切变湍流加速，形成湍流边界层的流动结构。

固体边壁对流体流动的湍流结构不发生直接影响的湍流称为自由湍流，如绕流的尾流、射流等。

4.2.2　湍流的特性

1. 湍流的几何尺度

最常用到的有以下 4 种尺度，按照尺度大小降序排列如下：

1）流动的特征宽度或宏观尺度（L）

它是系统中最大的一个尺度，也是最大可能旋涡尺寸的上界。在内燃机中被定义为随时间变化的活塞顶部与气缸盖底部的间距，或者被定义为气缸的内径。它是由实际的硬件设备来确定的。这个尺度常被用来定义平均流速下的雷诺数，而不用来定义湍流雷诺数，湍流雷诺数用其他 3 种尺度来定义。在燃烧学

中很看重流动中最大的结构扰动流体的能力,如燃料射流中最大的旋涡能很好地卷入或扰动空气,将空气带入射流的中心区域。

2）积分尺度或湍流宏观尺度(l_0)

它表示湍流中大漩涡的平均尺寸,这些涡的频率低、波长大。积分尺度比流动特征宽度小,但处于同一数量级。将空间两点脉动速度之间的相关系数表示为两点之间距离的函数,并对其积分即可求得积分尺度

$$l_0 = \int_0^{\infty} R_x(r)\,\mathrm{d}r \tag{4-53}$$

其中

$$R_x(r) \equiv \frac{\overline{\nu_x'(0)\,\overline{\nu}_x'(r)}}{\nu_{x,\mathrm{rms}}'(0)\,\nu_{x,\mathrm{rms}}'(r)}$$

3）泰勒微尺度(l_λ)

它是介于积分尺度和柯尔莫格洛夫尺度之间的几何尺度,但更偏向于小尺度,这一尺度与平均应变率有关,其数学表达式为

$$l_\lambda = \frac{\nu_{x,\mathrm{rms}}'}{\left[\overline{\left(\frac{\partial \nu_x}{\partial x}\right)^2}\right]^{1/2}} \tag{4-54}$$

式中:分母即为平均应变率。

4）柯尔莫格洛夫尺度

它是湍流流动中的最小尺度,代表湍流动能耗散为流体内能的尺度。因此,在此尺度下,分子作用(运动黏度)非常重要。量纲分析显示,它可与耗散率之间建立联系,即

$$l_k \approx (\nu^3/\varepsilon_0)^{1/4} \tag{4-55}$$

式中:ν 为分子的运动黏度;耗散率可近似地表示为

$$\varepsilon_0 \equiv \frac{\delta(ke_{\mathrm{turb}})}{\delta t} \approx \frac{3\nu_{\mathrm{rms}}'^{\,2}/2}{l_0/\nu_{\mathrm{rms}}'}$$

l_k 的物理解释:整个湍流中最小涡流的厚度,也可理解为流动中嵌入的涡流层厚度。数值模拟表明最强的涡量出现在柯尔莫格洛夫尺度直径的涡管中。

2. 湍流动能及其耗散率

湍流运动是要消耗能量的,为保持湍流运动就需要不断地向湍流提供能量。在湍流的作用下,随着流体的扩散,能量也不断扩散,只有当供给湍流的能量、扩散的能量和消耗的能量处于平衡状态时,湍流才能保持恒定状态。

1）湍流动能

对瞬时流动做雷诺分解,即将瞬时速度分为平均流速与脉动速度,可以得到3种湍流动能:瞬时流动的平均值、平均流动能和脉动流动能的平均值(湍能

k)。湍流的总动能(瞬时流动能的平均值)等于平均流动能与湍能之和。

2）湍能的耗散率(ε)

其物理意义是:单位质量流体微团在单位时间内由于湍流脉动而通过分子的黏性所引起的不可逆地转化为热能的那部分湍能。湍能的衰减或耗散与脉动速度的平方成正比,与湍流微尺度的平方成反比。湍能越强其耗散也越大,小尺度的涡团越多,通过分子黏性耗散的湍能也越多。

根据统计理论,湍流脉动的随机变化可以分解为一系列不同时间尺度与空间尺度的波动叠加,成为各种尺度涡团运动的总和。对湍流动能的分解可以从两个角度进行:从时间角度按频率分解得到频谱,从空间角度按波长分解得到波谱,二者皆称为能谱。三维能谱在波数空间的积分就是单位质量流体的湍能。

3. 湍能的级联传递及其耗散

湍流流场中尺度最大涡团的方向与平均流应变率张量的主轴方向大体一致,因而能充分地从平均流中吸取能量。而平均流速度梯度对涡团的拉伸作用使它变形以致破裂,使能量传到尺度较小的涡团。每一级涡都有其特征雷诺数,当雷诺数超过相应的临界值时,表示它从较大涡接受的动能超越了其能量耗散,于是发生分裂而将其动能输送到更小的涡中去。这种通过惯性输运作用使动能从大涡向小涡逐级传递过程,就是能量的级联过程。但涡团的变小并非没有限度,随着尺度变小,其转速增大,使脉动应变率变大,从而使黏性应力迅速增大,于是黏性对涡量和湍能的耗散增强。当涡量的耗散与使涡量增加的惯性拉伸作用相平衡时,涡团尺度达到极限,不再减小,最后湍能在此最小尺度下通过分子黏性耗散为热能。

4. 湍流的间歇性(Intermittency)

在雷诺管道流动试验中,流体从层流向湍流的过渡区,非湍流与湍流在时间上交替出现,空间上共存并交织在一起,但有明显的分界面,称为间歇性现象。间歇性分为外间歇性和内间歇性。从喷嘴喷出的燃油射流呈现出不规则的清晰界面,这是外间歇性的表现,它主要与流动的外部边界条件或流动的大尺度结构有关。在充分发展的湍流中,某些物理量(如能量耗散率 ε)在流场中的分布很不均匀,这是内间歇性的表现。雷诺数越大,间歇性越显著。内间歇性反映了微尺度结构的一些特性。A. Y・郭和考森通过试验显示的间歇性很强的小尺度结构是一些随机分布的带状或管状区。坦尼克斯提出的耗散区模型认为这些流管直径与柯尔摸格洛夫尺度 η 接近,微尺度结构的间距则与泰勒尺度 λ 接近。

通常认为湍流中所有与分子运动有关的过程,如湍动能的黏性耗散、分子运动引起的混合与热交换、化学反应等都只发生在小尺度涡的集中区,耗散区很像化学反应速率极大的良好搅拌反应器,这些特性对燃烧有极重要的意义。

5. 湍流的快速畸变理论(Rapid Distortion Theory,RDT)

快速畸变理论是基于快速畸变假设的一种简化的湍流统计理论。快速畸变是指平均流场在非常大的速度梯度作用下,流体微团发生极其迅速的变形,其基本假设是:

(1) 流体的畸变足够迅速,以致可忽略湍涡间的非线性相互作用,从而可用线性分析的方法处理平均流与湍流间的相互作用。该假设要求平均流畸变的时间尺度远小于湍涡衰变的时间尺度(u'/l 或 k/ε)。

(2) 雷诺数必须足够大,以致可忽略黏性对湍能的耗散作用。

(3) 湍流的注释状态是均匀的(至少是局部均匀的),但不必各向同性,这样各脉动量的 Fourier 分量可以相互叠加。

快速畸变的要求是很苛刻的,一般情况下是很难满足的。由于内燃机的高速周期性运转,气缸内流体承受很大的变形,为了将 RDT 用于分析内燃机缸内湍流且使问题得以简化,Hoult 等人引入了下列附加假设:

(1) 任何时刻缸内涡团的最大尺寸不超过活塞顶与缸盖之间的距离。

(2) 缸内气体运动是二维对称型。

(3) 缸内宏观流动规律及平均流速度为已知,可以人为规定,也可以根据活塞运动规律而确定。

(4) 流体微团的运动轨迹取决于其快速畸变,而不是取决于湍流的脉动。

(5) 假设(4)所确定的畸变流场控制着脉动涡量的发展和演变。

RDT 的优点是,当流场满足它所提出的几个假设时,它是一种精确的理论,其中不包含其他模型都必有的经验常数。然而,即使转速很高的内燃机仍不足以满足快速畸变的假设,因而它在内燃机中的应用主要限于提供一种极限情况下的理论解,作为建立其他湍流模型时的参照标准。例如,Reynolds 和 Morel 在对 $k-\varepsilon$ 模型进行压缩性修正时,都是利用 RDT 来确定 ε 方程中附加项的系数。

4.2.3 内燃机气缸内的气体流动

柴油机气缸内的流动呈现出十分复杂,并在工作过程中处于不断变化的三维不定常流动,主要形式有以下几种。

1. 涡流(Swirl)

涡流是指进气过程中产生的旋转气流运动,将会保持到压缩过程终了乃至整个燃烧过程。燃烧室内气体旋转运动的功能主要有两个方面:一是有助于燃油在燃烧室内的均匀分布;二是引发缸内的热力混合效应,即将火焰与已燃气体卷向燃烧室中心,又将中心部分的新鲜空气与油滴挤向外壁,从而促进了缸内混合气的形成与燃烧。因此,适当地增大进气涡流,对于柴油机特别是缸径较小的高速直喷式柴油机的混合气形成和燃烧是有利的。但是,由于采用螺旋进气道会产生较大的进气阻力，导致充气系数的下降，因而适当地控制进气涡流强度是实现燃烧室内油气之间合理匹配的关键。

2. 挤流(Squish)

挤流是指压缩过程接近终点时，气缸上方环形空间内的气体从四周被挤入活塞凹坑的气流(正向挤流)；当活塞下行，高压气体再从活塞凹坑流出会影响气缸周边的气流(膨胀气流或逆向气流)。挤流效应不仅有助于促进混合气形成和燃烧(压缩时的正向挤流有助于燃油在燃烧室内的均匀分布，膨胀挤流不仅有助于改善燃烧后期的混合和燃烧)，而且不会对柴油机的充气效率产生不利的影响。故在中小功率柴油机中常采用带有缩口的ω型燃烧室用以强化挤流的效果。

3. 湍流(Turbulence)

湍流有时也称紊流或微涡流。它是由于气缸内部各处的压力差、气流流过固体壁面以及气流内部各层之间的速度差等原因引起的无组织、无规律的脉动气流，其实质就是小尺度的旋涡不断地产生、发展、分裂与消失的过程。前述的进气涡流和挤流均能引发湍流，湍流还可因燃烧而产生，这在柴油机的扩散燃烧中表现甚为明显。

在发动机气缸内，以上气流往往同时共存，叠加交织在一起，相互渗透和相互影响。例如，涡流和挤流都能引发湍流，而且由于湍流的剧烈扰动特性，不断形成与消散的小涡又会消耗一定的能量，因此它不仅具有使油气在分子尺度上迅速渗入的作用，而且其能量耗散特性还对大尺度的进气涡流起到调整与阻尼作用。由此可见，缸内的气流不仅相互叠加与补充，同时也相互抵消与制约，它们之间的综合作用以及与燃料喷射和燃烧室之间的合理匹配是实现柴油机良好混合与燃烧的重要保证。

内燃机缸内湍流的基本特征和主要特点表现为：

(1) 瞬时速度。缸内气体流动的瞬时速度变化非常快，而且所含能谱很复杂，变化甚至达到毫秒级，属于非稳态(非定常)湍流。

(2) 流动的循环变动。对非稳态湍流也可像稳态湍流一样采用雷诺分解法进行分析，由于准周期性的存在，可用系综平均法代替时均法处理，即瞬时速度分解为系综均值和叠加在系综均值上的脉动速度。在非稳态湍流中系综均值一般不等于时均值。系综平均法需采用多个循环的测试值进行平均，但是缸内瞬时速度值在各循环间存在显著差异，连续测取的瞬时速度在相当宽的范围内变动。系综平均速度是个虚拟值，不是单一循环内存在的实际值，它只是作为多循环的平均态存在。

内燃机缸内充量运动的复杂性给如何定义它的特征参数带来很大困难，尤其是对湍流脉动速度更难准确定义。迄今为止，关于缸内流动的定义和分析方法争议较多,中心是关于循环变动量的性质和确定方法,以及由此引起的对缸内湍流的认识。探讨循环变动的思路是,首先计算出排除循环变动的系综均速,其次计算出包含循环变动的各单一循环的均速,二者之差就可以决定各单一循环的循环变动值。

在柴油机中除脉动分速度外,总体流速或循环内平均流对油气混合与燃烧起很重要的作用。对混合燃烧有直接影响的是 TDC 前后的充量流动,主要有:

(1) 湍流的局地均匀性和各向同性。试验表明,在压缩终点 TDC 附近,湍流的局地均匀性和各向同性均较好。

(2) 均速和湍流速度和强度的空间分布。试验表明,有旋流时,轴向均速在 0 附近,旋流中心从进气门轴线移向气缸中心线,旋流中心的变化表明旋流存在旋进运动,均匀性在 10% 之内。

(3) 均速和脉动或湍流强度的影响因素。由于转速的影响,脉动或湍流强度与活塞平均速度成比例为 0.5 的直线。Liou 等人提出建议,对开式燃烧室无旋流时,TDC 的湍流强度最大值约等于活塞平均速度的一半。在 TDC 附近,湍流强度是均匀的(在 ±20% 以内);各向同性在 ±20% 以内;在有旋流时,系综平均速度与发动机转速成比例。

在典型结构中(燃烧室和进排气门均为轴对称,无进气涡流,活塞为平顶),缸内发生湍流产生的主要原因是进气射流通过进气门时产生的强烈剪切及气流与缸壁的碰撞。由于活塞的运动是变速的,在进气行程中段,湍流强度达到峰值且分布很不均匀,并具有各向异性的特性。在行程的后半段由于活塞的减速,平均流速下降,湍流强度逐渐衰减,同时由于对流和扩散作用使气缸内湍流趋于均匀化和各向同性化。在压缩行程中,活塞压缩产生的正压力和气缸壁面产生的剪切应力会使湍流有所加强,但是由于耗散作用大于生成作用,故总的效果是使湍流继续衰减。试验表明,到达上止点时,流动的平均湍流度是进气体积流率的线性函数,或可认为与发动机的转速成正比,并且基本表现为各向同性。

由于内燃机瞬变及周期性工作的特点,即在稳定工况下,每个循环过程中参数的演变也不可能完全一致,两个连续循环内气缸中的平均流速也可能有显著的变化。因此,在研究内燃机气缸内的湍流时,既要考虑循环某一时刻(某一曲柄转角)平均流场可能产生的循环变动,也要考虑在该循环内平均流场基础上的湍流脉动。在此情况下,一般可采用相位平均法或系综平均法来求取湍流的特征参数。只有当循环变动不大时,二者的数值才趋于一致。相平均的湍流参数是以各单个循环中在指定曲柄转角下测得的平均值和脉动值为基础的,而且内燃机工作过程的瞬变平均运动的时间尺度与湍流脉动的时间尺度处于同一量级,因而求取时均值时,时间周期 ΔT 的选取就成为一个重要因素,它必须能正确地区分平均流和脉动流,如果 ΔT 过大,就会掩盖平均流本身的非定常性,如果过小，则不能消除脉动对均值的影响。ΔT 在内燃机上体现为一个曲轴转角范围，称为窗口角 $\Delta\varphi$（$\Delta\varphi \leqslant 10°CA$）。

内燃机缸内的湍流具有“三强一异”的特征，即强不定长、强压缩、强旋转和各向异性。内燃机特别是在高速内燃机中，其平均流动的时间与湍流的时间尺度为同一量级甚至更小，因而湍流在平均流应变率作用下的响应变化过程是与其恢复到平衡弛豫过程密切耦合的，因而其各瞬时的状态可能严重偏离当地平衡态。目前采用的雷诺应力本构关系无论是各向同性还是各向异性都是从平衡假设出发，基于当地当时的平均速度梯度，而完全未考虑到弛豫过程，即流体质点运动史的影响，因而本质上是不正确的或至少是不完善的，其所产生的误差取决于具体湍流状态偏离平衡的程度。只有雷诺应力的微分模型（RSM）从理论上说是一种有限速率模型，可以处理非平衡态，但由于其中的经验系数是根据简单平衡流的试验数据确定的，所以也不能完全反映湍流的这种“记忆”效应。只有快速畸变方法（RDT）能够描述应变率的时间史，但它所要求的快速瞬变条件在内燃机上难以满足。因此，RDT 与 RSM 相结合的综合应用，在目前条件下可能是一个较好的办法。解决这一问题的另一出路是利用非平衡态热力学，建立能反映湍流弛豫过程的数学模型。

实际上，内燃机气缸内的远离平衡态的湍流是一种典型的耗散结构。耗散结构理论认为，当活塞进行压缩时，缸内气体吸收了活塞所作的功，湍流度理应增强。但试验和计算都表明，随着压缩过程的进行，缸内湍流并非增强而是逐步衰减。另外，在量级为毫秒的短暂时间内，湍能的耗散应该是很小的（在快速畸变的假设下甚至可忽略耗散），因此可以认为，在快速压缩过程中，湍流涡团之间有可能发生了能量逆转，即湍能从小涡团向大涡团传递，甚至化为平均流动能，亦即实现了从无序到有序的转化，这就是耗散结构的特征。这一认识给内燃机缸内湍流的提供了一个新的探索方向，将会对缸内湍流的宏观规律和微观机理的认识起到积极的推动作用。

4.3　燃烧化学动力学

化学反应动力学是关于化学反应速率与反应机理的科学。研究燃烧，最重要的是理解其内在的化学机理，反应机理是反应进行过程的实际具体步骤。在燃烧过程中，化学反应速率控制着燃烧的速率。影响化学反应速率的主要因素有反应系统中各物质组分的浓度、温度、压力和反应的具体步骤。燃烧过程中污染物的形成和消失也是由化学反应所控制和决定的。化学反应的类型有基元反应和非基元反应，基元反应是反应物粒子（原子、分子、自由基或离子）一步直接转化为生成物的反应；非基元反应是若干基元反应组成的反应，又称为复合反应或复杂反应。化学动力学是对基元反应及其反应速率进行研究,是物理化学的一个专门领域。由于化学家们的研究成果定义出了从反应物到生成物的化学途径,并测定或计算出了相应的化学反应速率,从而使燃烧研究取得了很大的进展。

4.3.1 化学反应机理

1. 总包反应与基元反应

总包反应的机理可说明一个完整化学反应的总过程,如1mol的燃料和2mol的氧化剂的燃烧反应可表示为

$$F + 2O_2 \rightarrow bP_r \tag{4-56}$$

通过试验测量,反应中燃料消耗的速率可表示为

$$\frac{d[X_F]}{dt} = -k_G(T)[X_F]^n[X_{ox}]^m \tag{4-57}$$

式中:[ ]表示物质的浓度;比例系数 k_G 称为总包反应速率常数(它是温度的函数);负号表示燃料的浓度是随时间减少的;n、m 为反应级数。反应级数的定义是化学反应速率与反应物浓度的一次方成正比则为一级反应;如果化学反应速率与一种反应物浓度的平方或者与两种物质浓度的一次方的乘积成正比,则为二级反应,依次类推。式(4-57)表明,燃料的消耗速率与各反应物浓度的幂次方成正比,反应对于燃料是 n 阶(级)的,对于氧化剂是 m 阶的,对于总反应是$(n+m)$阶的。

对于某一特定问题,用总包反应来表达其化学机理可看作是一种"黑箱"的处理方法。它并不具体地揭示系统中实际的化学过程,如 $H_2 + O_2$ 燃烧的完全描述需要考虑20个以上的基元反应。为了描述一个总包反应所需要的一组基元反应称为反应机理。反应机理可能只包括几个步骤(基元反应),也可能有几百个基元反应。如何选择最少量的基元反应来描述一个特定的总包反应是目前一个活跃的研究领域。在基元反应中会形成一些中间产物和自由基,自由基(基因)是指具有反应能力的原子,它拥有不成对的电子。

1)基元反应速率

反应速度 ξ 用于表示反应进行的程度,定义为

$$\xi = \frac{\nu_i(t) - \nu_i(0)}{a_i} = \frac{\Delta\nu_i}{a_i} \tag{4-58}$$

式中:ν_i 为物质 i 的量。

定义反应速率为单位体积中反应进度随时间的变化率,即

$$r \equiv \frac{1}{V}\frac{d\xi}{dt} = \frac{1}{V}\frac{d\nu_i}{dt} \tag{4-59a}$$

如反应系统的体积不变，并令$\frac{d\nu_i}{V} = dC_i$，C_i 为物质的浓度，则

$$r = \frac{1}{a_i}\frac{dC_i}{dt} \tag{4-59b}$$

反应系统内，当温度不变时，参加反应各物质的浓度与反应速率的一般关系式为

$$r = f(C_A, C_B, C_M, \cdots) \tag{4-60}$$

式中：各浓度项指数之和成为反应级数。式(4-60)称为速率方程或动力学方程。

对于基元反应，反应级数与反应物的分子数一致，一级反应即单分子反应，二级反应即双分子反应。反应级数可以是整数、分数和零，甚至是负值。反应级数是重要的化学动力学参数，需由试验确定。k 是一个与浓度无关的比例常数，称为速率常数，又称为反应比速率。对给出的反应系统，当温度改变时，k 会发生变化，因此其“常数”的含义是有条件的。k 是另一个重要的化学动力学参数，它的数值可直接反映化学反应或燃烧速率的快慢，需由试验确定。

2）温度对反应速率的影响

用阿累尼乌斯(Arrhenius)经验方程表示温度对 k 的影响，即

$$\frac{d\ln k}{dT} = \frac{E_a}{RT^2} \tag{4-61}$$

式中：E_a 表示活化能。阿氏认为，不是分子的每次碰撞都能起反应，起反应的只是那些具有高能量的分子或称活化分子。一般分子具有平均动能，只能在吸收一定能量后才能称为活化分子。活化分子的能量与全部反应分子平均能量的差值就是活化能。

将上述积分并经转化后，可得

$$k = k_0 e^{\frac{-E_a}{RT}} \tag{4-62}$$

式中：k_0 为指前因子，又称频率因子。k_0 与 E_a 均需由试验确定。

3）多步反应机理的反应速率

在基元反应表达式的基础上，就可以用数学方法来表达参与一系列反应的某个组分的生成或消耗的净速率，即净生成率。在每一个参与反应的组分所建立的方程式的基础上形成了一阶常微分方程组，可用来表示反应系统从给定的初始条件开始的反应过程的进展，即

$$\frac{d[X_i](t)}{dt} = f_i([X_1](t), [x_2](t), \cdots, [X_n](t)) \tag{4-63}$$

初始条件为$[X_i](0) = [X_i]_0$。对于一个特定的系统，上述方程与可能需要的质量、动量或能量方程以及状态方程一起联合求解。测定基元反应的速率是

非常困难的，由于在平衡条件下，正反应与逆反应的速率是相等的，因此就可以利用紧缺的热力学数据来解决化学动力学的问题。以双分子反应为例，正反应和逆反应的速率常数之比等于平衡常数 K_c，对于双分子反应有 $K_c=K_p$，故在已知正反应速率常数和平衡常数之后，就可以计算出逆反应速率常数，反之亦然。

2. 化学反应机理

化学反应机理主要有两种理论，即活化分子碰撞理论和链锁反应理论。

1）双分子反应和碰撞理论

燃烧过程涉及的大多数反应是双分子反应，即两个分子碰撞形成另外不同的新分子，可表示为 $A+B\rightarrow C+D$。双分子反应进行的速率正比于两种反应物的浓度，即

$$w_a=\frac{\mathrm{d}[A]}{\mathrm{d}t}=-k_{\mathrm{bimolec}}[A][B]$$

式中：k 为化学反应速率常数，所有的双分子反应都是二阶反应，即相应于每一反应物都是一阶的。

碰撞理论可以解释双分子反应常数和温度的关联性。如果所研究的问题的温度范围不是很大，双分子反应速率常数可以用经验的阿累尼乌斯形式来表示，即

$$k(T)=A\exp(-E_A/(R_uT))$$

式中：A 为常数，称为指前因子或频率因子；E 为活化能，即分子碰撞能发生化学反应的最低能级水平。能级达到或超过 E 级的分子称为活化分子。

影响化学反应速率的主要因素有：

（1）反应物性质。衡量物质反应能力的主要指标就是活化能，物质的活化能越低，则该物质与其他物质化合的能力就越强。试验证明，分子之间进行化学反应时，其活化能一般在 $(8.3\sim42)\times10^4$kJ/kmol 之间；饱和分子与粒子之间或根之间发生化学反应时，活化能一般不超过 4×10^4kJ/kmol；而粒子与根之间的反应，则由于无需破坏分子结构，所以活化能趋于零，因此该过程的反应速率极高，反应在瞬间即可完成，形成新的物质，但随着反应温度的升高，活化能对反应速率的影响将有所减弱。

（2）反应物浓度。反应物浓度增加时，分子之间的碰撞次数增加，因此化学反应速率增大，两者呈线性关系。但活化能很低时，分子之间的有效碰撞次数在总碰撞次数中的比重将大大增加，这时反应物浓度对化学反应速率的影响就越来越显著。特别是在极端情况下，$E\rightarrow0$，将有 $\exp(-E/\mathrm{RT})\rightarrow1$。这时，化学反应速率将主要取决于反应物的浓度，而温度几乎不产生影响，亦即这时的每一次碰撞都是有效碰撞，都能产生新的物质。连锁反应过程中活性中心的反应即属

于这种情况。

(3) 反应物压力。在化学反应中,特别是气相化学反应中,压力对于化学反应速率有直接的影响,因为压力的变化会直接影响到浓度的变化。反应级数越高则影响的程度越大。

(4) 惰性气体。对于燃烧反应来说,可燃混合物中只有燃料和氧化剂两种成分,并在当量比附近时燃烧速率最高。加入惰性气体后,会使化学反应速率降低。其原因是,惰性气体加入后使单位体积内反应物的浓度下降,导致分子间的有效碰撞次数减少;同时,惰性气体在燃烧过程中不参与燃烧,但会吸收燃烧所释放出的热量,导致温度下降,从而使燃烧反应速率降低。

2) 链式反应和链式分支反应

链式反应理论认为,很多化学反应并不是在一步内就能完成反应物向生成物的转化,而是需要经过若干中间反应才可完成的复杂反应过程。中间反应会形成一些活性产物,称为活性中心。活性中心是不稳定的自由基或者是原子,其进行化学反应所需的活化能远低于原始反应物之间进行反应所需的活化能。因此,这些活性中心会以很快的化学反应速率与原始反应物进行化学反应,并生成最终产物,同时也会再产生出若干新的活性中心,使反应一直进行下去,整个过程一直持续到两个自由基形成稳定的生成物为止。在这种复杂的反应过程中,活性中心起到了中间链节的作用,故称为链锁反应。链锁反应分为不分枝链锁反应与分支链锁反应两类:如果连锁反应基本环节完成后,再生出来的活性中心数量与反应开始时的活性中心数量相等,称为不分枝链锁反应;如果再生出来的活性中心数量大于反应开始时的活性中心数量时,则称为分支链锁反应。在分支链锁反应系统中,自由基反应速率占主导地位,它相应于自传播特性的火焰,具有更高的化学反应速率,并具有爆炸性,但在分支链锁反应中,活性中心的增殖也并非是无限制的,随着活性中心浓度的不断增加,活性中心的碰撞概率也越来越大,形成稳定分子的可能性也越大,出现了所谓的断链反应,等于中断了使反应进行下去的链节。此外,活性中心也可能与容器壁面或者反应物中的杂质发生碰撞,造成能量损失,引起链的销毁。在实际燃烧装置中,如果系统的热损失较小,则可以看作反应是在绝热情况下进行的,由于系统内不仅有活性中心的增殖,同时还因热量积累使温度逐渐升高,因此其感应期(从反应开始到化学反应速率急剧增大的间隔期)明显缩短,在此以后的反应速率骤然增加,系统内反应物和活性中心急剧消耗,在达到最大反应速率后反应即迅速停止,这也是燃烧化学最基本的特征。

在对燃烧过程的分析中,化学尺度与对流或混合时间尺度的量级分析具有很重要的作用,如用流动时间尺度和化学时间尺度之比来确定预混燃烧的不同模式。

在双分子反应 $A+B \rightarrow C+D$ 中，其反应速率公式为 $d[A]/dt=-k_{biamolc.}[A][B]$。$A$ 和 B 的组分浓度可简单地用化学当量关系相联系，即每消耗 1mol 的 A 就同时消耗 1mol 的 B，因此 $[A]$ 的任何变化在 $[B]$ 中都有相应的变化，即 $x=[A]_0-[A]=[B]_0-[B]$。据此经过推导可得 $\tau_{chem}=1/[B]_0 k_{bimolec}$。对于简单的双分子反应，其特征时间只与初始反应浓度和反应速率常数有关。

4.3.2 柴油机燃烧化学反应动力学模型

对于内燃机所采用的实际燃料(汽油和柴油)的燃烧机理，美国 Lawrence - Livermore 国家实验室提出了正庚烷和异辛烷氧化燃烧的详细模型。前者包括 550 总组分和 2450 个基元反应，后者包括 860 种组分和 3600 个基元反应。

正庚烷氧化机理流程如图 4-1 所示。正庚烷的氧化过程对温度有强烈的依赖性，在不同的温度范围内，有不同的反应路径，并生成不同的产物。按照温度划分可分为三个区段，即低温反应区、中温反应区和高温反应区。

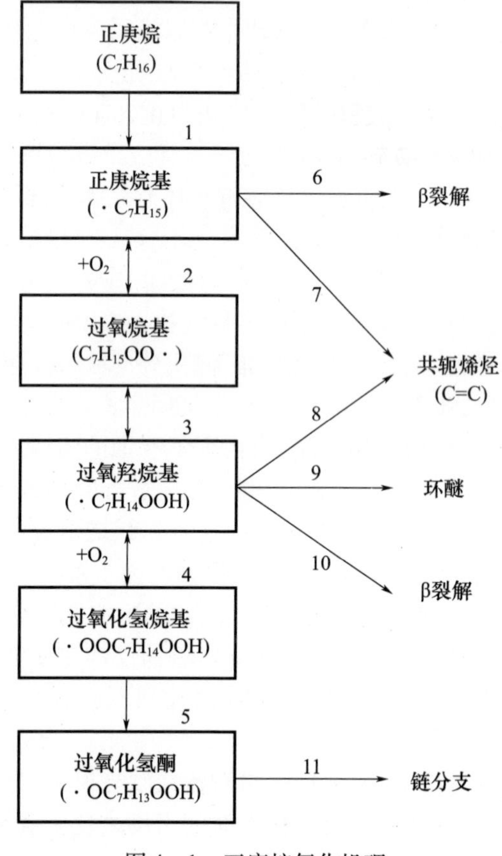

图 4-1　正庚烷氧化机理

(1) 低温反应区。在低温反应区中起主要作用的是反应组 1 ~ 5。反应组 1 代表正庚烷分子的脱氢反应。正庚烷脱氢后，其产物烷基与氧分子反应形成过氧烷基(反应组 2)，过氧烷基转变为其同分异构物(反应组 3)，然后是异构物的二次加氧(反应组 4)，最后是进一步异构化并离解为相对稳定的过氧化氢酮和 OH(反应组 5)。但温度超过 800K 时，过氧化氢酮离解为几种组分，其中至少有两种是自由基。这就意味着，只要温度高到能使过氧化氢酮发生离解，大量自由基的产生就会导致链分支反应，反应迅速进行(反应组 11)。低温反应是放热反应，可使系统的温度升高 200℃左右，因此低温氧化阶段又称为“冷焰”燃烧。该阶段的主要功能为：通过放热反应提高系统的温度，形成足够的自由基群(Radicalpool)引起连锁分支反应。

(2) 中温反应区。随着温度的升高，反应组 8 ~ 10 的重要性开始超过低温反应组 4，中温反应主要描述自由基的分解。这三组反映对燃料低温氧化有很大的抑制作用，是反应系统出现负温度系数(NTC)的主要原因。这是因为在中温区，链传递反应代替了低温区的链分支反应，而且链传递反应产物在中温区比较稳定，从而降低了系统整体反应速率，导致系统温度上升变慢。在中温反应区环有一个很关键的反应路径，即 CO 形成路径。

(3) 高温反应区。当温度达到 1000K 时，系统反应途径开始从正庚烷基在低温下的首次加氧反应组 2 转向反应组 6、7，反应组 6 通过裂解生成小烃基和烯烃，反应组 7 形成稳定的烯烃和过氧化氢。高温区的一个重要反应是 H_2O_2 离解为两个羟基。H_2O_2 是从低温区反应组 3 开始积累的，到中温反应区达到最多，当温度大约为 1000K 时，它通过链分支反应 5 迅速减少。反应 5 是系统着火的标志，所产生的羟基迅速地与燃料进行反应，使系统温度急速跃升，发生着火。但温度超过 1200K 时，反应 6 的高活化能势垒被击穿，它代替反应 5 成为起决定作用的链分支反应。由于有氧分子参与反应，使稀混合气在高温区比浓混合气的反应速度更快。但在低温区则相反，混合气越浓反应速度越快，这是因为链分支反应取决于燃料产生的自由基浓度，混合气越浓，产生的自由基越多。高温区的另一个重要反应是 CO 和 OH 的反应，这个反应产生大量的光和热，使系统温度急剧升高，称为热焰反应。

通过上述简要描述可知，正庚烷的氧化反应动力学详细模型能够描述冷焰、热焰、NTC 和两阶段着火等现象。但是，详细模型还不是在机理中囊括了正庚烷在氧化过程中所有可能发生的反应，实际上，详细机理经过大量的人工推导，在部分基元反应动力学数据上依然存在不确定性，需要通过试验做进一步的完善。

详细模型在真实性和可靠性方面的优势突出，但由于太复杂，计算工作量太大，因此，目前基于 CFD 与化学反应动力学相耦合的的多维燃烧模型，还需要求助于经过简化的反应动力学模型。

目前已有多种产生简化反应动力学模型的方法,它们大体上可以分成两大类:一是主要基于数学工具和现代计算机科学和技术;二是带有一定程度的经验性,它不一定要求对反应系统中各种组分和反应步骤进行真实模拟,而是按照各化学成分的动力学和热化学性质,对其进行分门别类地统一处理,称为集总模型。Shell 模型是一个经验型的通用模型,属于集总模型一类。它有 8 部链分支反应组成,已被广泛用于内燃机自然着火和敲缸过程的研究。

天津大学国家内燃机燃烧重点实验室构建了正庚烷 HCCI 燃烧简化动力学模型(SKLE 简化模型)。它由 4 个子模型组成:低温反应子模型、大分子直接裂解成小分子反应模型、高温反应模型和 NO_x 生成子模型。其中,前三个子模型分别用于描述正庚烷氧化过程中所具有的冷焰、负温度系数(NTC)和热焰现象,最后一个子模型用来预测发动机的 NO_x 排放。整个模型包括 40 种组分和 56 个反应。

4.3.3 氮氧化合物的形成机理

氮氧化合物包括 NO、NO_2、NO_3、N_2O、N_2O_3、N_2O_4 及 N_2O_5 等。在燃烧产物排入大气之前,排气中的主要成分是 NO 和少量的 NO_2,排入大气以后 NO 会转化为 NO_2。NO 是在燃烧的高温条件下形成的,它是在燃烧过程中氮和氧原子的许多基元反应的结果。由于氮氧化合物对环境空气造成污染,因此它是碳氢燃料燃烧中形成的一种有害物质。氮氧化合物的形成主要是由于空气中的氮通过以下三种机理氧化而成:泽尔多维奇机理(或称为热力机理)、佛尼莫尔机理(或称为快速型机理)、N_2O - 中间体机理。泽尔多维奇机理在高温燃烧中起支配作用,化学当量比可以在很宽范围内变化;佛尼莫尔机理在富油燃烧中特别重要;N_2O - 中间体机理在贫油燃烧及低温燃烧中对 NO 的生成有很重要的作用。

目前,最常用的是泽尔多维奇的链反应机理。NO 的形成和分解主要受以下两个反应的支配,即

$$\begin{cases} O + N_2 \Leftrightarrow NO + N \\ N + O_2 \Leftrightarrow NO + O \end{cases} \tag{4-64}$$

在链反应过程中,第一个反应式中左边的 O 可由第二个反应式中右边的 O 来供应,但是大部分原子状态的氧是在燃烧达到高温时由氧分子离解而产生的,称为泽尔多维奇机理。

另外,兰沃埃(LAVOIE)等人提出了经过 OH 自由基反应生成 NO 的,也有人提出了在烃燃烧过程中产生碳氢化合物自由基时生成 NO 的可能性,如提出了如下的反应式,从而形成扩展的泽尔多维奇机理。

$$N + OH \Leftrightarrow NO + H \tag{4-65}$$

从反应速率理论计算的 NO 生成量随时间的变化关系可以看出，当时间 t 值很小的时候，NO 的生成量比平衡浓度要低得多。若火焰温度长时间保持在 2400K，NO 平衡浓度可达数千 ppm(10^{-6})，而在 10ms 时，NO 只有 400ppm(10^{-6})，约低一个数量级。这说明 NO 的生成量除了取决于温度和氧的浓度外，在高温下的滞留时间也是一个重要的因素。

4.3.4　颗粒排放物的形成机理

颗粒排放(PM - Emission)的生成。在浓预混火焰和扩散火焰中均有碳粒产生，即通常观察到的烟雾(Smoke)。颗粒排放对环境会产生严重的污染，吸附在碳粒上的多环芳香烃(PANs)是一种致癌物质，因此它的危害性超过 NO_x 和 HC。燃烧生成的碳粒开始时都近似有 8 个 C 原子和 1 个 H 原子所组成(按质量分数 99% 为碳，密度为 1.8g/cm^3)，尺寸为 20 ~ 50nm，在膨胀过程中，这些碳粒聚合并在表面上再吸收碳氢化合物等形成微粒(Particulate Matter，PM)。

理论研究发现，汽油等轻质燃料的气化纯粹是一个物理过程，而柴油等重质燃料的汽化就含有化学分裂(裂解分馏)的过程，这就是汽油机碳烟排放很少而柴油机碳烟排放很多的根本原因。一般认为，柴油机排放的碳烟颗粒也是不完全燃烧的产物，是燃料在高温缺氧的条件下经过脱氢裂解产生的。

Brome 和 Khan 根据对火焰的研究认为碳烟生成主要有两个途径：一是在高温(2000 ~ 3500K)缺氧区通过裂解和脱氢过程快速产生小分子的物质，在后期出现聚合反应，最终产生碳烟颗粒。所谓脱氢和裂解过程是指燃料分子发生高温反应，导致产生乙炔和氢，而乙炔的凝聚和燃料中的氢先行烧去又导致碳烟颗粒的产生。二是在低于 1500K 的低温区通过聚合和冷凝作用，缓慢产生大分子量的物质，最后也产生了碳烟颗粒。以上两个途径并非各自独立，而是相互交叉进行的，其形成过程如图 4 - 2 所示。

柴油机的总微粒(Total Particulate Matter，TPM)是由固体碳(Solids SOL)组成，起始时的固体碳球的直径为 0.01 ~ 0.08μm，并吸附凝聚碳氢化合物生成 0.05 ~ 1.0μm 的 SOL。在 SOL 的外面吸附了一层可用有机溶剂溶去的碳氢化合物称为可溶有机成分(Soluble Organic Fraction SOF)，以及可溶于水的硫酸盐(Sulfate SO_4)等两部分组成。

一般来说，影响碳烟和 HC 生成的因素可归纳为 3t，即时间(Time)、温度(Temperature)和湍流(Turbulence)。温度越高，停留时间越长，湍流混合越均匀，有利于碳粒及 HC 的氧化，这时总微粒 TPM 将减少，但同时 NO_x 的生成将增加，因而在柴油机中出现了 PM - NO_x 权衡曲线。

柴油进入气缸以后几乎全部破裂成 C_1 - 或 C_2 - 碳氢化合物，然后再由这些微小的碎片重组成为高分子中碳氢化合物，其中重要的一类是多环芳香烃(PAN)，它通常生成于富油区，其中的苯芘被认为是致癌物质。目前，普遍认为 PAN 是碳烟生成的先导物，而在浮游状态下大量生成的乙炔(C_2H_2)又是 PAN 生成最重要的先导物。目前被广泛接受的观点是 PANs 的继续生长就导致碳烟(Soot)的生成。第一步是由分子的积聚生成质点状的结构，起始质点的分子质量为 500～2000a. m. u(Atomicmassunit)，然后质点由于表面生长而长大(主要依靠加入 C_2H_2和凝结)，生成直径约为 50nm 的碳粒。与此同时由于与含氧气体的混合，碳烟的氧化也在进行。

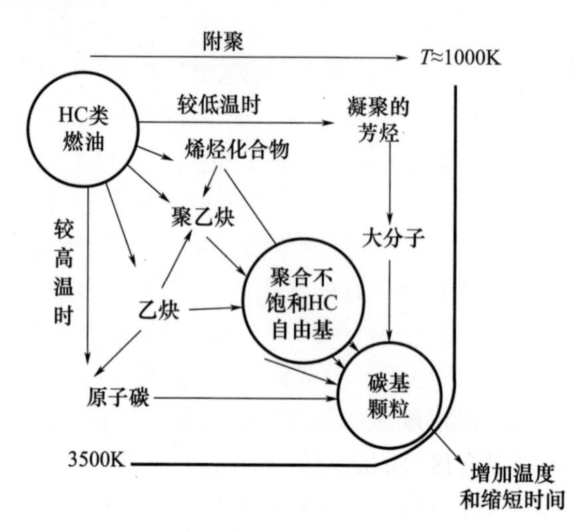

图 4－2　烃类燃料燃烧形成颗粒过程

在浓混合气的情况下，碳氢化合物的燃烧可表示为

$$C_nH_m + kO_2 \rightarrow 2kCO + \frac{m}{2}H_2 + (n-2k)C_s \tag{4-66}$$

式中：C_s 为固体碳粒，如果碳烟的形成是受热力学控制，则固体碳粒将在 $n>2k$，也就是 $C/O>1$ 时出现。但从许多碳氢燃料燃烧的试验中发现，有不少在比值 $C/O=0.4\sim0.6$ 时就有碳烟生成，这表明碳烟的生成是受化学反应动力学所控制的。

碳烟的生成可用以下三个参数来表示。

(1) 碳烟的体积分数：

$$f_v = V_{soot}/V_{total} \tag{4-67}$$

(2) 碳粒质点的密度：

$$[n]_{soot} = n_{soot}/V_{total} = N_A C_{soot} \tag{4-68}$$

式中：N_A 为 Avogadro 数；C_{soot} 为碳粒浓度(单位体积的 mol 数)

(3) 碳粒直径。设碳粒为单体弥散(Monodisperse)，则

$$d_{soot}=\sqrt[3]{\frac{6f_V}{\pi C_{soot}N_A}} \tag{4-69}$$

上面各式中的 f_V、$[n]_{soot}$、d_{soot} 值可从有关文献中查得。从总体上看，f_V 随压力 p、C/O 比的增加而增大，温度 T 对 f_V 的影响呈抛物线形状，大约在 1600～1800K 时 f_V 值达到最大。温度过高，形成碳烟的先导物热解和氧化，致使碳烟生成下降；温度过低，则先导物也不易生成。碳烟生成的温度在 1000～2400K 之间。

4.4　油滴的着火与燃烧

4.4.1　油滴的着火现象

雾化状态的油滴进入燃烧室后，经过加热、蒸发、扩散与空气混合等物理准备阶段及分解、氧化等化学准备阶段后，即自行着火燃烧。单个油滴在静止热空气中的着火情况如图 4-3 所示。油滴与空气混合后，在接近油滴表面处的混合气浓度最大，随着离开油滴表面距离的增加，混合气的浓度逐渐降低（过量空气系数逐渐增加）。试验表明，开始着火的地点既不在浓度较高的油滴附近，也不在远离油滴表面的稀混合区，而是在离开油滴表面一定距离、混合气浓度适当，且温度足够高的地点。这说明混合气的着火必须同时满足两个条件：一是燃油蒸汽与空气的混合比例要在着火界限之内，混合气过浓（氧气分子过少）或过稀（燃油分子过少）都会因氧化反应的速率过低而不能着火，柴油机燃烧室内的着火界限为 $\varphi_a=0.3\sim1.5$，比较易于着火的混合气浓度在 $\varphi_a=0.7$ 左右；二是混合气必须被加热到超过燃油的着火温度。图 4-3 上所标示的着火界限与着火范围由于环境条件的变化也不是一成不变的，如温度升高，分子运动速率增大，则着火界限会稍许扩大，当压力升高时，燃油的着火温度会略有下降。

油滴在相对运动的高速气流中的蒸发与着火区域如图 4-4 所示。当喷油压力提高或缸内涡流强度增加而使油滴与空气之间的相对速度增加时，则会导致热空气向燃油传递的热量加大，促进其蒸发，有利于混合气的着火。

4.4.2　油滴燃烧的简化模型

在直接喷射柴油机中，燃料与空气的混合在燃烧区内是由喷射和空气流动同时控制的。因此，柴油机的燃烧既有预混又有扩散模式。燃料蒸发及其与空气的混合速率与导致自燃的化学反应速率互相竞争，最先进入的燃料先预混并形成预混火焰而成为点火源（已经自燃的气体），而后进入的燃料就会在扩散模式下燃烧，因为此时已有点火源存在。

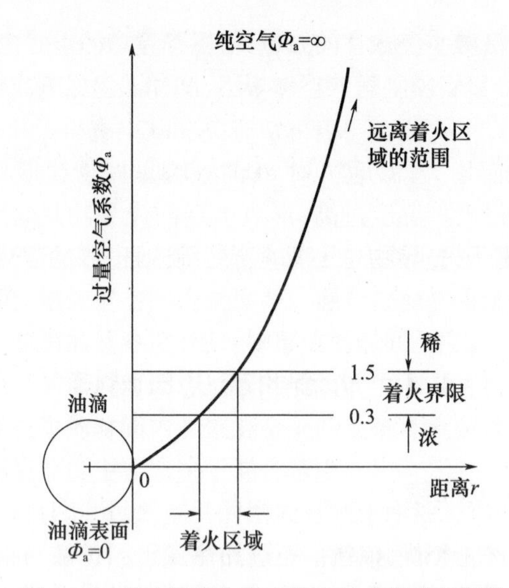

图4－3　单个油滴在静止热空气中的着火范围

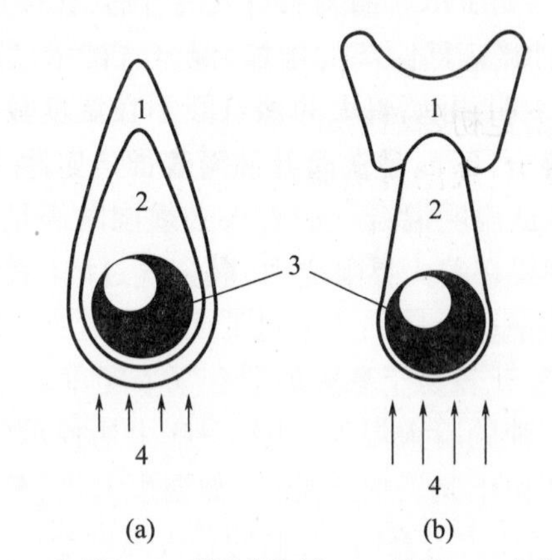

1—反应区；2—燃油蒸汽区；3—油滴；4—气流。

图4－4　单个油滴在相对运动气流中的着火区域

（a）相对气流速度较低；（b）相对气流速度较高。

1. 假设条件

（1）被球对称火焰包围着的燃烧油滴，存在于静止、无限的介质中，不考虑与其他油滴的相互影响，也不考虑对流的影响。

（2）燃烧过程是准稳态的。

（3）燃料是单组分液体，对任何气体都没有溶解性，液气交界面处存在相平衡。

（4）压力均匀一致而且为常数。

(5) 气相中只包括三种组分:燃油蒸汽、氧化剂和燃烧产物。气相可以分成两个区域:油滴表面与火焰之间的内区,它仅包括燃油蒸汽和燃烧产物;外区包括氧化剂和燃烧产物。这样,每个区域中均为二元扩散。

(6) 在火焰处燃料与氧化剂以化学当量反应。假设化学反应动力学过程无限快,则火焰表现为一个无限薄的面。

(7) 路易斯数:$L_e = \alpha/D = k_g/(\rho c_{pg} D) = 1$。

(8) 忽略辐射散热。

(9) 气相导热系数 k_g、比定压热容 c_{pg} 以及密度和二元扩散系数乘积 ρD 都是常数。

(10) 油滴是唯一的凝结相,没有碳烟和液体水存在。

2. 计算模型

在此假设条件下,通过气相质量守恒方程、气相能量方程、液滴—气相边界能量平衡方程、液相质量守恒方程来求解质量蒸发率和液滴半径随时间的函数。气相能量方程提供了气相中的温度分布,由此可以计算出气体对表面液滴的导热。求解界面能量平衡方程可得到蒸发率,然后就可得到液滴大小与时间的关系。

计算的目的是,在给定初始油滴大小和无穷远处的温度,并且氧化剂质量分数等于 1 为已知的条件下,求出油滴质量燃烧率 $\dot{m}_F$。为此,需要得到两个区域中温度和组分分布的表达式,以及计算火焰半径、火焰温度、油滴表面温度和油滴表面的燃油蒸汽质量分数的关系式,即需要计算得到下列 5 个参数:r_f,$\dot{m}_F$,Y_F,T_s,T_f。为求解得到这 5 个参数所需的方程式为:油滴表面的能量平衡关系式;火焰面处的能量平衡关系式;外区的氧化剂分布关系式;内区的燃料蒸汽分布关系式;液—气界面的相平衡关系式。

求出瞬时质量燃烧率以后,油滴寿命可用 d^2 定律来计算。表达式括号中的符号表示公式涉及的参数。

(1) 内区燃料组分守恒($\dot{m}_F, r_f, Y_{F,s}$):

$$Y_{F,s} = 1 - \frac{\exp(-Z_F \dot{m}_F / r_s)}{\exp(-Z_F \dot{m}_F / r_f)} \tag{4-70}$$

(2) 外区燃料组分守恒($\dot{m}_F, r_f$):

$$\exp(+Z_F \dot{m}_F / r_f) = (\nu + 1)/\nu \tag{4-71}$$

(3) 液/气界面能量平衡($\dot{m}_F, r_f, T_f, T_s$):

$$\frac{c_{pg}(T_f - T_s)}{(q_{i-l} + h_{ig})} \frac{\exp(Z_T \dot{m}_F / r)}{[\exp(-Z_T \dot{m}_F / r_s) - \exp(-Z_T \dot{m}_F / r_f)]} + 1 = 0 \tag{4-72}$$

(4) 火焰面上的能量平衡($\dot{m}_F, r_f, T_f, T_s$):

$$\frac{c_{pg}}{\Delta h_c}\left[\frac{(T_s - T_f)\exp(-Z_T\dot{m}_F/r_f)}{\exp(-Z_T\dot{m}_F/r_s)-\exp(-Z_T\dot{m}_F/r_f)} - \frac{(T_\infty - T_f)\exp(-Z_T\dot{m}_F/r_f)}{[1-\exp(-Z_T\dot{m}_F/r_f)]}\right]-1=0 \tag{4-73}$$

（5）采用克劳修斯—克拉帕隆方程的界面的液—气相平衡（T_s，Y_F）：

$$Y_{F,s}=\frac{A\exp(-B/T_s)MW_F}{A\exp(-B/T_s)MW_F+[P-A\exp(-B/T)]MW_{pr}} \tag{4-74}$$

上面5个公式可用以求解5个未知数：$\dot{m}_F$、r_F、T_f、T_s、Y_F。先将 T_s 作为已知参数，同时求解式(4－71)～式(4－73)，得到 $\dot{m}_F$、r_f、T_f。通过可以得到燃烧速率为

$$\dot{m}_F=\frac{4\pi k_g r_s}{c_{pg}}\ln\left[1+\frac{\Delta h_c/\nu+c_{pg}(T_\infty-T_s)}{q_{i-l}+h_{fg}}\right]=\frac{4\pi k_g r_s}{c_{pg}}\ln(1+B_{o,q}) \tag{4-75}$$

其中

传递系数：$$B_{o,q}=\frac{\Delta h_c/\nu+c_{pg}(T_\infty-T_s)}{q_{i-l}+h_{fg}}$$

火焰温度：$$T_f=\frac{q_{i-l}-h_{fg}}{c_{pg}(1+\nu)}(\nu B_{o,q}-1)+T_s$$

火焰半径：$$r_f=r_s\frac{\ln(1+B_{o,q})}{\ln((\nu+1)/\nu)}$$

液滴表面的燃料质量分数：$$Y_{F,s}=\frac{B_{o,q}-1/\nu}{B_{o,q}+1}$$

如果考虑到对流的影响，则可采用薄膜理论来处理。薄膜理论的本质是将无穷远处的传热、传质边界条件用薄膜半径的边界条件来替代，且其值相同。传热的薄膜半径可用努塞尔特数 Nu 表示，传质的薄膜半径可用舍伍德数 Sh 表示。Nu 数的物理意义是液滴表面的无量纲温度梯度，Sh 数是表面的无量纲浓度（质量分数）梯度。薄膜半径的定义式为

$$\begin{cases}\dfrac{\delta_T}{r_s}=\dfrac{Nu}{Nu-2}\\[2ex]\dfrac{\delta_M}{r_s}=\dfrac{Sh}{Sh-2}\end{cases} \tag{4-76}$$

薄膜半径使浓度梯度和温度梯度变陡，从而增加了液滴表面的传热和传质速率，即对流提高了液滴燃烧速率，缩短了燃烧时间。

近年来，高压及超高压喷油系统已日益广泛地应用于柴油机上，博世公司已开发出喷油压力为250MPa 的高压共轨系统，并将此视为喷射压力的极限值。根据日本新燃烧研究所的试验证明，当喷嘴端压力达到120～140MPa 时，喷雾颗粒的平均直径几乎已达到极限（$d_{32}\approx10\mu m$），但是目前的喷油压力仍在不断

提高,其原因为:

(1) 在低速和中速工况下为获得良好的雾化,需要减小喷孔直径,这样会导致喷油持续期延长,影响循环效率和动力输出,故需提高喷射压力以缩短喷射持续时间。

(2) 试验表明,喷射压力越高,雾束中局部区域的油气当量比降低,由于高压喷油在能量高的局部区域内,空气能够比较活跃地引入雾束内部,从而使局部过浓的混合气比例降低,使 PM 的排放明显减少。同时,提高喷射压力,增加油滴能量以改善雾化质量,并缩短喷油持续期,有利于减低 NO_x 排放。

(3) 提高油束的贯穿能力,尤其在高增压柴油机燃烧室内空气密度增大的情况下,有利于更有效地促进燃油与空气的混合。

实际上,柴油机喷入气缸的油束是由直径大小不一的油滴所组成。油束的表面及其内核中的油滴与空气相对运动时的相互作用效果亦不相同,相邻油滴之间还会产生干扰和渗透,而且气缸内的温度分布也不是均匀的,因此,油束的着火点既不在其表面处,也不在核心区,而是在温度和浓度都满足着火条件的地方,一般情况下开始着火的火核发生在许多处。同时,由于柴油机运行中各个循环的喷油情况及缸内的温度条件都会有所变化,因此其火核形成的地点也会发生变动。

现有的柴油机油束燃烧的现象学模型是在 20 世纪 70 年代完成的,80 年代 DecJE 利用激光片成像技术在装备有光学测量系统的单缸试验机上,根据测得的油束中液体和燃料蒸汽的分布、空燃比的时空分布、自燃点、反应区以及碳粒的分布等,于 1997 年首次提出了新概念燃烧模型。在油束燃烧自燃点发生方面,它与传统的现象学模型有不同的观点,传统模型认为着火点在油束外围 $\alpha\approx1$ 的几个点上,而 Dec 模型则认为着火点在油束下游的浓混合区($\alpha\approx0.25\sim0.5$)处,即着火点是在 $\phi=4$ 的浓混合区而不是在 $\phi=1$ 的油束边缘区。

4.4.3　油束的燃烧

在柴油机中,燃油经喷嘴雾化后,形成具有一定直径分布的液滴群,即油束。由于油束的蒸发与燃烧不同于单个油滴在空气或气流中的蒸发与燃烧,大量油滴构成的油滴群在蒸发和燃烧中,除单个油滴作用外,特别要重视液滴间的相互作用,以及所产生的蒸发、燃烧等现象的特点,为进一步研究喷雾燃烧创造条件。油滴群的燃烧不是单个油滴蒸发燃烧的简单叠加,当油滴十分接近时,油滴群中各油滴之间的干扰表现为相邻油滴间燃烧时有热量的交换,同时还互相争夺氧气。前者对油滴群的燃烧有促进作用,后者却对油滴群的燃烧起阻碍作用。在油束内,由于油滴高度密集,因此蒸发与燃烧之间产生影响,一方面,油滴燃烧所释放的热量对其附近的油滴产生加热作用,使之燃烧速率提高;另一方面,油滴的燃烧消耗了周围的氧气,又抑制了邻近油滴的燃烧。油束外边界区域和核心区域的传热、传质、燃烧特性都有所不同。在外边界,油雾炬的卷吸作用使之与周围空气强烈混合,燃烧速率较高;在射流的核心区,颗粒密集,往往出现局部缺氧的情况,从而使该区域的燃烧速度有所降低。油束燃烧的影响因素很多,如油束和助燃空气的流动特性、油滴/空气之间的混合情况、油滴颗粒直径的分布规律、燃烧室内的环境情况等。

油滴群的燃烧。油滴的间距越近,相互干扰作用越强。引入相互作用修正因子:

$$\xi \approx 1 - \frac{N-1}{\delta_D / R} \tag{4-77}$$

式中:N 为邻近油滴的数目;δ_D 为油滴间距;R 为油滴半径。

假设油滴排列成对称的 4 个阵列($N=4$),并假设 $\delta_D/R=5$,则 $\xi=0.4$。

油滴群的燃烧形式。试验表明,粒子小于 10μm 以下的油滴群燃烧形式与均匀气体混合气的燃烧相类似,燃料的液滴形态可不必考虑;但是如果油滴加大,油滴群中各油滴单独燃烧,成为单油滴的燃烧方式;油滴群中的油滴直径越大,越分散,则越接近于单一油滴的燃烧方式。但是,燃油喷雾中油滴的粒径是不均匀的,各种燃烧形式常常是混在一起的,并且相互发生影响,使燃烧现象更为复杂。

由于油滴群的燃烧需要经过传热、蒸发、扩散和混合等过程,因此油滴群的燃烧速度一般总要小于均匀混合气的燃烧速度。但是,油滴群的燃烧具有比均匀混合气更为宽广的着火界限和稳定的工作范围,因为油滴燃烧过程主要取决于油滴周围的空燃比,即局部的空燃比。即使总空燃比超出均匀可燃混合气的燃烧界限,但在局部仍有适合燃烧的空燃比,这在柴油机的喷雾燃烧具有重要的意义。

油滴群中的火焰传播。粒径较小的油滴群的火焰传播和前面所述的气体燃料预混气的火焰传播极为相似。当粒径较大的油滴群燃烧时,各油滴一方面形成独立的扩散火焰,另一方面油滴间传播着飞速掠过的火焰,称为不连续火焰传播。控制不连续燃烧的火焰传播的主要因素是未燃的油滴具有着火所需要的热量的时间,即着火准备时间。

柴油机中的喷雾燃烧是非常复杂的,但其本质仍然是油滴—燃油蒸汽—空气混合物的燃烧,是由汽化后开始燃烧而不是直接以液相进行燃烧的。目前,油束燃烧模式的划分一般都是以组合数 G 为基准,其物理意义为:油束燃烧过程中气液两相传热速率与对流能量输运率之比。

$$G = \frac{4\pi r_0 \lambda_a R_\infty n(1+0.276 Re^{1/2} Pr^{1/3})}{\rho_a c_{p,a} u_\infty} \tag{4-78}$$

式中：r_0 为油滴的初始平均直径；λ_a、ρ_a、$c_{p,a}$ 分别为气体的导热率、密度和定压比热容；R_∞、u_∞ 分别为油滴特征半径和油滴特征轴向速度；n 为初始油滴数；Re、Pr 分别为油滴的雷诺数和普朗特数。组合数 G 的大小确定了油束燃烧模式和火焰所在的位置。

当 $G>100$ 时，对流能量输运率远远小于两相之间的传热速率，因此，油束外围火焰的热量很难传递到核心区，造成核心区内的油滴颗粒不能够快速蒸发汽化，只有外面的一层油滴颗粒可以实现快速蒸发产生燃油蒸汽，这部分燃油蒸汽向外扩散一定距离后，与空气混合成预混可燃气，达到着温度后即开始燃烧。由于火焰锋面出现在油束的边界之外，而且能够快速蒸发的油颗粒只是薄薄的一层，这种燃烧称为薄层燃烧。

当 $1<G<100$ 时，油束内部的对流能量输运率有所提高，核心区内的大部分颗粒都处于蒸发状态，但是火焰锋面依然是在油束边界之外形成，并且由于核心区温度升高、氧气量不足，所以燃料会在高温缺氧环境下发生裂解，产生碳烟颗粒。

当 $0.01<G<1$ 时，由于对流效应强烈，或者油滴密度较小，火焰能够闯入油束外边界形成一定程度的预混燃烧，但仍有一些特大的颗粒穿出火焰锋面，以单滴燃烧模式或多个液滴的组合燃烧模式完成蒸发、燃烧过程，这种燃烧称为复合式燃烧。

当 $G<0.01$ 时，对流效应特别强烈，或者油滴十分稀薄，油束内油滴之间的距离很大，相互之间的影响很小，此时的燃烧就是单滴燃烧模式。

试验研究表明，尽管油束燃烧十分复杂，但仍然遵循直径平方规律，只是其燃烧速度常数 k_b 要比单滴燃烧速度常数小一些。不过，燃油经喷嘴雾化后，油束的流量密度、平均直径等参数是不均匀的，同时燃烧室内的温度场、浓度场也是不均匀的，因此对于油束的燃烧过程不能简单地用一个 k_b 来计算燃尽时间。目前尚没有成熟、完善的物理模型可用来描述油束的燃烧过程。

另外值得注意的是，尽管油束的燃烧具有扩散燃烧的特点，但其着火极限和稳定工作范围比预混可燃气要宽得多，这是因为油束的燃烧主要取决于各油滴周围的燃料空气比，即局部的空气消耗系数。因此，即使燃烧室内总的燃料空气比已经超出了预混可燃气的着火极限范围，但对于油束燃烧来说，由于混合的不均匀性，局部区域仍有可能存在适合于油滴燃烧的燃料空气比。因此，油束燃烧的稳定范围大大地扩展了，这具有重要的实际意义。

4.5 柴油机燃烧过程的热力学分析

燃烧是一种化学反应，但是也包含着动量、热量、质量的传递与交换等物理过程。柴油机气缸内可燃混合气的燃烧根据混合气形成可视为由预混燃烧和扩散燃烧两部分所组成。燃烧过程作为工作循环的重要组成部分，在性能模拟和分析时通常采用热力学模型，即通过各种物理参数（压力、温度）及其随时间的变化率关系，而不涉及化学动力学和空气动力学方面的问题，只是从统计和宏观的角度进行评判和相关参数的优化匹配。

4.5.1 柴油机燃烧阶段

柴油机燃烧从宏观上可划分为如图 4－5 所示的四个时期。

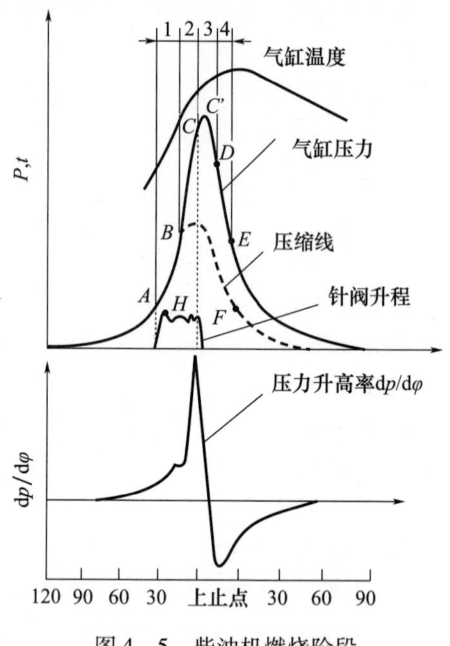

图 4－5 柴油机燃烧阶段

（1）滞燃期（着火延迟期）。在上止点前 A 点开始向气缸喷入燃油，这时气缸内的温度达到 600℃左右，已超出柴油自燃点温度。但这使燃油并未立即着火燃烧，而是稍有滞后，当达到 B 点时才开始着火燃烧，并伴随着气缸压力脱离压缩线而急剧升高，这段时间称为滞燃期（AB 段）。滞燃期由物理滞燃期和化学滞燃期两部分组成：

$$\tau_i = \tau_{\text{ph}} + \tau_{\text{ch}} \tag{4-79}$$

物理滞燃期是指燃油雾化、蒸发、形成着火所需浓度的可燃混合气，并将其加热至着火温度所需的时间，一般为 0.1～0.2ms。

化学滞燃期是指可燃混合气到达着火温度后到真正着火产生火焰之间所需的焰前反应时间，包括燃油中重馏分和高分子的裂解、中间产物与活化中心的形

成、由冷焰发展为热焰的诱导过程所需的时间。化学滞燃期可表示为

$$\tau_{ch} = Cp^{-n}e^{\frac{B}{T}} \tag{4-80}$$

式中:n 为压力效应系数(分子碰撞次数);C 为常数;$B = E/R$。这是化学反应动力学阿累尼乌斯(Arrenlius)定律中利用活化能 E 的概念所表示的温度 T 对化学反应速率影响的关系式,再加上考虑压力 p 的影响而得出的经验公式。

另外,还有沃尔夫(Wolf)公式:

$$\tau_{ch} = 0.44p^{-1.19}e^{4650/T} \tag{4-81}$$

它对于十六烷值 CN >50 比较适用。当 $T = 823$K(550℃),$p = 40$atm 时可计算得到 $\tau_{ch} = 1.55$ms。当温度超过 1000℃,压力达到 80atm 时,化学滞燃期将减少至 0.1ms 以下。由此可见,即在滞燃期中所占的比例很小,这时物理滞燃期占有主要地位,即在滞燃期中,燃烧过程主要由可燃混合气形成条件所控制。滞燃期既可用时间表示也可用曲柄转角表示,两者之间的换算关系为

$$\tau_i = \frac{60\varphi_i}{360n} = \frac{\varphi_i}{6n} \tag{4-82}$$

上述关系表明,滞燃期的绝对值(时间表示)对于不同转速的柴油机所对应的曲柄转角是不一样的。例如,$\tau_i = 1$ms,转速为 1000r/min 时所对应的曲柄转角为 6°CA,3000r/min 时则为 18°CA,这就导致在滞燃期内喷入气缸的燃油量发生很大的变化,高速柴油机在滞燃期中喷入气缸的燃油量可超过整个循环喷油量的 50%,中速机为 30% ~40%,低速机最少约为 20%。这将对整个燃烧过程产生重大的影响。

(2) 急燃期(BC 段)。在急燃期(速燃期)中,滞燃期内喷入的燃料和随后喷入的燃油(由于这时气缸的高温和高压而使滞燃期缩短)几乎同时着火燃烧,急燃期的前期为预混燃烧,后期即转变为扩散燃烧。在滞燃期中形成一定数量的预混可燃气体,在油束的外层浓度、温度适合的区域,出现一处或多处着火中心(火核),火焰从各火核同时向周围传播,传播速度很快,并形成点源式,或点源和容积混合式(逐渐爆炸型),或容积式火焰(同时爆炸型)。此阶段的燃烧以预混燃烧为主,与滞燃期内形成的可燃混合气的数量与分布有关。在此阶段内燃烧形成大量尚未完全氧化的中间产物,并与新喷入的燃油一起随后与空气混合而燃烧。这时活塞正接近上止点位置,气缸容积处于最小的时候,因此缸内压力急剧升高。急燃期通常在上止点后 5 ~8°CA 结束。其持续期一般为 12 ~20°CA,此时气缸内的压力达到最高点。燃烧发出的热量约占整个循环放热量的 40% ~55%。压力升高率($dp/d\varphi$)对发动机的动力性和经济性有直接的影响,但同时会导致发动机的噪声和机件的冲击负荷增大,从而影响工作寿命和可靠性,故在一般情况下将压力升高率控制在 0.4 ~0.8MPa/(°)CA 的范围内。

(3) 缓燃期。通常是指从压力最高点到温度最高点(约为上止点后 20 ~35°CA)

的区间（*CD* 段）。在此时期中，活塞虽已向下止点运动，但燃烧仍在剧烈地进行，故气缸内的压力基本保持不变或呈缓慢下降趋势，持续时间为 15 ~ 25°CA。缓燃期结束时缸内气体温度可高达 1700 ~ 2500℃。这时，燃油燃烧的放热量已占整个循环放热量的 75% ~ 85%，它与急燃期一起构成燃烧过程中的主要放热时期（主燃期）。由于柴油机中的过量空气系数较大，所以主燃期的放热峰值和喷油终止在时间上是一致的，通常以积累放热量达到 90% 作为主燃期的终点。在主燃期中主要是扩散燃烧，燃烧速度受控于混合气形成的速度，后者又在很大程度上受到喷油规律的影响，因此又称为可控燃烧阶段。

（4）后燃期。从循环最高温度时刻起到燃料燃烧完毕的阶段称为后燃期。在膨胀过程中还有部分残余燃油继续燃烧，或燃气的延续时间可达到 50 ~ 60°CA，释放的热量约占总量的 10% 左右，严重时可达 30%。后燃对发动机的热负荷及热效率都会造成不良的后果。一般当放热量达到 98% 时，即认为后燃期已结束，整个循环的燃烧过程亦告完成。

4.5.2 柴油机燃烧过程的放热规律

柴油机燃烧的放热规律是指燃烧速率（放热速率）随曲柄转角变化的规律，是柴油机工作过程数值模拟计算的重要组成环节。可以通过示功图实测的数据（压力），并通过能量守恒定律和经验传热公式来计算放热规律，如图 4 - 6 所示。它是一种诊断性的计算，是分析研究燃烧过程的重要工具。通过对放热规律曲线的形态、曲线峰值的大小及其相应曲轴转角的分析，可以从宏观上对燃烧过程组织的合理性，如燃烧始点是否恰当、燃烧速度是否理想、燃烧持续时间是否合适等做出判断。

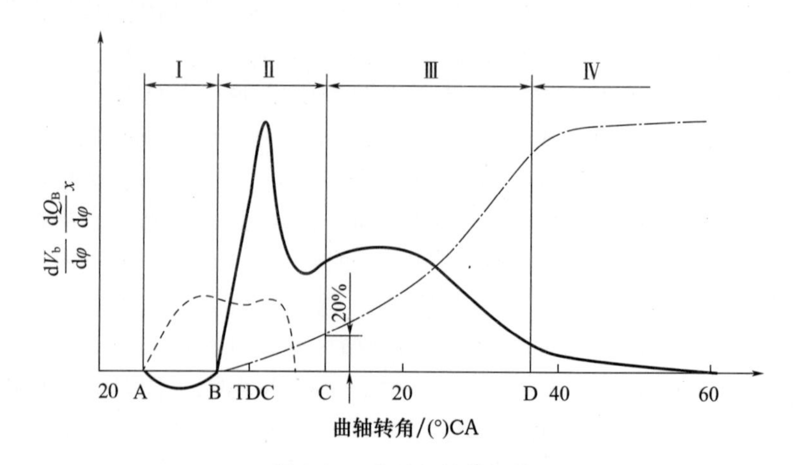

图 4 - 6　柴油机放热规律

在柴油机中燃油燃烧释放出的热量,其中一部分加热工质增加其内能,并推动活塞转化为机械功,一部分则通过燃烧室壁面通过冷却水散入环境之中。根据热力学第一定律,可得

$$\frac{\mathrm{d}Q_{\mathrm{B}}}{\mathrm{d}\varphi}=\frac{\mathrm{d}Q}{\mathrm{d}\varphi}+\frac{\mathrm{d}Q_{\mathrm{W}}}{\mathrm{d}\varphi}=\frac{\mathrm{d}U}{\mathrm{d}\varphi}+p\frac{\mathrm{d}V}{\mathrm{d}\varphi}+\frac{\mathrm{d}Q_{\mathrm{W}}}{\mathrm{d}\varphi} \tag{4-83}$$

式中:$\mathrm{d}Q_{\mathrm{B}}/\mathrm{d}\varphi$ 为燃烧时的瞬时放热率随曲柄转角的变化规律;$\mathrm{d}Q_{\mathrm{B}}/\mathrm{d}\varphi$ 称为放热规律;$\mathrm{d}Q/\mathrm{d}\varphi$ 称为加热规律;$\mathrm{d}Q_{\mathrm{W}}/\mathrm{d}\varphi$ 称为传热规律。

$$\frac{\mathrm{d}Q_{\mathrm{B}}}{\mathrm{d}\varphi}=g_{\mathrm{b}}H_{\mathrm{u}}\frac{\mathrm{d}x}{\mathrm{d}\varphi} \tag{4-84}$$

式中:g_{b} 为每循环喷入气缸的燃油量,$g_{\mathrm{b}}=\frac{P_{\mathrm{e}}b_{\mathrm{e}}\tau}{120ni}\times10^{-3}$(kg/cyc);$H_{\mathrm{u}}$ 为燃油的低热值;x 为已燃烧的燃油占循环喷油量的百分率,即放热百分率或累计放热率。

$$\frac{\mathrm{d}Q}{\mathrm{d}\varphi}=\frac{\mathrm{d}U}{\mathrm{d}\varphi}+p\frac{\mathrm{d}V}{\mathrm{d}\varphi} \tag{4-85}$$

式中:$p\mathrm{d}V/\mathrm{d}\varphi$ 项的计算比较简单,因为压力 p 可直接由示功图读出,气缸容积的变化率也可以从曲柄连杆机构运动学(活塞的位移与速度)求出;$\mathrm{d}U/\mathrm{d}\varphi$ 项的计算则比较复杂,$\mathrm{d}U/\mathrm{d}\varphi=\mathrm{d}mu/\mathrm{d}\varphi=m\mathrm{d}u/\mathrm{d}\varphi+u\mathrm{d}m/\mathrm{d}\varphi$,假定 m 值不变,并忽略工质成比内能的影响则内能可只考虑是温度的函数($\mathrm{d}u=cv\mathrm{d}T$),因而,$\mathrm{d}U/\mathrm{d}\varphi=m\mathrm{d}u/\mathrm{d}\varphi=mcv\mathrm{d}T/\mathrm{d}\varphi$。由于柴油中的燃烧过量空气较多($\varphi_{\mathrm{a}}\geqslant1.5$),因此质量 m 就可以近似地燃烧室内空气的质量,而将燃油质量忽略不计。再经过简单地推导就可得到

$$\frac{\mathrm{d}U}{\mathrm{d}\varphi}=mc_{\mathrm{v}}\frac{\mathrm{d}T}{\mathrm{d}\varphi}=\frac{1}{k-1}\left(\frac{p\mathrm{d}V}{\mathrm{d}\varphi}+V\frac{\mathrm{d}p}{\mathrm{d}\varphi}\right) \tag{4-86}$$

这样,$\mathrm{d}U/\mathrm{d}\varphi$ 就可以直接从示功图读出的压力变化率与气缸工作容积变化率进行估算。

当柴油机运行工况一定时,$g_{\mathrm{b}}H_{\mathrm{u}}$ 为常数,$\mathrm{d}Q_{\mathrm{B}}/\mathrm{d}\varphi\propto\mathrm{d}x/\mathrm{d}\varphi$,因此放热规律曲线可以用 $\mathrm{d}x/\mathrm{d}\varphi=f(\varphi)$ 的关系表示,其积分,即 $x-\varphi$ 关系表示累计放热率曲线。

$$\frac{\mathrm{d}Q_{\mathrm{W}}}{\mathrm{d}\varphi}=\alpha_{\mathrm{g}}(T-T_{\mathrm{W}}) \tag{4-87}$$

$$T_{\mathrm{W}}=\frac{\alpha_{\mathrm{g}}T+\alpha_{\mathrm{c}}T_{\mathrm{c}}}{\alpha_{\mathrm{g}}+\alpha_{\mathrm{c}}} \tag{4-88}$$

式中:α_{c} 为燃烧室外壁与冷却介质之间的表面传热系数,一般可采用经验公式进行估算,T_{c} 为冷却介质温度,可取为 80 ~ 100℃;α_{g} 为工质与燃烧室内壁之间的表面传热系数,$\alpha_{\mathrm{g}}=CD^{-0.2}p^{0.8}T^{-0.53}w^{0.8}$,$C$ 为常数(取值为 130),D 为气缸直径(m),p 为缸内压力(MPa),T 为缸内温度(K)。

柴油机放热规律计算框图如图 4－7 所示。

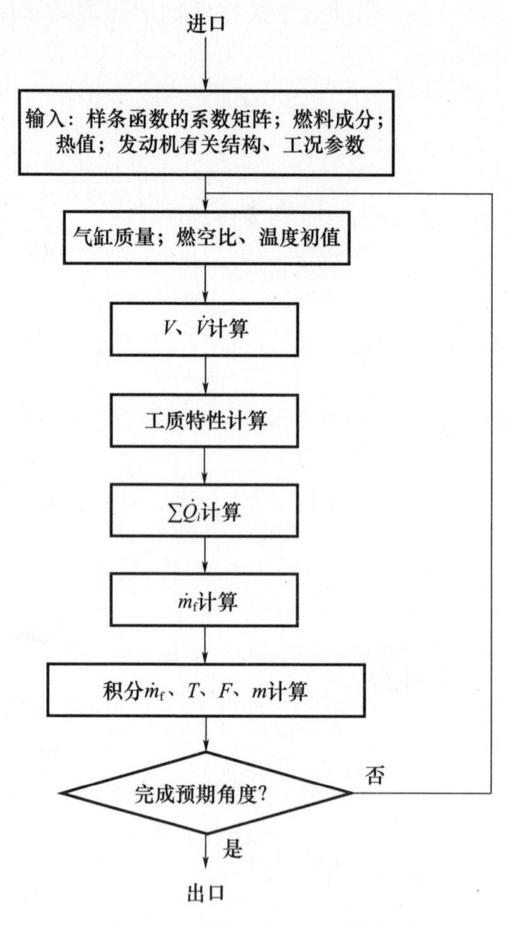

图 4－7　柴油机放热规律计算框图

4.6　柴油机湍流燃烧过程的综合理论解析

柴油机的燃烧过程是一个液体燃料喷射、混合、蒸发、预热、着火、燃烧的复杂过程。在可燃混合气形成以后，从油滴着火开始到燃烧结束，在高温、高压、湍流的复杂环境条件中经历了一系列化学、物理、流体动力学相互交叉作用与影响的过程，是一个包括有预混燃烧和扩散燃烧的湍流燃烧过程。燃烧速率（火焰传播速率）是研究燃烧过程的核心问题。预混燃烧的自燃过程可视为纯化学反应动力学过程，但在实际自燃反应过程中仍然穿插着物理的成分，预混火焰的燃烧速度固然受化学反应速度的支配，但也受到传热、扩散等物理现象的影响。在扩散燃烧阶段其火焰特性主要是由扩散、混合等物理因素支配。为了有效地通过燃烧速率控制燃烧的进程,以达到提高燃烧的效果和实现效率与排放之间的折中优化的目的,在很大程度上取决于物理因素。因此,对柴油机燃烧过程研究的侧重点也从初期的化学机理方面逐渐转向物理因素的调控方面。

4.6.1　湍流与燃烧的相互作用

燃烧对湍流的影响主要表现在以下方面。

(1) 首先表现在燃烧放出的热量使流场中各处流体发生不同程度的膨胀,从而引起密度的变化,产生较显著的密度梯度,后果是浮力效果明显增强,使湍流脉动产生各向异性的特点,增加了数值模拟的难度;密度变化的另一后果是密度本身产生强烈脉动。因此,对具有化学反应的湍流就不能像经典湍流理论中对密度脉动予以忽略。计算表明,输运方程中密度与速度的相关项对湍能的生成有显著的影响。

(2) 对分子传输的影响,由于温度的升高引起分子扩散系数增加,会使流体的输运系数随之变化,从而也影响到湍流的输运特性。

(3) 湍流化学反应率主要取决于反应物之间的混合速率及温度、组分浓度等参数的湍流脉动率。各种参数对化学反应速率有不同程度的影响,取决于火焰的类型和特定的边界条件及初始条件。燃烧引起温度的升高容易诱发不稳定性。由于密度和速度脉动促使压力脉动增大,提高了燃烧的不稳定性,引起湍流传输过程的加剧。

(4) 燃烧既能产生附加湍流,也能促使湍流层流化,主要看湍流动能的转移。由于温度的升高使气体的黏性系数大幅增加,如无新的能量补充则此部分气体的湍流将层流化。

湍流对燃烧的影响主要表现在以下方面。

(1) 湍流能强烈地影响化学反应速率。湍流中的大尺度涡团的运动使火焰面变形产生褶皱,使其表面积增加;同时,小尺度涡团的运动增强料组分间的质量、动量和能量的传递。这两方面的作用使湍流反应速率高于层流燃烧速率。在高雷诺数的情况下,可使燃烧过程从“表面燃烧”变成如图 4 - 8 所示的容积燃烧。

(2) 化学源项对热力学状态参数是高度非线性的,因此这些参数的脉动会给时均值带来强烈的影响。

(3) 涡量对湍流燃烧的影响。在强湍流级中,会出现间歇性很强的小尺度结构,呈带状或管状。小尺度结构集中在一些孤立的区域内,只占总流体的一部分。所有与分子运动有关的过程都发生在其中,如湍流的黏性耗散、分子混合与热交换及产生的化学反应。化学反应对涡量也有影响,放热反应引起流体膨胀,使涡量减小，涡管可能局部破坏，如果涡量产生项不能及时弥补这些损失，则湍流可能层流化。另外，流场中某区域的燃烧放热会使其余区域的湍流强度增大。

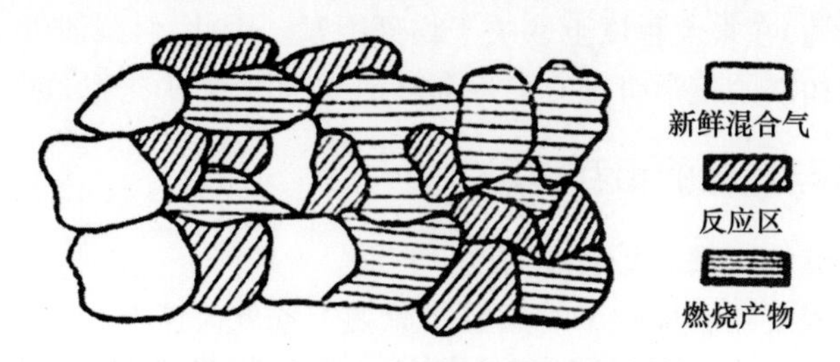

图 4－8　容积燃烧模型的火焰结构

4.6.2　预混火焰的传播

预混火焰是指燃烧前预先混合均匀的可燃气体燃烧的火焰。在预混可燃气内某一局部区的气体被点燃，会逐渐形成火焰，此后依靠热活化中心的传递，将能量传给邻近的预混合气，条件成熟后形成新的火焰。整个混合气分成两个区，即已燃区和未燃区，两个区之间形成的一层很薄的强烈化学反应区，称为火焰前锋或火焰面，火焰面不断地由已燃区向未燃区推进，呈现出火焰传播的现象。预混气的流动情况对燃烧过程有很大的影响，处于层流状态的燃烧称为层流火焰，处于湍流状态的燃烧称为湍流火焰。层流火焰传播理论比较成熟，其结论是其他燃烧研究的基础。

1. 预混层流燃烧火焰传播

层流火焰传播过程是靠近火焰面的混合气逐步加热，在达到着火温度后开始激烈的化学反应，直到反应结束，这一过程是连续进行的。层流火焰面是相当薄的区，在该区内气体混合物温度迅速升高。根据浓度和温度变化的关系，将火焰分为预热区和反应区。在化学当量比的由烃—空气组成的混合气内，在大气压力燃烧时，整个火焰区的厚度仅为 1mm。因此，在很多实际情况下，火焰面可看成是温度、密度和其他参数的瞬间燃烧。

关于引起火焰传播的本质有两种看法：第一种认为火焰面内的传热速度是火焰传播的决定因素，它由化学反应速率决定，通常称为火焰传播的热理论；第二种认为起主要作用的是燃烧区的活化中心向新混合气的扩散过程，因为该过程决定了链式反应的发展速率，称为层流火焰传播的扩散理论。在接近当量混合比的混合气内，可以认为燃烧区内的温度场和浓度场是相似的，而这导致相同的结果。目前，热理论得到较为广泛的应用。

可燃混合气中火焰传播的能力是与混合气的组成给予周围介质的换热条件有关。在给定的初始压力和温度下存在着一定的传播浓度界限，在此界限以外，即使有强烈的热源使其着火,也不能产生火焰在其中传播。火焰传播的浓度极限与燃料的种类、混合气的组成、温度和压力等因素有关。

2. 预混湍流燃烧火焰传播

在柴油机中,燃油喷入气缸与空气混合,然后发生点火和燃烧,是属于非均质混合物的扩散燃烧。在这种情况下,化学反应过程进行得很快,而燃料与空气的混合过程则要慢得多,其燃烧速度基本上取决于燃料与空气间的扩散速度,因此称为扩散燃烧或扩散火焰。

1) 湍流火焰速度

在层流火焰中,火焰的传播速度值与混合物的热力学特性和化学特性有关,湍流火焰的传播速度不仅与混合物的性质有关,而且还与气流的流动特性相关。在湍流燃烧的情况下,湍流火焰传播速度远远大于层流火焰传播速度,其化学反应速度更快。这是由于以下原因所造成:湍流时火焰表面发生变形,出现褶皱,从而使反应面积显著增大;湍流加剧了火焰前锋内部的热量和质量交换,提高了活性中心的扩散速度,使化学反应速率大幅度提高;湍流促进了高温燃烧产物与未燃预混气之间的混合,缩短了混合时间,因此使燃烧速率提高。由此可见,湍流燃烧是在湍流流体动力学因素与化学反应动力学因素共同作用下进行的,其中湍流流场的作用更大,这是因为在层流燃烧时某些输运系数仅仅是反应物的物理性质,而在湍流燃烧时这些输运系数则是流场的函数。

湍流火焰速度是未燃气体沿火焰面法线方向进入火焰区的速度。由于高温反应区的瞬时位置在不断地脉动,因此取其平均值为火焰面的位置。同时,由于直接测量接近湍流火焰的某个点上的未燃气体速度是非常困难的,比较实用的方法是通过反应物流速来确定火焰速度。湍流火焰速度可表示为

$$S_t = \frac{\dot{m}}{\bar{A}\rho_0} \tag{4-89}$$

式中:$\dot{m}$ 为反应物的质量流量;ρ_0 为未燃气体密度;$\bar{A}$ 为时间平滑后的火焰面积。

无论是湍流或层流状态下的燃烧,其化学反应都是燃料与氧化剂之间的分子行为。层流燃烧主要是化学过程,而湍流燃烧主要是流体动力学问题,在点火、熄火过程中化学反应动力学和流体动力学都很重要。

在使用气液燃料的动力机械中的燃烧主要是湍流燃烧。众所周知,无化学反映的稳态、均值、各向同性的湍流流动已经很复杂,再加入化学反应与动力学的耦合互动和以毫秒级变化的非定常封闭湍流燃烧,其复杂程度就可想而知了。

2) 湍流火焰传播速度的影响因素

脉动速度和层流火焰传播速度的影响。试验结果表明,湍流强度(u')和层流火焰速度是影响湍流火焰速度的重要因素,随着脉动速度和层流火焰速度的增加而增加,经验公式为

$$u_t = u_H + 5.3u'^{0.6-0.7}u_H^{0.3-0.4} \tag{4-90}$$

（1）温度的影响。因为温度在很大范围内对脉动速度没有影响，所以温度对湍流速度的影响是由于层流火焰传播速度的变化导致的。层流火焰传播速度随着温度的升高而增大，故湍流燃烧速度也随之增大，但它的增大没有对层流火焰传播速度的影响那样显著，温度对 u_t 的影响，贫燃情况比富燃情况要大些。

（2）压力的影响。压力对 u_t 的影响是通过对层流火焰传播速度和湍流强度的影响所致。在大气压力下，有

$$u_t \propto u'^{0.5}u_H^{0.4} \propto (p^{0.34})^{0.6}(p^{-0.3})^{0.4} \propto p^{0.08} \tag{4-91}$$

式(4-91)表明，当压力下降时，因层流火焰传播速度增加和湍流强度减小的作用，湍流强度起着更为重要的影响，因此湍流火焰传播速度减小。它和压力之间的数量上的变化关系，在不同试验和不同条件下是不一样的，所以只能做定性的分析。

3. 预混湍流火焰传播理论及火焰模式

目前，解释湍流火焰传播过程的理论主要有以下两种。

1）褶皱层流火焰理论

表面褶皱理论是邓克尔与萧尔金提出的，它是在层流火焰传播理论的基础上发展起来的，沿用了火焰前锋的概念，即认为在湍流情况下，湍流脉动使火焰前锋表面产生褶皱、表面积增大，从而导致火焰传播速度的提高。

2）容积燃烧理论

容积燃烧理论认为，湍流火焰结构与层流火焰结构是完全不同的。层流火焰锋面中就每一个微团来说，都是由一层封闭的层流反应面和包裹在其中的燃烧产物或新鲜可燃物所组成，而微团体积的缩小是层流燃烧或脉动破碎所导致的。而在湍流燃烧过程中起主导作用的因素是脉动所引起的湍流混合，同时也受到可燃物化学动力学因素的影响，此时每一个微团的燃烧度不仅仅局限于表面的层流燃烧，同时燃烧也发生在微团的内部。

容积燃烧理论认为，在同一个微团的生存时间内，内部温度和浓度是局部平衡的，但是各个微团的温度、浓度和反应程度都有所不同。在反应过程中，某些微团在达到着火条件后，就发生整体燃烧；未达到着火条件的微团，则在其脉动过程中与已燃尽的微团相互作用而燃烧，或者与其他微团相互作用而形成新的微团。

4. 三种火焰模式

湍流可使层流火焰前沿面发生褶皱，这一类型的湍流火焰称为褶皱层流火焰模式，这是湍流预混火焰的一种极端模式，另一种极端模式为分布反应模式，在这两种极端模式之间的为漩涡小火焰模式。火焰模式的判据是：在湍流中存在着不同的旋涡尺度，其中柯尔莫哥洛夫微尺度（Kormogolov）l_k 最小，这些小旋

涡旋转得很快且强度很高,这时流体的动能由于摩擦升温而转化为内能。几何尺度分布的另一个极端是积分尺度 l_0,它代表最大的旋涡尺度。湍流火焰的基本结构就是与上述两个湍流几何尺度与层流火焰厚度 δ_L 的关系所决定的。层流火焰厚度表示仅受分子而不受湍流作用的传热、传质控制的反应区。

三种火焰模式可定义如下:

褶皱层流火焰:$\delta_L \leqslant l_k$

漩涡小火焰:$l_0 > \delta_L > l_k$

分布反应:$\delta_L > l_0$

其物理解释为,当层流火焰厚度比湍流尺度 l_k 薄很多时,湍流运动只能是很薄的层流火焰区产生的褶皱变形。如果所有的湍流尺度小于反应区厚度,则反应区内的输运现象不仅受分子运动的控制,而且同时受湍流运动的控制或影响。上述对于分布式反应区的判据有时也称为丹姆克尔(Daamkoler)判据。火焰结构也可以用无量纲参数来表示,湍流尺度和层流火焰厚度可以转化为两个无量纲参数 l_k/δ_L 和 l_0/δ_L,另外,还可以引进湍流雷诺数 Re_t 和丹姆克尔数 D_a,它是流动特征时间与化学特征时间的比值,即

$$D_a = \frac{\tau_{flow}}{\tau_{chem}} \tag{4-92}$$

在研究预混火焰时,最常用的时间尺度是流体中最大旋涡的存在时间($\tau_{jlow} \equiv l_0/v'_{rms}$)和根据层流火焰定义的化学特征时间($\tau_{chem} = \delta_L/S_L$)。由此可得

$$D_a = \frac{l_0/v'_{rms}}{\delta_L/S_L} = \left(\frac{l_0}{\delta_L}\right)\left(\frac{S_L}{v'_{rms}}\right) \tag{4-93}$$

当化学反应速度比流体混合速度快时,即 $D_a > 1$ 时,称为快速化学反应模式。从式(4-93)中还可以看出,如果固定几何尺度比(l_0/δ_L),则 D_a 将随湍流强度的增加而减小。

1) 褶皱层流火焰模式

在此模式下,化学反应会在很薄的区域内进行,只有在 $D_a > 1$ 时才会出现,并与湍流雷诺数有关,这表明可以确定反应薄层以快速化学反应模式为特征。例如,发动机中反应薄层的 D_a 数约为500,此时湍流雷诺数 Re_t 约为100,在这种情况下,湍流强度 v_{rms} 与层流火焰速度 S_L 位于同一数量级。假设火焰为一维平面层流火焰,并以相同的速度传播,这样源流的唯一作用就是使火焰面发生褶皱,从而使火焰面积增大。因此,湍流火焰速度与层流速度的比值就相当于褶皱面积与时间平均面积的比值。与层流小火焰建立的理论都将火焰速度与流动特性联系起来。

丹姆克尔模型是基于在纯层流流动中,层流火焰速度为常数,而火焰面积与流速成正比。将其扩展到湍流中,即有 $A_{褶皱}/\overline{A} = v'_{rms}/S_L$,其中褶皱面积定义为小

火焰面积与时间平均面积之差。由此可得到丹姆克尔模型的表达式为

$$S = \frac{A_{小火焰}}{\overline{A}} S_L = \frac{\overline{A} + A_{褶皱}}{\overline{A}} S_L = \left(1 + \frac{v'_{rms}}{S_L}\right) S_L \tag{4-94}$$

其他还有克拉文－威廉斯模型、可里莫夫模型等共 14 种相关的模型，这些模型共同之处是 S_t/S_L 只与 v'_{rms}/S_L 有关，而与其他湍流特性无关。

2）分布反应模式

当积分尺度 l_0/δ_L 和 D_a 都小于 1 时，火焰进入分布反应模式，这意味着流道很小而同时速度很大，在实际装置中其流动损失必然很大，因而很不现实。然而许多污染物的生成反应很慢，发生在分布反应模式中。因此，研究在此模式下的化学反应与湍流之间的相互作用仍有必要。

由于反应时间尺度大于旋涡寿命（$D_a < 1$），速度脉动 v'_{rms}、温度脉动 T'_{rms} 和组分质量分数脉动 $Y'_{i,rms}$ 都同时发生，这样瞬时的化学反应速度就由上述参数的瞬时值来确定。但是，由于时均反应速率不能简单地由平均量来求得，需要加入脉动量相关项，因而复杂难解。

3）旋涡内小火焰模式

旋涡内小火焰模式处于褶皱层流火焰和分布反应模式之间，其特征是具有中等大小的 D_a 值和高湍流强度（$v'_{rms}/S_L > 1$），许多实际燃烧设备的火焰状态都属于这一模式。在模拟计算中，它支持旋涡破碎（EBS）模型理论，基本思想是燃烧速度取决于未燃气团破碎成更小微团的速度。由于不断的破碎，使未燃混合物与已燃混合气之间有足够的界面进行反应。这表示不是化学反应速率决定着燃烧速度，而完全是湍流混合速度控制着燃烧过程。其数学表达式为

$$\overline{\dot{m}}'''_F = -\rho C_F Y'_{F,rms} \varepsilon_0 / (3v'^2_{rms}/2) \tag{4-95}$$

式中：C_F 为常数（$0.1 < C_F < 100$，一般更接近于 1）；$Y'_{F,rms}$ 为燃料质量分数脉动的均方根；ε_0 为湍流耗散率，$3v'^2_{rms}/2$ 为（单位质量的）湍流动能。假设湍流各向同性，将湍流耗散率的定义式代入，并将所有常数项归入 C_F，则

$$\overline{\dot{m}}'''_F = -\rho C_F Y'_{F,rms} v'_{rms} / l_0 \tag{4-96}$$

由此可以看出，容积质量燃烧速率由 Y 的特征脉动项 $Y'_{F,rms}$ 和旋涡的特征时间 v'_{rms}/l_0 决定。与褶皱层流火焰状态的理论描述不同，在这个模型中，湍流尺度对湍流燃烧速率的计算起决定性作用。

4.6.3 湍流射流扩散火焰

随着雷诺数的增大，层流火焰将转变为湍流火焰，从理论上讲，湍流火焰前锋也是稳定在化学当量比的等值线上，只不过等值线在流场中的位置由于湍流火焰与层流火焰的长度和宽度不同而有所变化。事实上，由于湍流扩散火焰内部存在涡团脉动，因此浓度等值线已经不再是规则的形状，故火焰面也不再是薄

薄的一层,而是存在于一个较宽的区域,并且火焰锋面也可能没有将燃料与氧气完全隔绝开来,即在火焰内部也会有氧气存在,同时燃料微团也可能穿过火焰锋面,进入到环境空气中燃烧。

柴油机中的湍流燃烧是一种极其复杂的带有化学反应的流动现象。湍流与燃烧的相互作用涉及许多因素,流动参数与化学动力学参数之间耦合的机理非常复杂,至今对其理解仍处于很肤浅的阶段。

4.6.4　湍流燃烧的计算模型

在对层流燃烧有较深了解和对湍流燃烧相关资料的基础上,从层流火焰结构和火焰传播原理出发提出了湍流燃烧的表面模型(Surface Model)。20 世纪 40 年代丹姆克尔以湍流尺度为出发点,提出假设:小尺度湍流改变火焰中有效扩散系数;大尺度湍流使层流火焰锋面产生褶皱。谢尔金(Schelkin)将大尺度湍流进一步分为强湍流和极强湍流,并完善了褶皱层流表面模型的理论和计算。他将其分为三种情况,即小尺度湍流、大尺度团湍流(含强湍流)和极强湍流。最常见的湍流燃烧是湍流尺度大于层流火焰厚度的燃烧。

1. 小尺度湍流模型

湍流积分尺度(欧拉尺度或拉格朗日尺度)为 L,层流火焰厚度为 δ_h,则 $L<\delta_h$ 称为小尺度湍流。在这种情况下,湍动只增加火焰面对低温预热带可燃气的传热而不影响火焰区的厚度,可以理解为在层流内分子扩散的基础上叠加了较强的湍动传热,从而湍流火焰传播速度的计算可以在层流导温系数 α 上,加一项湍动引起的折算温度系数 α_t,于是有

$$u_t = 常数 \times \sqrt{(\alpha+\alpha_t)\cdot w_M} \tag{4-97}$$

由此可知,当火焰内反应速率 w_M 值不变时,湍流和层流火焰传播速度之比为

$$\frac{u_t}{u_H}=\sqrt{\frac{\alpha+\alpha_t}{\alpha}}=\sqrt{1+\frac{\alpha_t}{\alpha}} \tag{4-98}$$

当 $\alpha_t \to 0$ 时,$u_t \to u_H$。小尺度湍动的火焰传播主要适用于细管内的湍流燃烧。

2. 大尺度湍流——皱褶模型理论

在强湍流的情况下,当湍流强度大于层流燃烧速度,但是大涡的脉动速度还不能冲破层流的火焰面,只能使火焰面产生不规则的弯曲和皱褶。在极强湍流的情况下,由于极强的速度脉冲对火焰面的扰动,一些微燃气微团冲破了层流火焰面,进入已燃气中形成众多孤岛式燃烧,这些微团燃烧有一定的独立性。

3. 微扩散的容积燃烧模型

容积燃烧模型认为:湍流对燃烧的影响是以微扩散作用为主。由于微扩散

进行得极其迅速,以致在气团中不可能维持层流火焰面的结构,气团内温度和浓度在其存在的时间内是均匀的,但不同气团中的浓度和温度不同,因而在整个气团容积内所进行的化学反应程度亦不同。达到着火条件的气团会整体发生剧烈反应,未达到着火条件的气团就不断地扩散形成新的气团。根据这一假设可以得到湍流火焰区宽度的表达式,即

$$\delta_t = \frac{\lambda}{c_p \cdot \rho u_t} \tag{4-99}$$

根据分子运动学,可以证明层流与湍流两种火焰锋面具有相似的条件。有层流火焰试验数据得到

$$\frac{\delta_h \cdot u_H}{\nu_M} \approx 10, \frac{\delta_t \cdot u_t}{D_t} \approx 10$$

式中:v_M 为分子运动系数;D_t 为湍流扩散系数。

于是,根据湍流火焰区宽度和湍流扩散系数就可以求出湍流火焰传播速度。

4. 涡流破碎模型

Spalding 在 1976 年提出了涡流破碎(EBU)模型。他认为,湍流燃烧过程可以理解为相关联的气体在经过火焰时被挤压和拉伸。其基本理念包括:流体包的形成和相关性,假设发生在火焰边界外侧的湍流卷吸过程导致流体包的形成,使得富燃料层散布到富空气层,热气层和冷气层相混合;小尺度火焰传播,对于预混气体,火焰可以通过热传导、分子扩散、化学反应,从热气层传播到冷气层;在火焰内部的任何地方,湍流混合使不同流体包的寿命不同。根据上述假设可以导出一个化学速率表达式。用于求解预测湍流火焰现象的差分公式,EBU 模型中生成物平均速率为

$$\overline{S}_p = C_{EBU} \frac{\varepsilon}{K} \sqrt{\overline{Y'^2_F}} \tag{4-100}$$

式中:Y_F 为气流中未燃燃料的平均质量分数。

平均反应速率仅仅取决于湍流涡旋拉伸时尺度减小的速率,并没有考虑化学动力学,而假定燃烧速度只受湍流混合的控制。

4.7 小　结

(1) 传统的热力学循环分析方法将燃烧过程作为加热的环节,以压力和温度作为参数,以放热规律作为完善程度的衡量标志,可判断发动机工作循环热功转换的效率、气缸最大爆发压力、燃烧最高温度等参数,对发动机的热负荷、机械负荷、燃油消耗率等可以给出定量的分析结果,这对发动机的设计和改进都具有重要的参考作用。

(2) 进入新世纪以后，随着排放指标日益严格，燃烧研究已成为发动机技术发展的主要驱动因素。热力学分析方法已不能适应发展的要求，燃烧机理(化学反应动力学)、湍流现象(流体动力学)对柴油机燃烧影响的研究越来越得到重视。

(3) 柴油机气缸内燃烧过程中，热—功转换和有害污染物是同生共长，难以分割的特性形成了对燃烧过程控制及优化的复杂性。

(4) 传统的对燃烧过程的分析是以自然进气、采用泵—嘴—管燃油喷射系统、每循环一次喷油、低启喷压力、脉冲式供油规律为基础。当前，高增压、高压共轨喷油系统及湍流现象的介入和应用，已引出一些新的理念和结论，传统燃烧路线将会发生某些变化，如：

① 随着喷射压力的提高，燃烧的物理滞燃期大为缩短，预混燃烧的燃油量份额减少，对整个燃烧进程的影响亦随之减弱，放热规律曲线的形态和峰值压力会发生变化。

② 高压共轨系统提高了初始启喷压力，油束的雾化及分布均得到极大的改善，使燃烧初期碳烟排放显著降低。

③ 柴油机内湍流燃烧过程的主要影响因素——化学尺度、物理尺度、湍流尺度的量级差别缩小，相互作用增强。“瞬时混合，即时燃烧”的特征明显突出。容积燃烧理论和漩涡小火焰传播模式将成为燃烧过程描述和分析的基础。

④ 当前新型柴油机在高增压技术、蓄压式高压喷油技术的支持下，可控环节、可控制参数的数量及组合方式大量增加，出现了许多新的燃烧过程的组织理念(燃烧模式)和实施方案，为优化燃烧过程的研究提供了广阔的发展空间。

参考文献

[1] StephenR. Turns. An Introduction to Combustion[M]. 北京:清华大学出版社,2009.
[2] 刘联胜. 燃烧理论与技术[M]. 北京:化学工业出版社,2008.
[3] WeltyJ. Retal. Fundamentals of Momentum, Heat and Mass Transfer[M]. 北京:化学工业出版社,2005.
[4] 蒋德明. 内燃机燃烧与排放学[M]. 西安:西安交通大学出版社,2001.
[5] 徐通模. 燃烧学[M]. 北京:机械工业出版社,2011.
[6] 章梓雄,董曾南. 黏性流体力学[M]. 北京:清华大学出版社,2004.
[7] 梁在潮. 工程湍流[M]. 武汉:华中理工大学出版社,1999.
[8] 李润生,黄浩. 混沌及其应用[M]. 武汉:武汉大学出版社,2007.
[9] 解茂昭. 内燃机计算燃烧学[M]. 大连:大连理工大学出版社,2005.
[10] 马春霆. 柴油机的燃烧[M]. 北京:国防工业出版社,1983.
[11] 李向荣,等. 内燃机燃烧科学与技术[M]. 北京:北京航空航天大学出版社,2012.

第5章　柴油机的燃烧模式

5.1　概　　述

评定燃烧质量的准则可归纳为动力性、经济性、平稳性、排放性。柴油机具有动力强、经济性好的突出优点,但有害污染物 NO_x 和 PM 的排放也很严重。进入新世纪,排放规范的指标越来越严格,预计到2025年前将达到零排放的要求。排放指标已成为当前柴油机技术发展的主要驱动因素。在此情况下,新燃烧模式已成为研究的热点课题。

传统的燃烧理论认为:柴油机燃烧的预混—扩散燃烧两阶段过程,决定了它必然存在一个 NO_x 排放最低极限值,约为2.0g/(kW·h),若想逾越这个极限则必须改变柴油机扩散燃烧的特性。

柴油机气缸内的燃烧过程是具有化学反应的流动过程,是非预混湍流燃烧过程。燃烧过程的主要影响因素有物理因素(雾化、分布、蒸发、混合)、化学因素(化学反应动力学)和环境因素(温度、压力、流动状态)。归结为三种尺度,即物理时间尺度、化学时间尺度、湍流尺度。预混燃烧模式的确定、预混及扩散燃烧的差别均依赖于各种尺度的数量级,由此构成燃烧过程分析时空观的基础。

(1) 化学时间尺度。在分析燃烧过程时,反映化学反应动力学作用的时间指标,从化学时间尺度的概念可以获得更深入的认识。

Arrhenius 根据试验结果得出反应速率常数随温度变化的关系式:$K = A\mathrm{Exp}(-E/\mathrm{RT})$。式中:$A$、$E$ 均为常数,可由试验测出,对于不同的反应其值也不同;$\mathrm{Exp}(-E/\mathrm{RT})$为能量因子,它表示活化分子碰撞次数在总碰撞次数中所占的百分数,E 为该反应的活化能。

(2) 物理时间尺度。它反映可燃混合气体形成及着火物理准备阶段(雾化、蒸发)的时间指标。此外,柴油机燃烧进程的时间尺度通常用曲柄转角表示,控制灵敏度、化学反应速度均以分秒来标识,两者之间的关系为

$$\tau = \frac{1}{6n}\varphi \qquad (5-1)$$

(3) 湍流尺度(流动时间尺度)。它反映气流湍流强度指标。

化学时间尺度与对流或混合时间尺度的量级分析是很重要的,如可用湍流

尺度和化学时间尺度之比(丹姆克尔数)来确定预混燃烧的不同模式。湍流火焰的基本结构就是与上述两个湍流几何尺度与层流火焰厚度 δ_L 的关系所决定的。三种火焰模式可定义为:褶皱层流火焰 $\delta_L \leqslant l_k$;漩涡小火焰 $l_0 > \delta_L > l_k$;分布反应 $\delta_L > l_0$。其物理解释为,当层流火焰厚度比湍流尺度 l_k 薄很多时,湍流运动只能是很薄的层流火焰区域产生褶皱变形。另外,如果所有的湍流尺度度小于反应区厚度,则反应区内的输运现象就不仅受分子运动的控制,而且同时受湍流运动的控制,或至少要受其影响。上述对于分布式反应区的判据有时也称为丹姆克尔判据。

燃烧理论认为,颗粒排放物(PM)中的碳粒是在高温缺氧($T>1500$K,$A/F=9$)的浓混合气中生成的,NO_x 是在 $T>2700$K 的富氧条件下生成的,而传统柴油机的泵—管—嘴系统、低压、单次、脉冲式喷油的燃烧过程,其燃烧温度范围正好跨越这个区域,从而不可避免地会生成大量的氮氧化物,柴油机燃烧过程及排放物生成特性示意图如图 5-1 所示。因此,组织燃烧过程所要追求的目标就是寻找一个同时能避开以上两个限制的燃烧环境,在此基础上提出了所谓的“低温燃烧”模式。

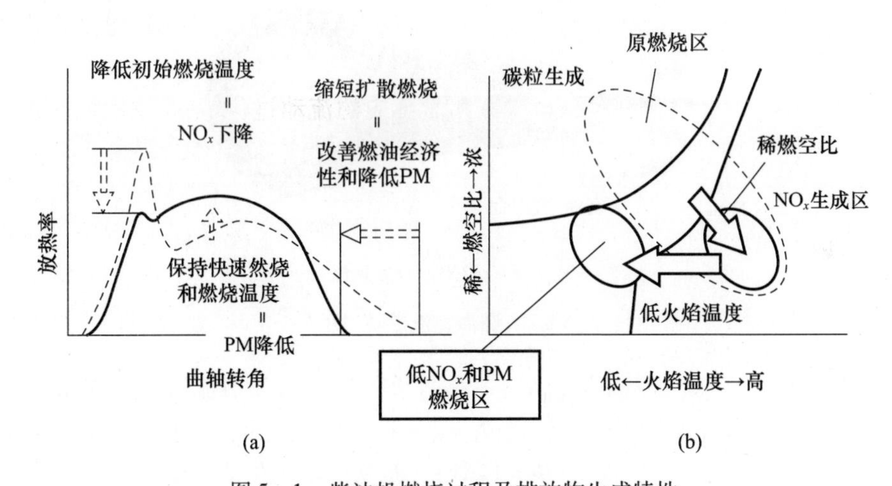

图 5-1　柴油机燃烧过程及排放物生成特性

在 20 世纪 70 年代以后,多种激光测试仪器得到普遍应用,试验结果的时间和空间分辨率及精度有飞跃式的进步,对燃烧过程的认知也正经历实质性的提高,一些新的观点正在引起研究者的注意。例如,J. E. Dec 于 1997 年提出的现象学新模型,1999 年经与美国部分专家在此领域进行讨论和研究,共同提出了研究报告。还有 P. Miles 和 R. Reitz 等人较系统地测试和分析了柴油机气缸内气体运动和燃烧的湍流过程,对湍流燃烧过程的实质分析取得了可喜的进展。

1. DEC 概念模型

经过多年的试验研究,J. E. DEC 提出了概念模型(Conceptual Model)。它对柴油机燃烧的看法可用图 5-2 来表示。着火阶段大约为 3~5°CA ASI,燃油射流卷入的热空气为 850K,射流加温后形成靴状的浓混合气,当量比为 2~4,并发现冷焰光逐渐变强,好像是块状着火,温度平均上升到 1600K,射流芯部的浓混合气内含有 CO、UHC(未燃 HC)和烟粒,这时放热率已急剧上升(4°~6°ASI),随即达到峰值。预混燃烧后期(7°~9°ASI)射流贯穿的同时,射流头部有涡形成,在细烟充斥截面的同时,顶部烟粒变粗,并沿侧表面回流到液相束前面的浓混合气处。主燃阶段与预燃阶段有重叠,在 5.5°~6.5°ASI;8°~10°ASI 后,在射流头部进入准稳态,液相束顶部,射流受到扩散火焰的包围,头部外层温度达到 2700K,外层生成 CO_2 和 H_2O,内层生成 NO_x;约 9°喷油结束是混合控制的前期;10°是混合控制的"代表性"图像。

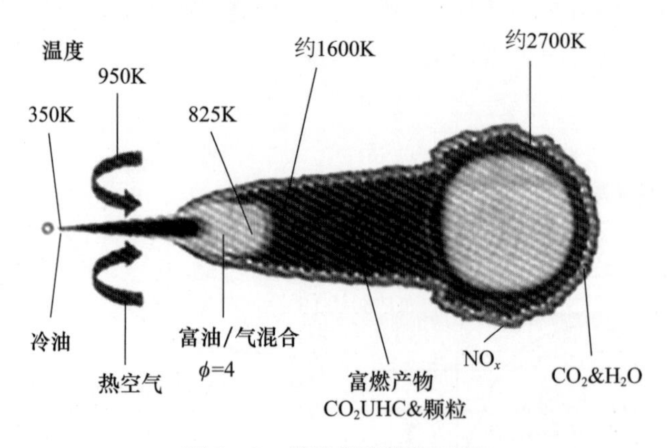

图 5-2 燃油射流燃烧过程

以上看法与传统认识不同之处:一是着火位置在火焰射流脱离长度下游中心区,着火点在浓混合气内(当量比 $\Phi=2\sim4$,过量空气系数 $=0.25\sim0.5$),不在射流外表面接近化学当量比($\Phi=1$)处;二是初燃期内生成的碳烟在中心区的浓预混气区内,在整个截面内存在并向下游移动,外层烟粒变粗,中心烟粒细而不变,不是在射流外层富油当量比处。J. E. DEC 等人的看法并未深入到湍流燃烧的湍流实质,基本上是延续了宏观、表观的分析思路,故称为概念模型。

2. 柴油机燃烧中湍流结构的一些试验和分析

P. Miles 等人测试并模拟计算了倒拖、喷油和着火工况下后循环期内湍流的产生和变化,后循环期是指初燃期基本完成,进入主燃期,未燃的燃油和碳粒同空气的混合以低速进行,混合过程依靠大尺度结构流动和缸内旋流产生的湍流进行。研究结果表明,初燃期放热率峰值大约出现在 6°CA,此时喷油量的动量引起的变动很小,主要靠速燃期内燃烧气体的快速膨胀引发;此后可看到燃烧的更高涡流强度值,发生在 10°CA 以后,称为后循环期涡流强度脉动,此峰与喷油峰基本一致,说明喷油时的高的速度梯度起了作用。在着火情况下,径向比切向的涡流强度值更高些,原因是负速度梯度使湍流制造项减小。

后循环期湍流脉动的来源,经计算分析认为有三项:一是与非稳态角动量的径向分布相关的湍流制造项;二是进入测量面的燃油射流产生的湍流迁移项;三是密度脉动和旋流引起的强烈的、径向压力的浮力制造项。其中主要来源是非稳态角动量分布。

上述关于燃烧中湍流强度和结构的分析还只是对燃烧机理研究的初步探索,其他还有:奇格提出的煤气燃烧的拟序涡和火焰结构的物理模型;Spalding 等人对射流燃烧建立了 ESCIMO 模型和计算程序;B. Dillies 等人用拟序涡模型对柴油机燃烧进行了计算。另外,大涡模拟(LES)方法也许将来能对湍流燃烧结构和特性取得更深刻的认识。

5.2　新概念燃烧系统

随着排放法规的不断严格,促使内燃机开发人员不断寻找新的燃烧方式,以突破 NO_x 和颗粒排放方面的折中。从污染物形成机理可知:颗粒的生成是在高温缺氧、燃烧温度大于 1800K、过量空气系数低于 0.6 的浓混合气中;NO_x 是在燃烧温度大于 2300K 的富氧条件下生成,合理组织燃烧过程的目标就是要寻找一个同时避免以上两个条件的燃烧环境。

图 5-3 给出了丰田研发中心实现低 NO_x 和 Soot 的研究成果。从图中可以看出,Soot 和 NO_x 生成的温度、浓度范围:Soot 生成在偏浓混合气、1800～2500K 的区域内,NO_x 生成在偏稀、2300K 以上的区域内;高浓度 Soot 大致出现在 2000K;中间存在一个两者同时降低的通道,这是一个高温、浓混合气的通道,可以采用提高进气温度来实现,或采用较高的内部 EGR。图 5-3 中,①区为低温、浓混合气燃烧区,燃烧温度低于 1800K,无 Soot 产生,需要使用深度中冷及冷却 EGR;②区为均质充量、压缩点燃燃烧区,即通常所说的 HCCI 燃烧方式;②区上方是偏浓的低温燃烧区。现已有实际机型问世,如日产公司的调谐动力燃烧系统 MK(Modulated Kinetics)。

此外还有一些类似的新型燃烧系统,如美国西南研究院的均质充量压缩点燃(HCCI)、日本 ACE 研究所的预混稀薄燃烧过程 PREDIC(Premixed lean Diesel Combustion)、分段燃烧 MULDIC(Multiple Stage Diesel Combustion)、丰田公司的 UNIBUS(Uniform Bulkt Combustion System)。其基本原理是相同的,首先是控制预混燃烧量降低初始燃烧温度实现 NO_x 下降,然后保持快速燃烧和较高的燃烧温度，使 Soot 降低，缩短扩散燃烧，使整个燃烧持续期缩短，以改善燃油经济性和降低 Soot 排放。

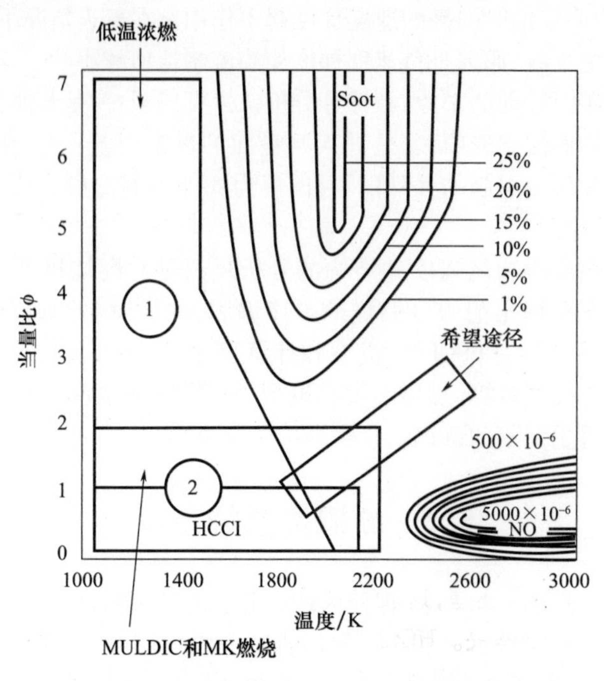

图 5-3　实现低 NO_x 和 Soot 排放示意图

1. 均质压燃（HCCI）燃烧方式

HCCI 燃烧方式是为了降低排放实施稀薄燃烧的一种理想燃烧模式，是当前研究的一个热点。均质混合是为了实现更为有效的稀薄低温燃烧，以降低有害排放物 NO_x、CO、HC 的形成；压缩点火则是为了提高压缩比，以改善燃油经济性。它结合了传统火花点火发动机和压缩点火发动机的优点，具有多点着火及分布式低温燃烧的特点，在节能和降低有害排放物方面具有巨大的潜力。由于它采用均匀的混合气，避免了柴油机扩散燃烧带来的碳烟生成问题；全部混合气同时压缩着火，避免了汽油机燃烧火焰传播带来的温度分布不均的影响，因而 NO_x 生成较低。HCCI 的放热过程持续时间更短，具有更快的燃烧速度，使得燃烧的等容度增大，有利于提高发动机的热效率，可达到与柴油机相同的热效率。同时，HCCI 燃烧方式对燃料的适应能力很强，除汽油、柴油等石油燃料外，大部分代用燃料（如二甲醚、天然气等）也可以采用。

HCCI 燃烧模式的机理与汽油机中的爆燃和柴油机中的预混燃烧相似，在采用 HCCI 燃烧方式后失去了对燃烧开始时刻的有效控制，其化学反应动力学过程是难以控制的，因此全区域的匀质混合气的压缩点火燃烧方式在发动机上是难以实行的。只有重新找到像传统汽油机的火花点火和柴油机的喷油时间控制那样强制性的且易于在实际运行中调节的控制手段，才能使 HCCI 燃烧在不同工况和压缩终点温度时都能保证稳定可靠的着火。目前，汽油机上采用“有序的空间局部均质混合”或柴油机上采用“有序的时间局部均质混合”则是比较合理的方案，如汽油机的分层燃烧和柴油机的多脉冲喷射系统等，也可采用不同燃料及不同燃烧模式组成各种形式的复合系统。同时，采用稀薄燃烧及 EGR 控制必然导致气缸容积效率的降低，使发动机的输出功率减少，而且由于受到空燃比的限制，其运行区域也很狭窄，因此，它比较适用于小型车用发动机。

由于柴油具有高黏度、汽化温度高、低挥发性、低自燃温度等特性，在柴油机上实现 HCCI 燃烧更为困难。柴油的进气温度低，均值混合气难以形成；柴油的自燃着火温度低，压缩温度超过 800K 就会有明显的焰前反应，导致燃烧提前、燃烧速率过快。因此，柴油机实现均值压燃的关键是混合气控制，包括提高燃油与空气的混合速率，实现快速混合，同时还需要对混合气浓度和成分进行全历程控制，以实现对燃烧温度的控制。

由于 HCCI 的燃烧温度较低，NO_x 的生成比传统柴油机降低 90% 以上，但随着负荷的增加，混合气的浓度进一步增加，燃烧温度升高，导致 NO_x 排放显著增加，甚至比传统柴油机还差，这表明目前只能适用于部分负荷运行，高负荷运转还有许多技术难点待解决。HCCI 燃烧模式的进一步发展有赖于发动机控制技术的进步，如气门开闭定时及有效压缩比随环境条件和运行工况变化的瞬态响应等；可燃混合气的制备技术的发展，如高压共轨喷射系统、进气管道及气缸内有组织的气流运动等。具体措施如下：

（1）均质混合气的形成。HCCI 混合气的形成主要有两种方式：一是外部混合，如汽油及利用进气过程来完善混合气的形成，要求燃料有较好的蒸发性，但不能控制着火时刻；二是内部混合，如直喷式柴油机，该方式又有早喷射和迟喷射两种方式。采用早喷射时，气缸内的温度、压力均较低，初始蒸发速率低，必须提高进气温度带来进气密度下降的问题。采用迟喷射时，缸内已有前期喷射的燃烧火焰，后喷有可能会落入火焰区生成碳烟。

为了促使均匀混合气形成，还需要其他技术措施，如提高喷油压力（约 200MPa）、减小喷孔直径（0.08 ~ 0.18mm）、组织良好的气流运动、提高进气温度、改善燃油蒸发性。

（2）着火时刻对主燃阶段有明显的影响，对循环效率和工作范围也有很大的影响，需要避免燃料的非正常燃烧。主要技术措施有全工况运行时配气相位的优化、可变压缩比技术、喷油正时与油量控制技术、EGR 优化控制、可变进气温度、改善燃料特性，其他还有如冷启动与变工况运行、过渡工况和多效后处理技术等。

美国西南研究所(SWRI)的 HCCI 燃烧方式,是将柴油直接喷入进气管内,为了使柴油和空气加速混合,需采用电热丝或 EGR 对进气管加热,经过预混的稀混合气经压缩后产生多点着火,即事实上消除了扩散燃烧,由于稀混合气燃烧,降低了燃烧火焰的温度,因而可使 NO_x 生成量比常规柴油机减少 98%之多。同时,由于气缸内不存在局部的浓混合区,可使 PM 排放减少 27%左右。但由于压缩比的下降(从 16.5 降为 10.5),其燃油消耗率增加了大约 28%。

上述种种燃烧模式虽然理论上可以缓解经济性和排放性之间的矛盾,但采用稀薄混合气之后功率输出必将减少,因此它只适用于小型车用发动机。

2. 日产公司的 MK(Modulated Kinetics)燃烧系统

MK 燃烧方式利用了低温、预混技术,有效降低 NO_x 和颗粒排放。日产已推出 YD-25 机型并投放市场。其主要的技术手段及技术参数如下:

(1) 采用无挤流的 W 型高涡流比燃烧室(涡流比从 3 增大到 5),以提高混合速度。

(2) 降低压缩比,从 18 降为 16。

(3) 高压共轨燃油喷射系统:喷射压力从 70MPa 升至 160MPa,喷孔直径从 5×0.22mm 改为 5×0.23mm,延长喷油持续期。

(4) 通过采用废气再循环(EGR),提高燃烧室内惰性气体的浓度,使滞燃期延长,从而获得更长的混合时间。

(5) 采用晚喷方式,喷油提前角从 -7°CA 调至 3°CA。

(6) 后处理,采用五效催化器。

MK 燃烧方式比传统柴油机的 NO_x 的排放下降 98%,颗粒排放与传统柴油机无 EGR 工况相当,低于使用 EGR 的情况。

3. UNIBUS 燃烧方式

丰田公司开发的 UNIBUS(Uniform Bulkt Combustion System),其基本设想是:燃油与空气在燃烧室中充分混合,在着火前,混合气被部分氧化,发生冷焰反应(不是热分解),形成支链状中间产物;随后的主燃烧时期能被合理的控制。这样,可以同时减少氮氧化物和碳烟的排放。为此,系统采取了以下的技术措施:提前喷油时刻,改善燃油的空间分布;采用蓄压式中空锥形喷油器,在其前端设置了碰撞部,以缩短喷雾的贯穿距离,避免燃油碰撞到气缸壁面;采用早喷和晚喷两次喷油,并通过 EGR 控制着火时刻可在各种负荷和转速下实现 UNIBUS 燃烧。燃烧方式具有 HCCI 的概念,主要是利用两次喷油控制策略,初次喷射实现预混燃烧、主喷实现扩散燃烧;预混燃烧是在低温下进行的,降低了 NO_x 和颗粒排放,扩散燃烧在高温下进行可进一步氧化颗粒物。其控制策略的特点为:低速低负荷时使用 UNIBUS 燃烧方式,低速大负荷时使用先导喷射,高速大负荷时使用传统柴油机控制方法。

4. PRECIC 燃烧方式

日本 NewACE 首先提出针对预混稀燃柴油机的 PRECIC 燃烧方式,目标是解决高 HC、CO 排放,以及高油耗和部分负荷工作的问题。使用的手段是多喷油器、分段喷射的稀燃预混方案。日本 ACE 研究所的"预混稀燃燃烧过程"(Premixed Diesel Combustion,PRIDIC),采用两个侧置喷油器,通过单次高压和早期(120°CA BTDC)喷射、增加喷孔数目并减小喷孔直径(从 0.17mm 减小到 0.08mm),并利用两个喷油器的射流在气缸中心部位相互碰撞以改进燃油雾化和通过控制两个喷油器的喷射定时以改善燃油的空间分布等措施,实现均质压燃。PRIDIC 燃烧系统在部分负荷时可使氮氧化物的排放下降,并使燃油消耗率得到改善。在此基础上有进一步提出了"多级喷射柴油机燃烧过程"(Multiple Stage Diesel Combustion,MULDIC)它在原来 PRIDIC 系统的两个侧置喷油器中间,安装了位于燃烧室中间的第三个喷油器。三个喷油器的喷油定时和喷油量是各自独立控制的。在大负荷工况时采用二次喷射,即侧面喷油器早喷和中间喷油器晚喷,实现二级燃烧。燃油分两个阶段被喷入气缸,第一个阶段喷油是由位于气缸两侧的两个喷油器在上止点前 150°CA(BTDC)以喷射压力 100MPa 喷入燃烧室;第二阶段是由中央喷油器喷油推迟到上止点后 30°CA,喷射压力提高到 200MPa,使用 8 ×0.8mm 的微小喷孔。两次喷射的喷油量约各占总循环喷油量的一半,并使用改性柴油。在此情况下,首先是 PRIDIC 燃烧,在其结束后气缸内 CO_2的浓度增高,氧的浓度降低,周围环境温度升高,从而使二次喷油燃烧过程的温度降低,减少了 NO_x 的生成。在相同燃油消耗率的条件下,NO_x 排放比传统柴油机降低一半。

5.3　均质压燃—低温燃烧

天津大学国家内燃机燃烧重点实验室的学者们提出了新一代内燃机燃烧模式理论(Homogeneous Charge Compression Ignition HCCI - Low Temperature Combusrion LTC)模式,是对传统燃烧理论的突破,其科学内涵与研究意义如下:

(1)"均值压燃,低温燃烧"不同于传统汽油机的燃烧过程。其基本学术思想是在现代内燃控制技术的基础上,通过控制内燃机燃烧室内的温度和压力,控制燃料、活化基和再循环废气的浓度,实现"燃烧边界条件与燃烧化学的协同控制",从而实现对燃料燃烧化学反应过程的控制,实现可控的高效、清洁燃烧,最大限度地提高热效率,降低有害排放物的形成。它不同于传统燃烧学中均质混合气火焰传播理论,也不同于射流扩散燃烧和滴群扩散燃烧理论。"均质压燃,低温燃烧"理论本质上是湍流混合与化学动力学耦合作用的有限反应速率的化学动力学理论。

（2）内燃机“均值压燃，低温燃烧”过程是一种“极限”条件下的燃烧过程。这里主要是指着火极限和稳定燃烧极限。目前，人们已经把着火极限扩展到远远超过传统燃烧学中的着火极限范围，已经可以使稀薄到理论化学当量比二十分之一的燃油混合气自燃着火，并将其用于对发动机的燃烧控制。人们也可以随心所欲地拖长或缩短燃料的着火过程，控制快速化学反应的相位。“极限”条件下的燃烧速率控制也是新燃烧理论科学领域的一个重要问题，包括：爆燃的控制（汽油机燃烧），要把传统燃烧的爆震（火焰传播速度大于1000km/h）极限向更浓的方向推迟；“燃烧路径的控制”（柴油机燃烧）是通过控制柴油喷雾的混合速率、着火过程、放热过程和充量温升，使燃烧有利于提高热效率，同时避开碳烟和 NO_x 的生成区，实现“节能、清洁、轻声”的目标。

（3）基于燃烧机理研究的燃烧控制室对传统燃烧学的发展。通过反应物质的组分、浓度、温度和压力与燃料理化特性的协同控制，控制燃烧过程的速率和方向，从而实现控制燃烧效率和燃烧产物的生成。燃烧控制是燃烧学、信息和控制科学的交叉学科，是传统燃烧学的重要发展。

（4）“均值压燃，低温燃烧”理论研究具有普适的基础科学意义。它与其他动力装置和微尺度燃烧中的低温燃烧面临许多共性的基础问题。例如：①非稳态、复杂流动边界条件下强化混合过程的机理；②均值混合气（存在浓度和温度分层）自燃着火与燃烧速率控制的基础理论；③多组分均值混合气湍流混合过程与燃烧化学动力学耦合作用的理论等。

5.3.1 理论基础与技术措施

1. 燃烧路径控制理论

柴油机的燃烧过程开始于燃油喷入燃烧室，在经历了油滴破碎、雾化、蒸发空气卷吸混合等物理过程，随着混合气温度的升高，化学反应速率逐渐加快，当混合气的温度超过大约800K时，开始出现低温化学反应；当温度超过大约1000K时，高温化学反应开始，这时化学反应速率急剧上升并伴有很高的放热率，高温反应的速率很大程度上取决于混合气的当量比 Φ 和环境温度 T。学者Kamimoto、Kitamura等人分别在1988年和2002年提出了在以正庚烷为燃料的 $\Phi-T$ 图上标出碳烟和 NO_x 的生成区，如图5-4所示。

图5-4中用中空的箭头表示传统柴油机的燃烧路径，燃油喷入气缸，燃烧过程开始，混合气的当量比急剧下降，但温度变化不大。在经历了滞燃期之后，喷雾边缘处开始高温反应并产生自燃，导致温度迅速升高，燃烧路径发生接近90°的转弯，其后的燃烧又受到扩散率的影响，燃烧路径的斜率由放热率与混合率的共同影响所确定。图中所示的传统柴油机燃烧路径，首先经过了碳烟形成区，然后又通过 NO_x 生成区，从而导致发动机两种污染排放物的形成。

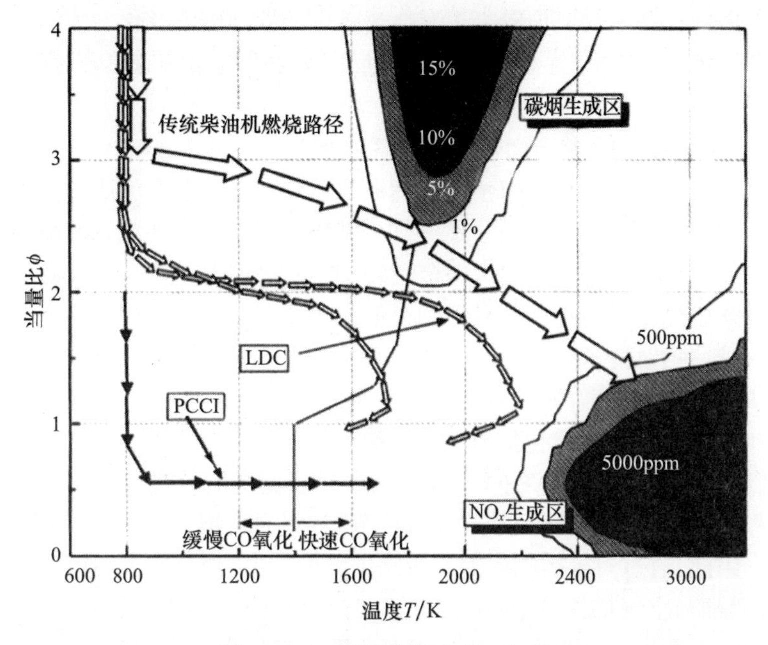

图 5 - 4　正庚烷燃烧产物区间图

另一种是图 5 - 4 中所示的稀扩散燃烧（Lean Diffusion Combustion，LDC）路径。燃油喷射发生在上止点附近，实现该路径最重要的是增强混合过程，使着火前的当量比降低到 2 附近，然后预混合燃烧开始，伴随着混合气温度的快速上升。由于此时是贫氧燃烧（$\Phi \approx 2$），只能产生不完全燃烧的中间产物，为此必须使中间燃烧产物与燃烧室内尚未参与燃烧的氧分子实现充分的混合才能继续氧化反应，显然在贫氧预混燃烧后的燃烧是由混合控制的燃烧，此时发动机已进入后燃期，其混合速率决定了燃烧产物的生成量和发动机的热效率。

2. 燃烧路径控制的新理论

柴油机的有害排放物（NO_x、PM、HC）的生成取决于燃烧过程当量比和燃烧温度的变化历程，对其变化趋势的控制称为燃烧路径的控制。一个燃油与空气的混合气团，具有相应的化学当量比和温度，在经过一个短小的时间间隔，由于气团燃烧放热和与周围介质的传热及膨胀做功，状态（Φ，T）将发生变化，方向可用 $\Phi - T$ 图上的斜率表示。

燃烧过程中消耗了燃料和氧，自燃引起当量比的变化，过程的进行受制于混合过程，其中包括喷油雾化、蒸发、空气卷入等物理因素，也有气缸内的压力等状态参数。在微小时间间隔内混合气团的温度升高为

$$\Delta T = \frac{HR - \Delta W_{\mathrm{P}} - \Delta Q}{\sum_i m_i c_{vi}} \tag{5-2}$$

综上所述,$\Delta\Phi$ 和 ΔT 均取决于燃烧过程中的物理因素及化学因素。前者主要取决于混合速率,后者主要取决于化学反应速率和充量的总热容,燃烧路径则取决于当量比与温度变化率的匹配。

3. MULINBUMP 复合燃烧的 HCCI 技术

这是一种在低负荷时使用预混压燃燃烧(PCCI),在中高负荷时使用预混燃烧与稀扩散燃烧相结合的燃烧方式。复合燃烧过程是通过多次脉冲喷射技术来组织的。在低负荷时,PICC 可达到接近零的 NO_x 与 PM 排放,加入稀扩散燃烧方式的复合燃烧可在中高负荷时得到很低的排放。

多次脉冲喷射技术的特点是采用时序控制原理,可以灵活地控制每个脉冲的宽度、喷射间隔和喷射的始点与终点。通过控制可以使参与与混合的油量增加,减少喷射贯穿距离,避免燃油的"湿壁"问题。并可通过对喷射脉冲时间间隔的控制,使各次喷射脉冲之间产生相互干扰以促进混合过程。由于混合气形成的历程不同,会出现不同的浓度和温度分层,因而影响到预混合气的着火和燃烧过程。因此,通过对多次喷射控制策略的调整,利用燃烧室内温度和压力的变化,控制燃油与空气的混合过程,促进实现混合气的合理浓度和温度分层,以利于控制 HCCI 着火和燃烧过程,最终实现低排放与高功率输出。

稀扩散燃烧可以分为三个阶段:第一个阶段是燃油喷射后的滞燃期内,预混合气的形成阶段。它开始于主喷,终止于自燃起点。这个过程受燃气混合过程控制。在这个阶段内化学反应时间尺度远大于混合时间尺度。为了使发动机在高负荷、高转速下实现 LDC 模式,就需要在滞燃期内形成更多的当量比为 2 的混合气,为此需要采取措施,通过温度控制来适当延长在此阶段内的化学反应时间尺度,并采用提高喷射压力等措施来增强混合速率。第二阶段是燃空当量比为 2 时的预混燃烧阶段。它的特征是开始于带有不完全燃烧产物的"浓的预混合燃烧",接着温度快速升高。第三阶段是混合控制的燃烧阶段。综上所述,在稀扩散燃烧时期的三个阶段中有两个阶段是由混合过程所控制的,如在后(主)燃阶段混合决定了燃烧效率、发动机的热效率及排放。增强混合速率主要依赖于提高混合能量,主要手段包括增强缸内空气运动、提高燃油喷射压力、缩小喷孔直径、提高增压压力等。

4. BUMP 型燃烧室

由于壁面射流的混合率大约为空间射流的一半。为了增强混合率,在燃烧室内设置了一个凸起环,称为 BUMP 环,可以使壁面射流剥离,形成二次空间自由射流,把燃油喷射引入的动能转化为混合能量,从而提高混合速率,形成稀扩散燃烧模式。

复合燃烧技术结合了多脉冲喷射形成的预混压燃燃烧与 BUMP 燃烧室内主喷射形成的稀扩散燃烧,也称为两级或两阶段燃烧。通过多脉冲喷射参数的控制可以实现预混燃料自燃着火过程的控制，进而控制燃烧相位和放热率。但是，单纯的可控预混燃烧受运行负荷范围的限制，同时 NC 和 CO 的排放较高。主喷射的加入可强化预混合气的燃烧，降低 HC 和 CO 排放，提高热效率和扩展 NCCI 运行的负荷范围。采用这种技术可在低、中负荷范围内实现高效、清洁的燃烧，但随着负荷的增加，扩展发动机运行范围仍然受到限制。

复合式燃烧概念表现为预混压燃燃烧路径与稀扩散燃烧路径的结合。稀扩散燃烧可分成三个阶段：第一阶段在燃油喷射后的滞燃期内，预混合气的形成阶段，这一阶段开始于喷油终止于自燃起始，过程受燃油空气的混合率所控制。化学反应时间尺度要远大于混合时间尺度（物理时间尺度），如果混合速率足够高，混合区域会更均匀，混合物的当量比也会快速下降达到 2 左右，这是生成碳烟的阈值。为此，需开发先进的技术来控制缸内的状态，如温度、压力和气体成分等，以延长化学反应时间尺度，增强混合速率。延长预混合阶段的化学反应尺度，可采用以下方法：温度控制可以采用可变压缩比技术和推迟主喷定时；EGR 可以通过提高混合气的比热容来降低温度，EGR 可以稀释混合气的氧浓度，从而减缓氧化反应速率，减慢缸内的温升。可以断言，在任何情况下，尽量使 LDC 第一阶段中形成尽可能多的 $\phi \leq 2$ 的混合气是实现高热效率、低污染的决定性技术。第二阶段是燃空当量比为 2 的预混燃烧阶段，它的特征是开始于带有不完全燃烧产物的“浓的预混合燃烧”，接着温度快速升高。温度升高的程度取决于预混合物的质量（混合的均匀程度）、混合物燃控当量比和当时的缸内状态。这种浓的预混合燃烧视贫氧的、不完全的燃烧，燃烧过程只有在与氧气进一步混合下才能完成。第三阶段是混合控制的燃烧过程。

通过正庚烷化学反应动力学机理计算的结果表明：当量比大于 1 的区域属于贫氧燃烧，CO 浓度随着当量比的增高而升高；在当量比小于 1 的区域，CO 的浓度主要取决于于燃烧温度，当温度低于 1400K 时，CO 的浓度急剧上升，当温度范围处于 1400 ~ 2000K 时可实现较低的 CO 排放，再加上再相对较高的燃烧温度，可使燃烧的热量利用率得到提高。1400K 是 CO 向 CO_2 转化的临界温度，因此 CO 等中间产物必须在缸内温度降低至 1400K 以前完成与氧分子的结合。

BUMP 燃烧室是为了增强喷油混合率用以消除气体射流与平板发生碰撞而形成的壁面射流（壁面射流的混合率大约为空间自由射流的一半）。

通过观察发现，在后燃期中燃烧室内燃油分布规律的特征是浓混合涡团集中在紧贴燃烧室侧壁的区域，并沿侧壁向燃烧室底部移动，新鲜空气则被分离在燃烧室中心区。通过燃烧室形状的设计，使涡团运动沿燃烧室壁旋转，接着被壁面的剪切面分离，形成一个顺时针的漩涡，该漩涡运动到活塞下部，诱导出一个反向的漩涡,这个反向的漩涡将燃烧室中部的氧输运到浓混合气区从而加快了后燃气的混合率。

5.3.2 高密度-低温燃烧模式

近年来国内外在柴油机低温燃烧方面主要的研究成果有两类:一是基于EGR技术和喷油策略,如MK燃烧、HCLI燃烧、HPLI燃烧及采用燃油早喷策略的smokeless系统,它们是通过EGR来降低缸内温度、抑制碳烟的形成,从而在混合气较浓的条件下实现低排烟燃烧;二是基于可变气门技术,通过改变气门参数(相位、升程)来改变有效压缩比,从而控制缸内温度和压力的变化历程。苏万华院士提出的复合燃烧技术将燃油多脉冲喷射形成的预混燃烧与BUMP燃烧室内主喷射形成的稀扩散燃烧相结合,在中低负荷范围内实现了高效清洁燃烧,但随着负荷的增加,拓宽发动机运行范围亦受到限制,为此提出了高密度—低温燃烧策略。研究表明,高密度—低温燃烧策略具有在高负荷下实现高效、低排放燃烧的潜力。

内燃机燃烧过程中有害排放物的产生都要满足特定的混合气浓度和燃烧温度范围。只要对其进行合理控制,在路径图上避开NO_x和碳烟形成区,就有可能实现超低排放。

充量密度对喷雾特性的影响。在较高的充量密度条件下,由于空气阻力增大,喷射贯穿距离明显缩短,喷雾嘴角增大,喷雾所占的空间范围相应变小。但由于单位体积空间内的空气量大幅度增加,油污和空气的混合效果不降反升,气相最大当量比出现时刻提前。在高充量密度条件下,虽然出现短时间的较高当量比浓度,但由于混合速率快尤其快速相互作用,最终使喷射后期的可燃混合气的浓度最大值降低,均匀程度提高。因此,提高环境空气密度对加速油气混合、促进气相生成以及降低喷雾浓度方面都有明显的效果。

进气门晚关,可使有效压缩比降低,从而使燃烧始点的温度降低,导致整个燃烧过程温度的下降。

由此可见,推迟进气门关闭角度及采用进气增压是实现高密度—低温燃烧的关键技术。

通过燃油多次喷射控制系统是实现高密度—低温燃烧的另一重要关键技术,其特性如图5-5所示。利用脉冲触发器控制脉冲信号产生时刻,利用脉宽控制器控制脉冲信号宽度,使若干脉冲信号通过信号逻辑合成形成连续的多脉冲控制信号。同时,由于每个脉冲触发器均可以独立工作,因而每次脉冲信号产生的时刻和脉冲信号的宽度均可独立灵活调整。通过喷油规律测定仪器进行标定实现反馈控制,对多脉冲控制信号的脉宽、间距进行调整,从而实现多脉冲喷油模式的间隔调制。

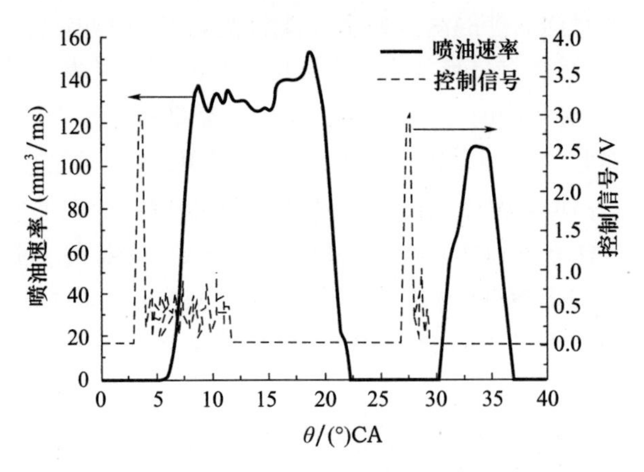

图5-5　多次喷射的脉冲控制

通过对高密度—低温燃烧试验研究可以得到如下研究结果：

(1) 采用两次喷射策略(主喷+后喷),在三种不同的后喷量占比(25%,20%,16%)的情况下,CO、HC和碳烟排放都很低,接近于零,说明有很高的燃烧效率和指示效率,NO_x的排放也很低,均在2.1g/(kW·h)以下,这说明高密度低温燃烧可以得到热效率和排放量方面较好的折中。后喷所占的比例越大,NO_x的排放越低,这是因为参加高温扩散燃烧的主喷油量减少,降低了燃烧温度所致。

(2) 喷射策略与喷油定时的影响。两次喷射虽然有利于降低NO_x排放,但因后喷发生在膨胀冲程中,缸内的压力和温度下降,使后喷燃油的雾化、蒸发条件变差导致燃烧恶化,油耗增加,第一次喷射的燃油生成的碳烟氧化不完全,第二次喷射的燃油喷射到第一次喷射燃烧后所形成的相对较高温度和缺氧的环境中,容易形成当量比远高于2的混合气,增加碳烟的生成,而且由于活塞已经下行,缸内温度继续降低,生成的碳烟来不及氧化。所以,考虑到热效率、碳烟和NO_x排放三个方面的折中,单次喷油策略更适合高度高负荷工况。

(3) 充量密度的影响。在氧浓度相同的情况下,充量密度的增加,一方面可以促进燃油与空气混合,加快化学反应速率,使反应区的局部温度升高,有助于NO_x的生成。但另一方面,高的充量密度和EGR一样会增大工质的热容量,降低燃烧温度,从而减少NO_x生成。两个因素相互较量的结果决定最终的NO_x排放。

通过对高密度—低温燃烧数值模拟研究,可得到如下结果：

(1) 充量密度不变,氧浓度对燃烧的影响。氧浓度的减少(相当于增加EGR率),缸内压缩过程温度上升速度变慢,着火推迟。混合气中氧的分量减少会导致燃油与空气的混合速率降低,放热速率下降,燃烧持续期延长,燃烧效率降低。因此,促进燃烧后期的混合速率是低温燃烧实现高热效率的关键。

(2) 充量密度对燃烧过程的影响。在喷油量不变的条件下,增加充量密度,为保证氧浓度不变必须同时相应增大 EGR 率。充量密度增大,缸内工质的总热容增大,使温升降低,缸内平均温度降低。充量密度在抑制温升方面与 EGR 具有相同的作用。另外,在氧浓度不变的情况下,充量密度的增大使分子碰撞的频率增加,化学反应速率加快使滞燃期略有缩短,着火时刻提前。放热相位略微提前,混合阶段放热峰值逐渐降低,扩散阶段的放热速率逐渐提高,化学反应速率加快,特别是燃烧后期的放热速率提高,燃烧持续期显著缩短,燃烧效率明显提高。

(3) 充量密度对燃空当量比分布的影响。充量密度的增大能改善燃油浓度的分布,提高燃油与空气的混合速率,使着火时刻有更多的燃油形成浓度适当的可燃混合气。

(4) 充量密度对碳烟排放的影响。降低碳烟最有效的方法是改善混合气的形成质量,避免出现局部过浓区。随着充量密度的增大,燃油与空气的混合速率增大,局部过浓区减少,碳烟生成速率降低,氧化速率增大。在高密度低温燃烧中,碳烟排放接近于零。

(5) 充量密度对 NO_x 排放的影响。充量密度对 NO_x 的影响是以下两个因素相互竞争的结果:一方面,充量密度的增大使缸内工质的总热容增大,平均温度降低导致 NO_x 的形成速率降低;另一方面,缸内充量密度的增大可以促进缸内混合气的形成,加快燃烧反应速度,导致局部区域的温度升高。两种因素相互较量的结果决定最终的 NO_x 排放。总的来说,降低温度的作用占主导地位,随充量密度的增大 NO_x 排放呈下降趋势。

(6) 指示热效率分析。在相同充量密度条件下,指示热效率随着氧浓度的降低而下降。其原因是,充量密度不变时,氧浓度的降低是被混合氧分的绝对量下降,燃空混合速率下降,燃烧速率下降,延烧持续期延长,燃烧效率降低,导致指示效率下降。所以,促进燃烧后期的混合速率及燃烧速率是低温燃烧实现高热效率的关键。

综合试验和数值模拟研究,可得到以下结论:

(1) 高密度低温燃烧技术具有在欧Ⅴ排放水平下取消或简化后处理器的潜力。

(2) 高密度低温燃烧技术可使柴油机在实现低排放的同时提高热效率。

(3) 高密度低温燃烧技术的核心是充量热力学状态和组分的控制,以及多尺度混合率的控制。热力学状态参数与组分以及混合率控制参数具有多重作用和相互制约的特征,其综合优化的控制规律有待深入研究,以发挥更大的潜力。

5.4　可控低温高强度燃烧模式

海军工程大学提出了一种适合于现代大功率柴油机($D>160$mm,单机功率>300kW)的可控低温高强度燃烧模式。

5.4.1　大功率柴油机的主要技术特点

大功率柴油机性能指标方面表现为“五高三低”,即高增压、高平均有效压力、高压喷油、高可靠度、高度智能化(电控燃油喷射和气门开闭系统,电子管理系统)、低油耗(燃油及滑油)、低排放(NO_x、PM、CO_2)、低故障率。

目前,大功率柴油机普遍采用增压中冷技术(单级压比最高可达 4.5),而且结构强度大,能承受更高的爆发压力(20~25MPa),为降低燃油消耗率及改善排放性能创造了良好的条件。其中,高速(1500~2000r/min)和中高速(1000~1500r/min)大功率柴油机的平均有效压力为 2.3~3.0MPa,强化度为 28~32,最高已达到 35。燃油消耗率大多为 200g/(kW·h)左右。排放指标 NO_x 为 10.5g/(kW·h),烟度为 0.1FNS,噪声为 116dB(A)。

大功率柴油机的应用范围宽广,可用于船舶、机车、电站、重型特种车辆及工程机械等。不同用途的排放限值标准及运行工况均有所不同。对于船舶、机车及电站等非道路车辆用发动机的工况比较稳定,部分负荷所占比重较大,因此对于部分负荷工况下的运行性能及排放指标应该给予足够的重视。

大功率柴油机的相关技术性能指标排序的主次之分应与轻型车用发动机有所不同。对于舰船推进和铁路机车驱动用的发动机,因为对其尺寸和重量(包括发动机本省的体积、重量和燃油的容积、重量)的要求特别苛刻,从而功率密度(通常用平均有效压力表示)和能量转换效率(燃油消耗率)具有突出的地位。况且低油耗对于节能和降低 CO_2 排放有着直接的、重要的影响。考虑到大功率柴油机运行环境的不同,其排放标准也有所差别(IMO、UIC 标准等),一般来说都比城市道路车用发动机的排放标准要宽松一些。国际海事组织 IMO 所制定的排放规范,对于低速二冲程发动机($n<130$r/min)到高速柴油机($n>2000$r/min),NO_x 排放的标准值为 17~9.8g/(kW·h)。由此可知,对于中速柴油机 400r/min$<n<$1200r/min,NO_x 排放值应处于 13.6~10.9g/(kW·h)之间。IMO 推出的 TierⅢ标准是,从 2016 年 1 月 1 日起船舶进入国际排放控制区(ECA 区)时 NO_x 的排放量不超过 3.4g/(kW·h),即在上述基础上降低 80%。

5.4.2　可控低温高强度燃烧模式

可控低温高强度燃烧模式是基于高增压压力、高喷射压力、多次间隔喷射、喷射速率可控度高、顺序多级燃烧，从而实现燃烧效率高，且能够满足节能、减排，适应宽广运行范围等要求。

1. 可控低温高强度燃烧的基本思路

高强度燃烧是大功率柴油机的基本要求，高强度燃烧的内涵包括高密度和时效性两个方面。高密度包括提高充量密度和提高混合气的浓度，即在一定的气缸容积空间内，采用超高增压提高空气密度并相应地增大喷油量，在保持最低空燃比的条件下，实现高效完全燃烧。出于燃烧学的考量，它关系到燃烧所能得到的热能数量，是实现高强度燃烧的基础。同时，降低空燃比，减少参与燃烧的过量空气也有利于减少热氮氧化物的生成。时效性是指着火时刻和燃烧的持续时间，出于热力学的考量，它关系到热能转换为机械功的有效性。换句话说，燃烧既要完全又要高效，才有利于全面提高发动机的功率、经济性和排放性指标。

低温燃烧则是降低有害排放的基本保证。通过采用高压喷射改善燃油雾化状态以促进燃油和空气之间的均匀混合；通过对燃烧起点温度和压力的控制，并通过喷油率成形技术，在燃烧等容度和等压度之间的调整；通过采取时序控制多次喷射对扩散燃烧阶段进行控制等技术措施，实现气缸内燃烧最高温度保持均匀并不超过一定限度。此外，从柴油机工作的平稳性及可靠性考虑，对燃烧过程的最高压力和压力升高率也有限制。

2. 可控低温高强度燃烧的基本特点

可控低温高强度燃烧的基本特点主要有：

(1) 燃烧过程的可控性好。缸内温度、着火时刻、喷油次数、各次喷射的间隔时间及喷油量、燃烧持续期、喷油速率、燃烧放热率等影响燃烧过程的主要控制参数都可以准确地、灵活地、独立地、实时地进行控制和调整。

(2) 采用超高增压提高空气密度，采用高压、超高压共轨燃油喷射系统实现在设定的时间内将所需要的燃油喷入气缸，实现良好的雾化，并在较低的空燃比条件下均匀地混合，保证燃料完全、及时的燃烧。

(3) 采用进气加湿、低温进气 Miller 系统、EGR 技术等措施，控制燃烧始点温度和燃烧过程的最高温度。

综上所述，可控低温高强度燃烧模式，是根据高功率密度、低燃油消耗率、低排放柴油机的基本要求和中高速柴油机的结构与运行工况的特点，在相关学科理论的指导及技术装备的支持下形成的一种新的燃烧模式。它的优点是优化目标明确、现实可行、效果明显。可控低温高强度燃烧的实质是通过解决燃烧强度和与有害排放物 NO_x、PM 的形成密切相关的燃烧最高温度及其持续时间之间的矛盾，既降低燃烧温度而又不降低燃烧强度的燃烧模式，达到实现功率、效率、排放之间的优化组合。

3. 低温高强度燃烧过程的实现途径

目前,国内外出现了多种改善混合条件、降低燃烧温度、减少 NO_x 排放的方式。归纳起来可分为两类:一是以稀燃理论为指导,采用加大空燃比或 EGR 来稀释工质,这实质上是一种以降低动力性为代价的低温低强度燃烧模式;二是以控制燃烧进程为基础,兼顾动力性、经济性和排放性的低温高强度燃烧模式。

1) 采用降低功率指标的标定值

降低燃烧温度最简单、直接的方法就是加大工质的空燃混合比。在实际柴油机上,可采用通过降低标定指标以实现满足排放要求的做法。德国 MTU 公司与美国 DDC 公司,在 20 世纪末期联合研制开发的 MTU/DDC4000 系列柴油机,缸径 165mm,行程 290mm,转速 2100r/min,喷射压力 160MPa,台架标定单缸功率 170kW,有 8、12、16 缸机,可用于船舶、机车、电站等领域。在不同用途及各种工况下,通过对喷油系统的有关控制参数进行优化匹配,即可实现功率、油耗和排放之间的最佳权衡协同,使柴油机获得优良的运行性能。例如,当作为船用主机时,单缸功率为 145kW,燃油消耗率为 203g/(kW · h),同时可满足国际海事组织(IMO)规定的排放标准。当作为机车用发动机时,当单缸功率为 125kW,燃油消耗率为 190g/(kW · h),同时可满足国际铁路联盟(UIC)2003 排放标准。当用作电站原动机时,单缸功率为 90kW,燃油消耗率为 220g/(kW · h),此时其 NO_x 排放仅为 4.4kW · h,能满足法国制定的排放规范要求。这是一种以稀燃、牺牲功率输出和增加燃油消耗率为代价的措施,对于高性能、多用途柴油机来说才具有实际意义。

2) 采用高增压中冷系统

通过高增压及中冷装置增大缸内充量的密度。增压对于改善燃烧过程的效果主要表现在:使气缸内的空气量增加,有利于改善燃料与空气的混合,并可影响到可燃混合气的浓度;大量经过中冷的增压空气有利于降低燃烧过程的温度。目前,单级增压的增压比最高可达到 5 左右,相应的平均有效压力可达到 2.5 ~ 3.0MPa。为了进一步提高增压度则需要采用二级增压系统。据不完全统计,从 20 世纪 70 年代起,已有包括德、意、俄、法、英等国的十余型作为舰船推进主机用的大功率柴油机进行了二级增压的研究与开发,并已形成产品。

ABB 公司第一代 Power2 两级增压系统已从 2010 年投入使用。发动机效率的提高和排放降低方面的收益都超过了单级增压系统,在四冲程柴油机上采用两级增压系统和 Miller 循环的组合在保持相同 NO_x 排放水平的条件下,燃油消耗率比单级增压约降低 9%。目前,进一步发展用于大功率中速柴油机的第二代 Power2800M 两级增压系统,增压压力提高到 1.2MPa,效率超过 80%,中冷温度为 55°C。

采用极度 Miller 循环可使整个工作循环的温度下降,这对降低 NO_x 排放会产生正面的作用而不会影响到发动机的效率。数值模拟研究结果预测,与单级增压相比,NO_x 排放减少 70%,节油 9%,同时功率密度增大。虽然仅依靠两级增压和 Miller 循环的组合尚不能达到 IMOTierⅢ排放指标的要求,但尚可结合采用 EGR 技术和 SCR 系统来实现更低的排放。

ABB 公司从事用于高速、中速柴油机和气体发动机的废气涡轮增压器制造已有 60 年的历史。在满足 IMOTierⅡ规范要求柴油机上所用的 ST 系列增压器(ST3 - ST6)是第 7 代产品,压比为 4.5,并将提高到 5.0,它和 Miller 循环(-30° BTDC)组合已成功地投放市场。新研发的 K2B - Knowledge to Boost 项目,包含了有/没有高压废气再循环(HPEGR)的二级增压系统,总压比为 6 ~ 10,可以满足 IMOTierⅢ排放规范的要求,并能进一步提高发动机的效率。

3) 采用先进的高压共轨燃油喷射系统并配以高压柔性喷油率

采用先进的高压共轨燃油喷射系统并配以高压柔性喷油率能实现准时、精确定量、精细的雾化及分布,形成高质量的可燃混合气,并具有灵活的供油规律成形和多次喷射能力,从而实现功率密度、燃油消耗率、有害排放同时得到改善的效果,实现全工况优化运行。高压喷射的贡献表现为:

(1) 高喷射压力与小孔径喷嘴相配合,可以改善促进燃油的雾化和分布,有利于改善可燃混合气的质量。试验结果表明,压力越高,雾束中局部区域的油气当量比降低,这是由于高压喷油的情况下,在能量高的局部区域内,空气能比较活跃地引入雾束内部,从而使局部过浓混合气比例降低,使碳烟排放明显减少,可有效地减低颗粒排放,同时,雾化质量的改善也有利于提高发动机的经济性。

(2) 提高喷射压力可在较短时间内将所需的燃油喷入气缸,使燃烧过程靠近上止点附近,有利于提高循环效率、改善发动机的经济性,也为降低排放采用推迟喷射、间隔喷射等技术措施提供了空间。

(3) 高压共轨系统在低转速低负荷工况下,仍具有高的喷射压力,保持良好的雾化和混合质量,有利于满足大功率柴油机改善在长期部分工况运行性能的要求。

日本有关研究单位对超高喷射压力(300MPa)下的燃烧过程进行了研究,发现在超高压喷油时,燃油的雾化有很大的改善,燃油在燃烧室壁面附近多点同时着火火焰由周围向燃烧室中心扩展。在喷油终了之前油束被火焰覆盖,燃烧时间很短,燃烧后形成的炭黑很快消失,但由于燃烧过快,造成燃烧室内局部温度过高,对 NO_x 排放不利。统计数据表明,气缸气体的平均温度对排气中的 NO_x 有直接的关系,在无法规时期,$T_{max} > 2200$℃,欧Ⅰ法规时期,$T_{max} < 2000$℃,在欧Ⅱ法规时期,$T_{max} \leq 1900$℃,与之相关的喷油提前角先后推迟,从 -14°CA(TDC)减

为－11°CA。故在提高喷射压力的同时应适当推迟喷油定时，以协调两者之间的矛盾。

4）喷油系统结构参数的优化

喷油器是燃油喷射系统中的最关键的部件。高压共轨柴油机所用喷油嘴的喷孔孔径一般在0.2mm以下，最小可达0.11mm。当最高喷射压力为150MPa，燃烧室内气体背压为8MPa左右时，喷孔内燃油的流动速率极高，一般在300m/s以上，由此喷嘴内部不可避免地存在气穴现象。通常认为，气穴会产生穴蚀，导致相关部件表面层剥落，遭到破坏。并且，由于气穴的出现会使液流变为两相流，降低了介质的弹性模数和声速，从而会影响到喷油正时与相邻循环的工作稳定性。近年来的研究成果表明，气穴效应会促使燃油颗粒的分裂，油注中产生的湍流和微涡流所引起的扰动，能为油滴破碎提供能量。而且，气穴空泡从喷孔进入燃烧室一旦溃灭时所产生的能量也能促进燃油的雾化。特别是，随着现代内燃机喷射压力的不断提高，这种现象愈加明显。气穴的强度取决于喷油嘴的几何形状和喷射速度。

通过使用CFD进行喷油嘴内部的三维瞬时气穴流动计算，结果表明，喷孔直径对喷嘴流量系数影响最大，流量系数随孔径的缩小而有较大幅度的增大；长径比的影响次之，流量系数随长径比的增大而增大，且长径比较小的喷嘴在小流量时多次喷射的一致性较差；孔数较多的喷嘴对喷射夹角较为敏感，夹角增大流量系数增大，而孔数较少的喷嘴流量系数基本无变化；喷孔数影响最小，孔数增多流量系数略有下降，各孔流量均匀性提高。

采用高增压或超高增压大幅度提高充量密度，是当前大功率柴油机发展的主要方向。在优化的基础上，再进一步降低过量空气系数，提高燃烧过程的强度，则有可能在更高功率密度的情况下，通过工质中含氧量的减少使NO_x排放得到改善，即实现低氧燃烧，这是今后的努力方向。低温高强度燃烧就是在高增压、高喷射压力、柔性喷射率成形等技术条件的支持下，为实现这一目标而设计的燃烧模式。

4. 低温高强度燃烧系统的实践

为了实现低温高强度燃烧模式，海军工程大学已从高压喷射系统和多次喷射两个方面进行了研究工作。

1）超高压共轨系统（简称双压共轨系统）的开发

这是一种两种喷射压力（高压和超高压）交替工作、喷油速率可柔性调节的系统。它的设计理念是基于对共轨系统所具有的压力—时间调节特性的扩展，它可根据发动机的用途，在各种负荷区域中通过对两种喷射压力（100～120MPa/180～250MPa）和三种喷油速率（矩形、坡形、靴型）之间的匹配与调节，实现全工况优化运行。其基本结构如图5－6所示。

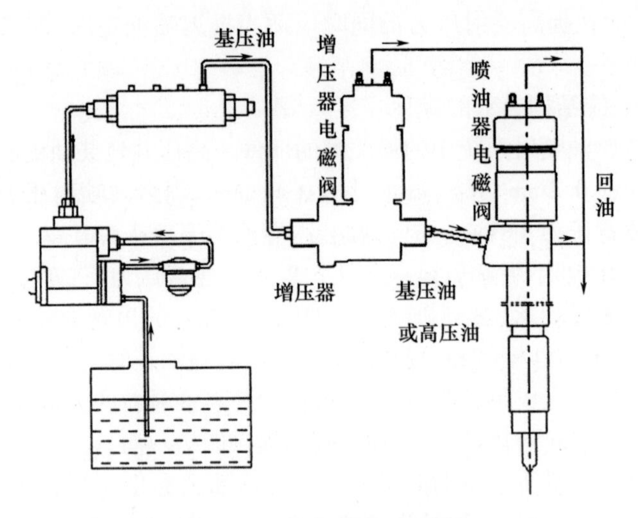

图 5-6　双压共规系统结构组成简图

超高压系统采用两个电磁阀开闭的时序控制实现喷射速率柔性调节。通过对高低压油路的转换可实现对喷油率成形变化的控制，使之实现对燃烧速率的控制，达到低温、平稳燃烧的要求，并有利于实现在各种负荷工况下的优化运行。

通过在装备电控高压共轨系统的 TBD234V6 柴油机上进行喷射系统参数对柴油机燃烧和排放特性（缸内压力、排气温度、空气噪声、NO_x 排放和烟度）影响的试验研究，得出了以下主要结论：

（1）高压喷射能形成等压燃烧，预混燃烧的峰值变大且燃烧持续期缩短，具有较高的热效率；经济性提高，在 80% 负荷时，原机燃油消耗率为 201.5g/(kW·h)，而使用优化后的喷嘴在同样工况下，燃油消耗率为 193.7g/(kW·h)，经济性提高了 4%。

（2）喷油提前角从 16°CA(BTDC) 变化到 6°CA(BTDC) 时，燃油消耗率和排气烟度先减小后增大，排温略有上升，空气噪声减小，NO_x 排放逐渐改善。综合比较，使用多孔小孔径喷嘴在喷油提前角为 10°CA(BTDC) 时，柴油机能取得较好的综合性能。

（3）对于相同流通面积的喷嘴，孔数较多、孔径较小的喷嘴初期混合气形成较好，滞燃期短，但孔径较大、孔数较少的喷嘴预混燃烧比例更大，油耗和碳烟排放更低；喷射夹角较大的喷嘴，能充分利用燃烧室凹坑内的空气，混合气准备充分且均匀，预混燃烧的量更大些，油耗和碳烟排放降低，使 NO_x 生成增多；长径比较大的喷嘴在中低负荷时能降低油耗和排温，使碳烟的生成量降低，但在高负荷时，由于喷油量的增加，雾束碰壁附着在燃烧室壁面的燃油量增加，反而使油耗和碳烟排放变大。

(4) 流量系数较小的喷嘴,有利于油滴的分裂雾化,雾束锥角变大,增强了初期燃油与空气的混合速率,使燃烧迅速发生,同时降低了喷雾贯穿距。流量系数较高的喷嘴,气穴对雾束的扰动较小,喷雾贯穿距较长,喷雾锥角与贯穿距在柴油机全工况内也存在权衡(trade - off)曲线。在中低负荷时,喷雾贯穿距较长的油滴蒸发混合更好,能增加空气利用率,提高预混燃烧的比例。在高负荷时,则需要加强气穴对雾束的扰动,增大喷射夹角减小贯穿距,减少碰壁的燃油量,从而改善经济性和碳烟排放。

通过参数优化得出的主要结论如下:

(1) 喷射始点、喷嘴伸出高度和喷孔长径比是影响 NO_x 排放的最主要因素;喷孔直径、喷射始点和喷孔直径与喷射始点的交互效应是影响碳烟排放的最主要因素;喷孔直径、喷孔长径比和喷射始点是影响压力升高比的最主要因素;喷孔直径、喷嘴伸出高度和喷孔长径比是影响燃油消耗率的最主要因素;对综合指标影响最大的两个主要因素是喷孔直径和喷射夹角。

(2) 小的喷孔直径(0.15mm)、较多的喷孔和较小的喷孔长径比可提高油束的雾化质量,大的喷射夹角(150°)和小的喷嘴伸出高度(3mm)可以保证油束在燃烧室有较合理的落点,提高燃烧室内空气的利用率,混合气形成质量好,再配合8°CA(BTDC)的喷射始点,保证在上止点附近充分燃烧,提高燃烧效率,这些都能有效地降低燃油消耗率,又能合理地控制排放和噪声水平。

2) 采用多次间隔喷射(Split Injection)技术

多次间隔喷射技术是基于时序控制原理的一种控制方式。它将每个循环的喷油量分为多次相间隔的喷射(两次、三次或更多),通过各次喷射的喷油量及各次喷射之间的间隔期的分配和调整,将燃烧过程离散化,实现对燃烧过程中各阶段的压力、温度、放热速率的控制,实现效率与排放之间最优的权衡与折中,达到节能和降低排放的目的。研究报告指出,间隔喷射和高压喷射结合使用时,在燃油消耗率不受损害的情况下,可使 NO_x 排放减少35%,烟度降低60%~80%。

多次间隔喷射在气缸内形成有序的多级燃烧。由于每次燃烧后会引起气缸内的压力场、温度场、速度场、浓度场变化,为依次进行的燃烧创造了更为良好的混合、着火燃烧条件,使后续喷入的燃料燃烧速率加快,可实现对柴油机的预混及扩散燃烧进行调节和控制。在多级燃烧过程中,前次燃烧产生的燃烧产物对于后续燃烧具有使 NO_x 排放减少的作用。多次间隔喷射对于降低颗粒排放也有明显的效果。

多次喷射与单次喷射相比具有较长的燃烧值续期,这样会对燃烧的时效性产生不良的影响,从而会使燃油消耗率升高。从热力学的角度来看,这实质上是燃烧过程等容度与等压度的匹配和调整问题。为解决这个问题,提出了有效燃烧期的概念。采用有效燃烧期作为判据来对各种喷射方式进行评估,因为燃烧过程对于发动机的性能有着决定性的影响,同时影响燃烧过程的主要因素之间又存在着复杂的矛盾关系。从热力学理论的角度来看,燃烧过程在上止点瞬时进行,则热功转换效果最好,循环效率最高,这就需要极高的燃烧速率来保证。但是,这样的燃烧过程不仅在柴油机上难以实现,而且同时会引起排放增加、振动及噪声加剧等不良后果。另外,如果将燃烧持续期的相位偏离上止点或过分拉长,则会产生效率下降、排温升高等后果。因此,从实际出发,全面权衡的角度考虑,提出有效燃烧期的概念作为衡量某一种燃烧模式优劣的标准,可作为喷油及燃烧系统设计的参考准则。有效燃烧期是指在上止点前后一定范围内,根据燃油混合、着火燃烧的时间尺度,综合权衡各种因素及调控措施,使之达到优化燃烧效果的时间尺度。根据实际统计分析,其范围初步设定为 $-5 \sim +35°CA$,即在此时期内完成燃烧则可以保证获得良好的效果。燃烧持续期是用曲柄转角来度量的,而燃烧反应期是用分、秒来度量的,两者之间具有以下对应关系:$t=\varphi/(6n)$。因此,对于转速为 1000r/min 的发动机来说,其有效燃烧期所对应的时间为 4.4ms,而对于 2000r/min 的发动机则仅为 2.2ms。从时间尺度来看,转速较低的大功率发动机在实现多次喷射的控制方面具有有利的条件。

由此可见,采用多次间隔喷射必须要有合理的喷射策略外,还需要满足一系列的前提条件,如足够高的喷射压力,用以保证能在较短时间内将所需的燃油喷入气缸;系统及部件的响应特性和灵敏性高,能满足在短时间内多次喷射的要求。多次间隔喷射方案的优化与喷射定时、油束锥角及负荷因素有关,还可能有其他一些因素(如增压器运行图谱等)。

在 TBD234 柴油机上,通过对采用多次间隔喷射方式进行了研究,取得了初步成果,研究结果如图 5-7 所示。根据对多次间隔喷射方式的理论计算与试验结果表明:多次间隔喷射与传统的单次喷射相比,在喷射过程中气雾化、贯穿距离等油束特性参数和缸内混合物的温度、浓度分布都有很大的差异。在能量转换效率和缸内压力水平方面,多次喷射均具有一定的优势;多次喷射可有效地降低碳烟的生成,同时在氮氧化物和碳烟的生成量方面具有较大的均衡协调空间。

经过优化的多次喷射能在喷油定时延迟的情况下,可在降低 NO_x 排放水平的同时减少颗粒排放,并有助于控制燃烧过程,使发动机噪声降低。配置高增压中冷系统和高压共轨燃油喷射系统的中高速大功率柴油机,采用多次喷射预期可获得良好的效果,并且也是比较易于实现的。

国外对多次间隔喷射也有较多研究成果报道。T. C. Tow 等人在 Caterpillar3406 重载直喷柴油机直喷式柴油机的单缸机($D=137$mm,$S=165$mm,$n=1600$r/min)上进行了多次喷射降低颗粒和 NO_x 排放的研究。燃油系统采用的是共轨式电控喷油器系统,它可以使每循环的喷油次数和喷油持续期实现灵活的调节。采用二次、三次和速率成形喷射模式对于同时降低颗粒和 NO_x 排放有效性的验证。每种喷射模式的喷油定时都有所不同，使之在颗粒、NO_x 排放和比油耗之间获得良好的折中。试验是在 1600r/min、最大转矩的（25%，75%）工况下进行的，研究结果表明，当负荷为 75% 时，采用具有较大延迟间隔的二次喷射模式，在不增大 NO_x 排放的情况下，可使颗粒排放量较单次喷射模式降低 3 倍，若采用较小喷射间隔的二次喷射模式，则颗粒排放只有很小的改善。当负荷为 25% 时，这时滞燃期较长，若采用间隔期较小的二次喷射模式将会减少预混合燃烧分量及 NO_x 排放量。相同的结果亦可在采用斜坡喷射速率的一次喷射方案时获得。但是在 75% 负荷时，颗粒排放与快速喷射方案相比将会增大。采用三次喷射模式时，如果第三次喷射的始点距第二次喷射结束较远时也可得到很好的效果。当负荷为 25% 时，三次喷射模式可使颗粒排放降低 50%，NO_x 排放降低 30%。多次喷射策略研究表明，快速喷射对于从总体上减少颗粒和 NO_x 排放是最为有利的。在二次和三次喷射策略中采取延迟喷射的有效性体现为：在循环后期可对颗粒的氧化起促进作用，并可对混合起改善作用。三次喷射模式在控制燃烧放热速率方面比一次和二次喷射模式具有更大的灵活性，这对于要求在 25% 负荷工况下同时降低颗粒和 NO_x 排放是必要的。

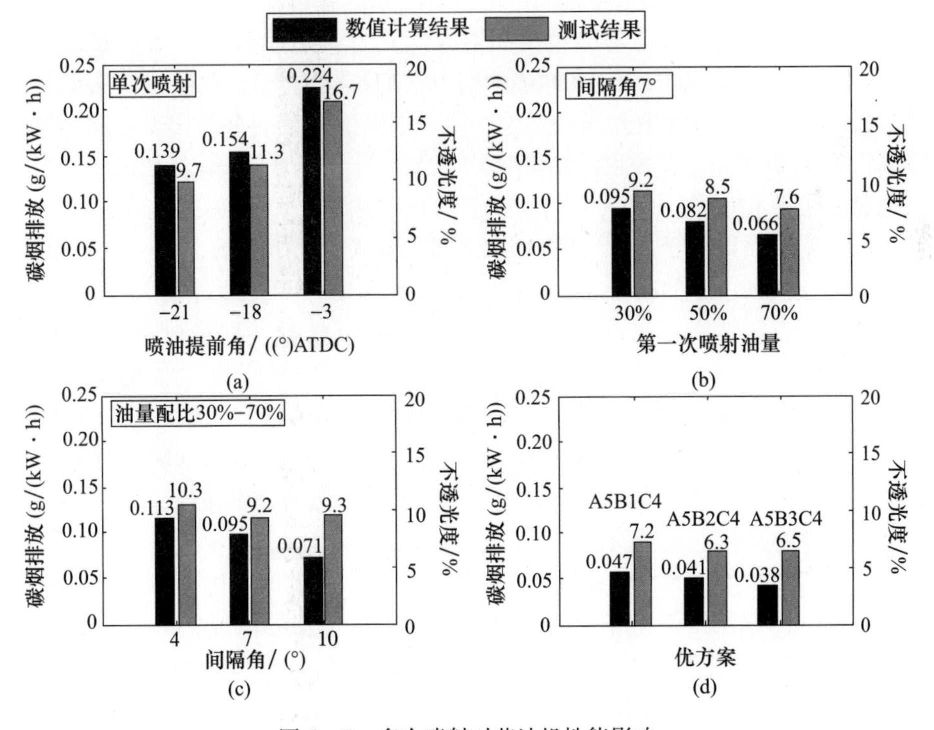

图 5－7　多次喷射对柴油机性能影响

从研究结果可观察到很多具有普遍意义的现象和结论：

(1) 采用快速提升的喷射速率对于多次喷射策略是有利的，因为可以缩短整个喷射持续期。NO_x 的排放水平与喷射定时、初次喷射的燃油量和初始喷射速率相关联。当放热率曲线尖峰后燃烧的油量很少时，颗粒排放通常会减少。

(2) 间隔式喷射模式出现的一个重要的情况是，它可使空气与燃油的混合及燃烧过程后期颗粒的氧化速率加快。二次和三次喷射策略的主要获益是因其具有为降低 NO_x 推迟喷射而不增加颗粒排放水平的能力。在最后一次喷射之前具有较长的间隔期对降低颗粒排放有显著的作用，它比最后喷射油量的多少更为关键。三次喷射可以对整个燃烧过程进行更高等级的控制，控制等级的提高有助于在低负荷工况下降低排放水平，因为它可以较大地改变参与预混燃烧的燃油量和强烈程度。

(3) 推迟喷射对效率下降的影响很小，因为在最后喷射脉冲过程中的燃烧速率非常快。

(4) 当前的研究结果表明，最佳的喷射策略应该是：在喷射初期采用慢速率喷射或少量的预喷射（用以控制 NO_x），然后在具有较长间隔期的其后各次喷射中采用快速率喷射（用以控制颗粒排放）。

Shundoh 等人的研究报告指出：

(1) 具有快速喷射速率的单次喷射方式在各种试验条件下均具有最低的 BSFC 和最少的颗粒排放量。在间隔喷射方式的试验中，第一次喷射的喷油量对气缸内的压力升高速率有显著的影响。第一次喷射油量的百分比也与发动机的排放相关联，如果第一次喷射的油量增多时，NO_x 排放增加而颗粒排放减少。当两次喷射的间隔角为 3°CA 和 8°CA 的情况下，对于排放未见有相关的影响。

(2) 间隔喷射对于 NO_x - PM 排放之间的权衡会发生影响，由于对混合的促进作用和空气利用率的改善，在 25% ~75% 和 50% ~50% 两种喷射方式时，与单次喷射的权衡结果相比，在颗粒排放不增大的情况下 NO_x 排放会有所减少。而且，即使燃烧过程延续到膨胀过程时也不会引起颗粒排放的增加，燃烧过程越靠近 TDC 对于改善效率越有利。采用速率成形的燃油喷射，其 NO_x - PM 权衡曲线有少许变差，但是采用较慢的喷射速率可使燃烧过程延后到膨胀过程比快速喷射具有较低的颗粒排放。同时它的 BSFC 也处于快速喷射的基线之上，这是因为其喷油持续期更长所致。

(3) 从 25% ~75%、50% ~50% 和 75% ~25% 各种间隔喷射方式的试验结果可以看出，采用间隔喷射在颗粒排放只有极少量增加的情况下 NO_x 会有所降低，在喷射间隔期较长的情况下，虽然会使扩散燃烧期在循环中向后延迟，但其排放却与单次喷射方式相似。采用喷射速率成形及多次喷射方式可使燃烧过程延迟到膨胀过程，但其结果是碳粒排放低于单次喷射的基线。

5.5　改善柴油机性能的各种燃烧模式

5.5.1　高压共轨 + 多次喷射 + 废气再循环燃烧模式

高压、多次间隔喷射方式与其他减排措施具有良好的兼容性。众所周知,采用 EGR 可降低 NO_x 排放。研究表明,采用 5% ~25% 的 EGR 可使 NO_x 下降 30% ~75%。在保持同等排放水平的条件下,采用 EGR 与延迟喷射相比,燃油消耗率可有 10% 的改善。但是 EGR 也有不利的影响,如由于在进气中有碳粒,在再循环废气中含有硫酸使润滑油变质,导致发动机的磨损增大;由于废气在进气时替换了部分新鲜空气,故需要更高的增压度以保持原有的功率密度;在高负荷时需要利用废气再循环来减低 NO_x 排放,但由于燃烧温度的下降也同时降低了碳粒的氧化速率而使颗粒和 HC 排放增加,虽然在高负荷时不使废气得到冷却可以有助于降低颗粒和 HC 排放,但进气温度的升高会使充气效率降低。

D. A. Pierpontet 的研究结果表明,EGR 从三个方面对 NO_x 排放产生影响:延长点火延迟期,其作用与推迟点火定时相似;工质的热容量增大,在进气中加入惰性废气,使燃烧过程中由于不参加反应物质的存在而使其热容量增大,从而导致最高温度下降;进气被惰性气体稀释,混合气中惰性气体量的增加会使绝热火焰温度降低。

Towetal 的研究表明,采用二次及三次喷射,并对喷射间隔期进行优化,可大幅度降低颗粒排放的水平。其主要原因是在循环后期强化了混合,促进了碳粒的氧化。经过优化的多次喷射能在各种 NO_x 排放水平条件下降低颗粒排放,但在喷油定时延迟的情况下最为有效。在多次喷射的后喷期所喷射的油量很少时,对于 BSFC 只有少许影响。但是,当各次喷射的油量比较均匀且具有较大的间隔期的情况时,BSFC 将会增加 3% ~4%。采用 EGR + 多次喷射方案将会更好地使发动机燃烧,排放及性能得到改善。试验结果表明:颗粒排放和 NO_x 排放同时减少,但在 BSFC 方面有一些损失,这主要是由于喷油推迟所造成。采用多次喷射控制颗粒排放会使 EGR 所产生的不良后果(发动机磨损增大,润滑油污染等)有所减轻。

5.5.2　高压共轨、多次喷射 + Miller 系统燃烧模式

Miller 系统是通过进气门提早关闭,使进入气缸的增压空气得到膨胀,使其温度进一步降低。将增压空气的缸外冷却与缸内膨胀冷却相结合使压缩始点的温度降低,故称为低温高增压系统。循环各点的温度的绝对值下降,但其相对比值并未改变,因而循环的热效率并不会降低。由此可见,Miller 系统在高增压发

动机上的应用不仅有利于功率密度的提高，而且也可降低燃烧温度以减低 NO_x 的生成速率，有利于降低排放。

Miller 系统的目的在于通过增加充入燃烧室的空气量使发动机获得更大的输出功率。采用高增压并在进气过程活塞到达下止点（BDC）前关闭进气门，进入气缸的空气在缸内膨胀，使活塞到达下止点时缸内气体的工质参数与常规发动机相近，这样就为获得更多功率提供了前提条件，所增加的功率可用以补偿在采用其他降低排放措施时（如废气再循环）所造成的功率损失。与此同时，由于高增压系统采用了有效的中间冷却，并且通过空气在气缸内的膨胀，使得在下止点时空气的温度比标准过程低得多。另外，在全负荷时气缸内的空气量很多，这时的空燃比较大，也会使缸内温度进一步降低，从而使整个燃烧循环中的温度降低，致使氮氧化物的生成速率降低，实现低排放。

Hansruedi Stebler 等人对某型大功率柴油机（转速为 1000r/min，按陆用发电机组运行模式）的研究结果表明：当单独采用具有固定进气门定时的 Miller 系统时，在广阔的运行范围内使燃油消耗率得到改善，并同时能减少 NO_x 排放。与常规发动机相比，在高负荷工况时 NO_x 排放可降低 20%。与此同时，燃油消耗率下降 0.5% ~2%，对其他参数没有很大的影响。但在低负荷工况仍然存在问题，相对于这时的充气压力，其进气门开启持续时间显得不够长，从而导致空燃比下降。

5.5.3 高压共轨 + Miller 系统 + 废气再循环 + 可调喷嘴节面涡轮增压器燃烧模式

Miller 系统与其他的减排措施具有良好的相容性，如再加上采用新开发的高压废气再循环（HPEGR）系统，则 NO_x 排放可降低 50% 甚至更多。但是，由于 EGR 小涡轮增压器从主涡轮分出了一定量的废气和焓，导致增压空气压力下降，因而使整个负荷范围内的空燃比迅速下降，从而在高 EGR 率（约 15%）情况下，燃油消耗率和烟度指数将会升高到不可接受的水平。如再加上可调涡轮喷嘴界面系统（VTG）及高压共轨喷射系统（CRS），即组成了在整个运行区域最佳的发动机设计结构方案。此时，在部分负荷时无需采用 EGR 系统即可使 NO_x 降低 30% ~50%，与此同时，燃油消耗率及烟度指数与基线值相比基本相同或有少许改善。当采用 EGR 系统时，选用具有较小喷嘴截面的 VTG 增压器可提高充气压力，空燃比不会降低，此时 NO_x 排放下降 40% ~82%，而颗粒排放和燃油消耗率都基本保持不变。当采用小截面的 VTG 时，若同时采用推迟喷射的措施，可使 NO_x 排放显著下降，而此时空燃比可保持不变或略有增大。

H. STEBLER 对一台新开发的具有高压废气再循环系统（HPEGR）、共轨系统（CR）及可调涡轮级和节面涡轮增压器（VTG）的中型中速直喷式柴油机的性能与排放参数进行测定,并与标准型发动机进行了比较。在输出功率、燃油消耗率、颗粒及其他排放保持不变的条件下,根据柴油机的负荷及所采用的优化准则,NO_x 排放可降低 30% ~80%。如果将燃油消耗率增加 1% ~3%,并允许颗粒排放略有增加时,则 NO_x 排放可降低达 60%。

试验所用的发动机为 Wartsila NSD9S20,9 缸、直喷式、四气门、四冲程柴油机。其主要参数为:气缸直径 200mm,冲程 300mm,压缩比 13.5,转速 1000r/min,输出功率 1420kW,平均有效压力 2MPa。发动机的基本配置:装有 ABBRR181 增压器,压比为3(全负荷);单体泵式喷油系统,标准最高喷射压力为 130MPa,全负荷时的平均喷射压力约为 85MPa;喷油器的喷嘴为 12 孔,孔径为 0.285mm。

按陆用发电机组运行模式的发动机,在整个负荷范围内的性能得到了明显的改善。根据运行和排放规范的要求,在燃油消耗率及烟度值保持不变的情况下,可使 NO_x 降低 30% ~50%。这可根据负荷工况采用最佳的组合形式来实现。

单独采用具有固定进气门定时的 Miller 系统在广阔的运行范围内使燃油消耗率得到改善,并使 NO_x 排放减少。与常规发动机相比,在高负荷工况时 NO_x 排放可降低 20%,与此同时,燃油消耗率下降 0.5% ~2%,对于其他参数则没有很大影响。

在低负荷工况仍然存在问题。因为相对于这时的充气压力,其进气门开启时间不够长,从而导致空燃比下降,建议采用可变截面喷嘴的涡轮。

在此基础上再加上 VTG 及 CR 系统即组成了在整个运行区域最佳的发动机设计结构方案。此时,在部分负荷时无需采用 EGR 系统即可使 NO_x 降低 30% ~50%,而且燃油消耗率及烟度指数与基线值相比基本相同或有少许改善。在 75% ~100% 的负荷区域内,采用 5% EGR 率及 ABB 系列中的 TPS50VTG 则可以显示出所有附加措施的潜力。当采用 EGR 系统时,选用具有较小喷嘴截面的 VTG 增压器可提高充气压力,空燃比不会降低,此时 NO_x 排放下降 40% ~82%,而颗粒排放和燃油消耗率都基本保持不变。

当采用小截面的 VTG 时,倾向于用推迟喷射的方法可使 NO_x 排放显著下降,而此时空燃比可保持不变或略有增大。进一步的潜力尚待发掘,特别是共轨系统喷油器孔尺寸的选择。此外,喷油及增压系统与发动机的匹配、燃油规格的更换、船舶及电站运行的要求等都是可以考虑合理选择的。最后,在全负荷时采用低 EGR 率连同很低的碳烟排放水平并不会对可靠性产生很大影响。

5.5.4 缸内直接喷水,湿循环燃烧模式

湿循环(HAM)技术于 20 世纪 90 年代初应用于涡轮增压柴油机上,它采取将进入气缸的空气用水蒸气加湿,其作用机理为:使混合气的比热增大;利用水

蒸气置换部分增压空气时可燃混合气稀释;水分子在燃烧中分解,其中后两种作用是很有限的。在发动机上装有空气加湿器,利用冷却水或废气加热产生水蒸气。根据在 PC2-6 发动机上进行台架试验的结果表明,HAM 系统是应对排放挑战的一项有效技术措施。其优点为:可使 NO_x 排放减少 70% ~80%;CO、HC 无明显增加,排烟无变化;燃油消耗量无明显变化,滑油消耗量减少;排温及气门温度下降,零部件上积炭减少,发动机及 HAM 系统运行可靠。

5.6 小　结

燃烧模式是在燃烧机理(化学反应动力学)、气体流动原理(流体动力学、湍流理论)及传热、传质原理的基础上,在现代供气系统(高增压)、喷油装置(高压喷射、电子控制)发展水平的条件下,根据柴油机燃烧过程特点,探求合理的匹配以获得最佳燃烧效果(动力性经济性排放性平稳性)。

对于低温燃烧的概念,虽然柴油机气缸内空燃比的平均值可达到 23 以上,在燃烧过程中相应的气体平均温度大约为 2000K,但实际气缸内的混合气是不均匀的,其燃烧火焰温度的峰值可高达 2700K,极有利于 NO_x 的生成。因此,均温燃烧的概念可能比低温更为确切。通过降低燃烧始点温度,可能使平均温度下降,但不解决峰值温度过高问题,则仍然不能使 NO_x 排放减少,而且燃烧平均温度过低会对循环效率产生不利的影响。

在当前可能采取的技术措施的条件下,所集合组成的低温燃烧模式有:

(1) 低温低强度燃烧模式。其组合为高增压 + 单次喷射 + EGR(Miller),特点是工质充量密度增加,但循环喷油量未增加,可使排放性及经济性得到改善,但动力性受到限制。

(2) 低温高强度燃烧模式。其组合为高增压系统 + 高压共轨喷油系统 + 电控多次喷射,可从根本上改变机械控制、低压、脉动式供油、单次喷射的传统燃油喷射方式的约束条件(启喷压力低、)和控制喷油规律的技术措施(采用三角形、靴型供油规律)。但它也不企图通过预混压燃方式改变柴油机的扩散燃烧特点,从而造成对燃烧过程失去控制的后果。它根据柴油机扩散燃烧的基本特性及预混燃烧的客观存在,通过高压喷射改善混合,缩短滞燃期,通过多次间隔喷射调节喷油时间和喷油量(控制供油规律)实现多级燃烧的方式来控制燃烧过程的发展规律,在此基础上实现精准的、个性化的和点对点的优化控制,使柴油机在整个运行工况范围内各个运行工作点的排放性、经济性和动力性都得到改善,其发展前景是实现低温(均温)、低空燃比、等压燃烧相结合的低温超高强度燃烧模式,它可使动力性和平稳性得到进一步提高。

燃烧模式的研究,实质上是围绕热力发动机通过燃烧方式实现能量转换过程中,对能量的产出和污染物生成这一对共生同长、相互矛盾产物之间寻求最佳的平衡点。因此,其优化方式的选择需根据发动机的类型、用途、运行条件通盘进行考虑,如城市乘用车受到排放法规的严格限制,舰用大功率发动机则对其动力性有更高的要求。因此,在性能指标优先性的排序上会有所差别,从而引发对燃烧模式选择有不同的侧重。

参考文献

[1] 蒋德明. 内燃机燃烧与排放学[M]. 西安:西安交通大学出版社,2001.

[2] 苏万华. 柴油机燃烧技术的进步与未来展望[C]. 内燃机高新技术研讨会论文集,1999.

[3] 苏万华,赵华,王建昕,等. 均值压燃低温燃烧发动机理论与技术[M]. 北京:科学出版社,2010.

[4] 石磊,邓康耀,等. 不同 EGR 方法对柴油燃料 HCCI 燃烧影响的探讨[J]. 内燃机学报,2005.

[5] 黄豪中,苏万华. 一个新的用于 HCCI 发动机燃烧研究的正庚烷化学反应动力学简化模型[J]. 内燃机学报,2005.

[6] 邵利民. 高压共轨柴油机喷射系统参数优化研究[D]. 武汉:海军工程大学,2010.

[7] 唐开元,欧阳光耀. 舰船大功率柴油机可控低温高强度燃烧技术及其实现[J]. 柴油机 2006.

[8] 唐开元. 可控低温高强度燃烧模式[C]. 湖北省内燃机学会大功率柴油机年会,2009.

[9] 张影秋. 柴油机双压共轨系研究[D]. 武汉:海军工程大学,2009.

[10] 徐洪军. 基于多次喷射的柴油机性能优化研究[D]. 武汉:海军工程大学,2009.

[11] Tow T C, Pierpont D A, Reitz R O. Reducing Particulate and NO_x Emissions by Using Multiple Injections in a Heavy Duty D. I. diesel engine[C]. SAE94058.

[12] Pierpontet D A. Reducing Particulate and NO_x Using Multiple Injection and EGR in a D. I. Diesel Engine[C]. SAE950217.

[13] Nehmer D A. Measurement of the Effect of Injection Rate and Split Injectionon Engine Soot and NO_x Emission[C]. SAE940688.

[14] Emmanuel Riom. NO_x Emission Reduction With The Humid Air Motor Concept[C]. CIMAC-Congress, 2001, Hamberg.

[15] Philipp, Schneemann A, Willmann M, et al. Advanced Optimisation of Common Rail Diesel Engine Combustion[C]. CIMAC Congress, 2001, Hamburg.

[16] Raineretal. Common Rail Applications for Medium Speed Engines[C]. CIMAC Congress, 2001.

[17] 高宗英,朱剑明. 柴油机燃料供给与调节[M]. 北京:机械工业出版社,2010.

[18] 徐家龙. 柴油机电控喷油技术[M]. 北京:人民交通出版社,2011.

第6章　柴油机燃烧过程的数值仿真计算

内燃机工作过程的计算机模拟以流体力学、燃烧学、传热学等理论及数值计算方法和试验研究为基础,以计算机为工具,融试验研究、理论分析和数值计算为一体,综合考虑气流运动、燃烧室形状、喷雾和燃烧等因素的匹配,不受试验环境和试验条件的限制,开辟了用理论直接指导试验和设计工作的新途径。

内燃机工作过程模拟,不仅可以计算设计工况点,还可以计算非设计工况和变工况点,估计环境参数变化对内燃机性能的影响;不仅可计算内燃机的稳态过程,还可以计算瞬态过程,研究各结构参数及性能参数与瞬态响应特性的关系,探求改善瞬态特性的技术措施;不仅在设计阶段可以进行多方案比较,还可以在调试阶段与测试相结合,指明调整的参数及变化,向优化设计方向推进。

仿真计算的精确性有赖于边界条件的取定,而这些边界条件许多是通过试验所获得的经验公式、统计数据和图表,计算的初始值也多数取自试验结果。因此,试验工作是模拟计算的前提和基础,而模拟研究又是试验工作的深化和补充,两者相辅相成。

燃烧模型主要是指内燃机工作过程中,缸内工质流动、传热的流体力学和热力学行为的一组物理和化学的数学方程式。它从工作过程的物理化学模型出发,用微分方程进行数学描述,然后用数值方法进行求解,求得各参数随时空的变化规律,进而分析有关参数对内燃机性能的影响。

自20世纪60年代以来,随着电子计算机技术的应用,柴油机工作过程数值模拟研究得到迅速的发展。工作过程数值模拟计算按其用途可分为以下两类:

1. 设计用计算

设计用计算是以确定发动机工作参数、结构方案和主要尺寸为目的。设计用计算以发动机的结构参数为输入变量,以发动机的性能指标及相关参数为输出结果,通过对发动机工作循环各个过程及各个系统的传热、流动等环节,遵循能量守恒、质量守恒等一系列自然法则的制约条件进行系统完整的计算。其目的是:预测发动机的各项宏观性能指标(燃油消耗率、最高燃烧压力、排气温度等);确定最佳的结构参数(喷油定时,进、排气门定时,涡轮喷嘴截面积等);为部件结构的机械强度提供设计依据(示功图),以及为受热不见得热应力计算提供壁温及气体放热等边界条件。

2. 研究用计算

研究用计算用以揭示系统各因素之间的数量关系。这类计算包括：

(1) 诊断性计算。用于对已有的试验结果进行分析和解释，以试验结果所得数据作为输入参数并据此进行推演，转换得到过程的另一些具有现实物理意义的参数数据。例如，将燃烧过程的压力信号转换成工质的放热率，可有助于了解发动机滞燃期、预混合燃烧、扩散燃烧等方面的情况；又如，将排气管压力波分解成入射波和反射波，可有助于了解压力波在管道内的传播和在边界上的反射情况。

(2) 预测性计算。预测是诊断的逆过程，它不是分析已有的结果，而是推算将会得到的结果。诊断性计算中的输入参数将是预测性计算的输出参数。预测性计算是以建立各种物理现象之间的相互关系为目的。预测性计算的方法可分为经验性、半经验性和纯理论性等三种类型。经验模型是根据一定的模式对大量试验数据进行回归分析，建立参数之间的数值关系，然后以外推用于未知的领域来预测可能得到的结果，如 Вибе 放热规律；半经验模型是指模型中的一部分(子模型)是经验性的，如准维多区燃烧模型，其中的气相紊流喷柱模型中的喷注长度计算是采用经验模型；纯理论模型是采用理论方法通过数学公式来描述物理过程的细节，这类模型比较复杂，一般是三维非定常模型来描述随空间和时间随机变化的过程。

柴油机的燃烧模型可以分为热力学模型和多维模型两类。热力学模型着重于发动机系统的能量转换方面，它在燃烧模拟中的典型应用就是根据给定的压力随时间的变化关系来计算燃烧放热率，属于诊断性模型；多维模型实际上就是流体动力学计算模型，它被用以描述发动机实际工作过程中燃烧室内的流场、温度场、组分(浓度场)、压力及湍流的瞬时及局部的变化，多维模型更为精确，并能提供更多关于燃烧的基本信息，属于理论型模型。

6.1　计算流体力学的基础知识

计算流体力学通过一组经典的守恒偏微分方程来描述柴油机气缸内流体运动和流场结构及其对燃油与空气的混合、燃烧、传热和排放的影响。利用计算机对方程组在特定的边界条件下进行求解，可获得一系列缸内流场的详尽信息，为燃油喷雾、混合及燃烧的模拟研究提供有力的工具。缸内流动状态的模拟成为柴油机燃烧过程多维模型的主要组成部分之一。

6.1.1　流体运动的控制方程式

柴油机气缸内的气体流动极其复杂，具有黏性、可压缩、非定常、湍流、传热、传质、外源等各种流动特征。流体运动作为物质运动的一种形态，必然符合质量守恒、动量守恒、能量守恒等物质运动等普遍规律。

1. 质量守恒方程式(连续性方程式)

$$\frac{\partial\rho}{\partial t}+\mathrm{div}(\rho\boldsymbol{u})=0 \tag{6-1}$$

式(6-1)即为可压缩流场中一点处的非稳态、三维质量守恒方程式。其中,左侧第一项为密度随时间的变化率,第二项表示通过介面流出微元的质量,为对流项。对于不可压缩流体,密度为常数,则

$$\mathrm{div}(\rho\boldsymbol{u})=0 \tag{6-2}$$

写成拉格朗日—欧拉形式,即

$$\frac{\mathrm{d}}{\mathrm{d}t}\int_V\rho_m\mathrm{d}V=-\oint_S\rho_m(c-U)\mathrm{d}A+\oint_S\rho D\nabla\left(\frac{\rho_m}{\rho}\right)\mathrm{d}A+\int_V\dot{\rho}_S\delta_{ml}\mathrm{d}V \tag{6-3}$$

式中:左端为单位时间内流体微元中组分的质量变化;右端第一项为通过边界流入流体元内的质量输运量;右端第二项为边界内外因组分密度分布不均匀产生的扩散传质量;右端第三项为流体微元内燃油蒸发产生的外源项,记蒸汽组分为$l=1$,则当$m=1$时,$\delta_{ml}=1$;$m\neq1$时,$\delta_{ml}=0$。$\dot{\rho}_S$为燃油质量变化率;∇为拉普拉斯算子,$\nabla=i\frac{\partial}{\partial x}+j\frac{\partial}{\partial y}+k\frac{\partial}{\partial z}$。

2. 动量守恒方程

$$\frac{\partial(\rho\phi)}{\partial t}+\mathrm{div}(\rho\boldsymbol{u}\phi)=\rho\left(\frac{\partial\phi}{\partial t}+\boldsymbol{u}\cdot\nabla\phi\right)+\phi\left[\frac{\partial\rho}{\partial t}+\mathrm{div}(\rho\boldsymbol{u})\right]=\rho\frac{D\phi}{Dt} \tag{6-4}$$

考虑到$\partial\rho/\partial t+\mathrm{div}(\rho\boldsymbol{u})=0$,式(6-4)的物理意义可描述为:微元体内$\phi$的增长率+流出微元体的$\phi$的净流率=流体质点的$\phi$的增长率。

写成拉格朗日—欧拉形式为

$$\frac{\mathrm{d}}{\mathrm{d}t}\int_V\rho c\mathrm{d}V=-\oint_S\rho c(c-U)\mathrm{d}A+\int_S p\bar{\bar{I}}\mathrm{d}A+\oint_S\bar{\bar{\sigma}}\mathrm{d}A+\int_V F_S\mathrm{d}V \tag{6-5}$$

式中:p为静压力;$\bar{\bar{I}}$为单位二阶张量;$\bar{\bar{\sigma}}$为黏性应力张量。根据牛顿黏性应力公式,有

$$\bar{\bar{\sigma}}=\mu[\nabla c+(\nabla c)^{\mathrm{T}}]+\mu'(\nabla c)\bar{\bar{I}}$$

式中:∇c为并矢;$(\nabla c)^{\mathrm{T}}$为其转置;μ为第一黏性系数;μ'为第二黏性系数。

3. 能量方程

依据热力学第一定律,可得

流体质点的能量增长率=传递给质点的净热量+作用在质点上的净功

流体的能量可定义为内(热)能I、动能$\frac{1}{2}(u^2+v^2+w^2)$和重力势能之和。当流体微元流过重力场时可以把重力视为体积力,把势能效应作为源项,可得到能量方程为

$$\rho\frac{DE}{Dt}=-\mathrm{duv}(\rho\boldsymbol{u})+\left[\begin{array}{l}\frac{\partial(u\tau_{xx})}{\partial x}+\frac{\partial(u\tau_{yx})}{\partial y}+\frac{\partial(u\tau_{zx})}{\partial z}+\frac{\partial(v\tau_{xy})}{\partial x}+\\ \frac{\partial(v\tau_{yy})}{\partial y}+\frac{\partial(v\tau_{zy})}{\partial z}+\frac{\partial(w\tau_{xz})}{\partial x}+\frac{\partial(w\tau_{yz})}{\partial y}+\frac{(\partial(w\tau_{zz}))}{\partial z}\end{array}\right]+$$
$$\mathrm{div}(\mathrm{kgraddT})+S_E \tag{6-6}$$

写成拉格朗日—欧拉形式为

$$\begin{aligned}&\frac{\mathrm{d}}{\mathrm{d}t}\int_V(\rho u)\mathrm{d}V=-\oint_S(\rho u)(c-U)\mathrm{d}A-\oint_S p(\bar{\bar{I}}c)\mathrm{d}A+\\&\oint_S(\bar{\bar{\sigma}}c)\mathrm{d}A-\oint_S Q\mathrm{d}A+\int_V\dot{E}_S\mathrm{d}V\end{aligned} \tag{6-7}$$

式中:左端为流体微元内流体内能的变化率;右端第一项为因质量输运所携带的能量输运;右端第二、第三项为外围流体作用在流体微元边界上的应力所作的功;右端第四项为通过边界的传热量,Q 为热流量,方向为外法线方向;右端第五项为外源项,即液相与气相之间的能量交换;$\dot{E}_S$ 为单位时间单位体积内的能量交换率。

4. 组分守恒方程

化学组分守恒定律定义为

流体微元内 I 的增长率 + 流出微元的 I 的净流率 = 流体质点的 I 的增长率 + I 的反应生成率

令 m_l代表一种化学组份的质量分量(在一定容积内所包含的组分 I 的质量与系统容积中所包含的混合物的总质量之比)。当存在有速度场 $\boldsymbol{u}$ 时,可把 m_i 的守恒关系表示为

$$\frac{\partial}{\partial t}(\rho m_I)+\mathrm{div}(\rho\boldsymbol{u}m_I+\boldsymbol{J}_I)=R_I \tag{6-8}$$

式中:$\partial(\rho m_I)/\partial t$ 代表单位容积内化学组分 I 的变化率,$\rho\boldsymbol{u}m_I$ 时组分 I 的对流流量密度(即流场 $\rho\boldsymbol{u}$)所携带的流量密度;$\boldsymbol{J}_I$ 代表扩散流量密度,它常由 m_I 的梯度取得;位于右侧的量 R_I 是单位容积的化学组分 I 的生成率,它是由化学反应所产生的。根据反应式生成或是消耗组分来确定其正负号,对于不参与化学反应额组分 $R_I=0$。

5. 状态方程

流体在三维空间的流动可用5个微分方程来描述,即质量守恒方程;x、y、z 三个方向的动量方程和能量方程。未知因变量有 ρ、p、i、T 等4个热力学量,通常可以用两个变量来描述处于热力学平衡情况下的物质状态。状态方程可以将其他变量与这两个状态变量联系起来。若采用密度 ρ 和温度 T 作为状态变量,

则可把压力 p 和内能 i 表示为

$$p = p(\rho, T), i = i(\rho, T) \tag{6-9}$$

对于理想气体有

$$p = \frac{M}{V}\mathrm{RT}, i = c_v T \tag{6-10}$$

对于可压缩流动,状态方程一方面提供了与能量方程之间的关联,另一方面提供了与动量方程之间的关联。期间的关联通过流场内压力和温度变化所导致的密度变化而实现。

在以上的基本方程中,未知量有:因变量 ρ_m、ρ、u,c;状态量 p、T、h_m;外源项 $\dot{\rho}_S$、F_S、$\dot{E}_S$。其中,状态量可由状态方程联系起来,即

内能与温度的关系:

$$u(T) = u(T_0) + c_v(T - T_0) \tag{6-11}$$

混合气体 u_m 的加和性:

$$u(T) = \sum_m \frac{\rho_m}{\rho} u_m(T) \tag{6-12}$$

内能与焓的关系:

$$h_m(T) = u_m(T) + \mathrm{RT}/\hat{M}_m \tag{6-13}$$

式中:u_m 为混合气体组分 m 的分质量内能;$\hat{M}_m$ 为组分 m 的克分子量。

6. 通用形式微分方程

如果用 ϕ 表示因变量,通用微分方程式可写为

$$\frac{\partial}{\partial t}(\rho\phi) + \nabla \cdot (\rho \boldsymbol{u} \phi) = \nabla \cdot (\boldsymbol{\Gamma} \nabla \phi) + S \tag{6-14}$$

式中:Γ 是扩散系数;S 是源项;对于特定意义的 ϕ,Γ 和 S 也是特定的量。

上述通用微分方程中的 4 个项分别是不稳定项、对流项、扩散项和源项。方程式中的应变量可以表示各种不同的物理量,如化学组分的分量、焓或温度、速度分量、湍流动能或湍流的长度尺度。与此相应,相对于这些变量,必须对相应的扩散系数 Γ 和源项 S 赋以适当的意义。

写成拉格朗日—欧拉形式为

$$\frac{\mathrm{d}}{\mathrm{d}t}\int_V (\rho\varphi)\mathrm{d}V = -\oint_S (\rho\varphi)(c - U)\mathrm{d}A + \oint_S (\Gamma_\varphi \nabla\varphi)\mathrm{d}A - \oint_S S_{\varphi n}\mathrm{d}A + \int_V S_{\varphi w}\mathrm{d}V \tag{6-15}$$

式中:各项从左到右依次为瞬态项、对流输运项、内源项和外源项。

仅有控制微分方程还不足以确定某个物理量随空间和时间变化规律,因为这个变化环与物理量的初始状态以及它通过边界所受到的外界作用有关。描述这种初始状况、边界状况的数学形式分别称为初始条件和边界条件。控制微分

方程和初始条件及边界条件构成了对一个物理过程的完整的数学描述,在数学上称为定解问题。

6.1.2　控制方程的数值解法

对于在求解域内所建立的偏微分方程式(控制方程),理论上是有真解(解析解、精确解)的,但由于实际问题的复杂性,一般很难求得方程式的真解,因此就需要通过数值方法把计算域内有限数量位置(网格节点或网格中心点)上因变量值作为基本未知量来处理,从而建立一组关于这些未知量的代数方程,然后通过求解代数方程组得到这些节点值,而计算域内其他位置上的值则根据节点位置上的值来确定。由此可见,控制方程的数值解法可以分为两个阶段。首先,使用网格线将连续的计算域划分为有限离散点(网格节点)集,并选取适当的途径将微分方程式及定解条件(初始条件和边界条件)转化为网格点上相应的代数方程组,即建立离散方程组(相容性方程组);其次,在计算机上求解离散方程组得到节点上的解。节点之间的近似解,一般认为是光滑变化,原则上可以用插值方法来确定,从而得到适定问题在整个计算域上的近似解。这样,用变量的离散分布近似解代替问题精确解的连续数据。这种方法称为离散近似。计算网格节点上的物理参数未知值 ϕ 的代数方程(离散化方程)是由支配 ϕ 的微分方程(控制方程)推导而得的,即引用一个小区域的内部及其边界上的网格节点上的 ϕ 值来描述该区域内 ϕ 的变化。于是将计算区域分成一定数量的单元,每一个单元可以由其独立的分布假设,这样连续的计算区域就被离散开了。对空间和应变量所做的离散化,就有可能采用易于求解的代数方程来取代控制微分方程。由于在一个网格点上的 ϕ 值只影响与其相邻点上的 ϕ 的分布,因此当网格点的数目变得很大时,将趋近于微分方程的解。

对于瞬态问题,除了对空间域进行离散化处理外,在时间坐标上也要进行离散化,即将求解对象分解为若干时间步进行处理。

数值方法就是把计算区域内有限数量位置(网格节点)上的因变量值当作基本的未知量来处理,其任务是提供一组代数方程及求解方法。用网格节点处的值(离散点的值)来取代微分方程精确解的连续信息,这种数值方法称为离散化方法。

由于所引入的因变量在节点之间的分布假设及推导离散化方程的方法不同,就形成了有限差分法、有限元法、有限容积法等不同的离散化方法。

ALE 法是美国 Los - Alamos 国家实验室 Hirt 等人于 1974 年提出的,用于该实验室所开发的内燃机燃烧过程模拟的计算程序 COSCHAS 和 KIVA 系列,自 20 世纪 80 年代中期以来流行于国际内燃机界。从本质上说,它也是一种基于控制容积的有限差分法,但与一般的差分法相比,它具有两个突出的优点:第一,它的差分网格单元不必是矩形,可以是任意四边形(三维情况则为任意六面体),在 ALE

法中，速度 u 定义在单元角点上，而其他参数 p、T、ρ 等是定义在单元的几何中心，因而动量方程和其他因变量方程的网格系统是相互交错的。第二，ALE 方法的差分网格具有可按规定速度运动的灵活性。当网格按当地流体速度运动时，是拉格朗日计算方式；当网格固定不动时，是欧拉计算方式。这两个特点使 ALE 法特别适用于内燃机气缸中这类几何形状不规则而且容积不断变化的流动问题。

1. 控制方程式及其离散化

ALE 方法采用拉格朗日—欧拉形式的基本方程式(6-12)进行计算。ALE 的网格单元对二维情况为任意四边形，由于速度与标量定义在不同位置，故网格系统是相互交错的，因此无论对二维或三维情况，ALE 都有两套网格系统，分别用于速度和标量。对二维情况，标量的控制容积就是单元本身，如图 6-1 中的 1-2-3-4，称为标量单元；而速度的控制容积取为包围速度所在点(图中点 4)的一个任意八边形，其中 4 个顶点是周围 4 个标量单元的面心；其余的 4 个顶点是交于点 4 的 4 条边的中点，称为动量单元。对于三维情况，标量单元为任意六面体，动量单元则为一个二十四面体，又包围该速度节点的 8 个标量单元六面体和各自 1/8 体积所组成。

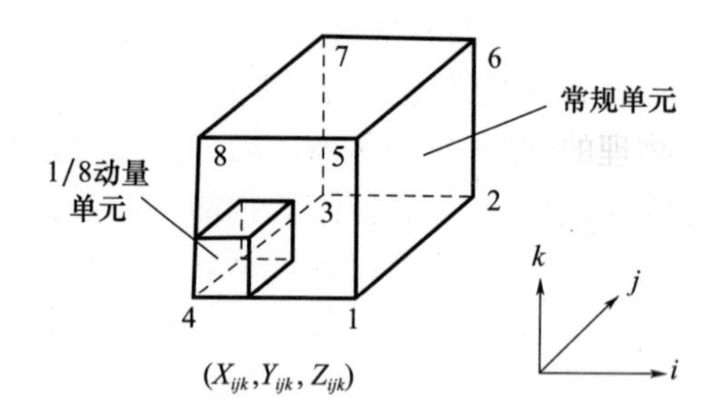

图 6-1　网格单元示意图

假定网格点一规定的某一速度 $\boldsymbol{u}_g$ 运动(可以是变量)，则连续方程在控制容积内的积分可以表示为

$$\frac{\mathrm{d}}{\mathrm{d}t}\int_V \rho \mathrm{d}V + \int_S \rho(u - \boldsymbol{u}_g) \cdot \boldsymbol{n}\mathrm{d}S = 0 \tag{6-16}$$

式中：V、S 分别为标量单元的体积和面积；$\boldsymbol{n}$ 为 S 的单为外法向量，第二项是利用高斯散度定理从体积分转换为面积分。当 $\boldsymbol{u}_g=0$ 时，为通常的欧拉型；当 $\boldsymbol{u}_g=\boldsymbol{u}$ 时，对流项消失，表明网格随流体一道运动方程就成为拉格朗日型，其他的守恒方程也可以写成类似的积分形式。

2. ALE 方法的基本计算步骤

为了能兼顾欧拉和拉格朗日两种计算方式，ALE 将每一时刻的计算分为 3 个阶段。前两个阶段是拉格朗日方式，即不考虑对流项，且网格暂时保持不动，只计算方程中的扩散项和源项。第二阶段通过一隐式的迭代过程求出压力在本时刻的新值。第三阶段是欧拉计算,把各个网格按照规定的速度(由活塞和气阀的运动规律确定)移动到新的位置,计算穿过界面的对流通量。

1) 第一阶段:拉氏差分方程

为了区分参数在不同时刻具有不同的值,我们给各参数加上一个上标,以表示不同的时间层;n 为上一时间步结束时参数的终了值,A、B 分别为本时间步第一和第二阶段结束时的参数值。同时,用下标 i、j、k 表示三维网格中某一网格点的空间位置。

首先将组分方程式离散化,差分形式为

$$[(\rho_l)^B_{ijk}V^B_{ijk} - (\rho_l)^n_{ijk}V^n_{ijk})]/\Delta t = \sum_a (\rho D)^n_a \nabla[\varphi_D Y^A_l]_a \cdot A^n_a + w_{lijk}V^n_{ijk} \tag{6-17}$$

式中:$Y_l = \rho_l/\rho$ 为组分 l 的质量分数;右端第一项代表穿越单元界面的物质通量(扩散流),已将面积分转换成通过六面体各个表面的通量的矢量和;a 为各表面的序号($a = 1,2,\cdots,6$);A 为序号为 a 的界面的有向面积;φ_D 为显隐因子,可随时间和空间变化,取值范围为 0~1,可按当地扩散强度的扩散数 C_d(Courant 数)来确定。

$$C_d = (\mu/\rho)\Delta t/(\Delta x)^2 \tag{6-18}$$

C_d的物理意义是物理的(微分方程的)扩散率与差分方程的扩散率之比,为了保证差分方程计算的稳定性,差分扩散率不得小于物理扩散率。根据严格的稳定性原则所导出的确定 φ_D的公式,即

$$\begin{cases}\varphi_D = 0 & \text{当}(C_d)^n_{ijk} \leqslant 1/4 \\ \varphi_D = 1 - 1/f(C_d)^n_{jik} & \text{当}(C_d)^n_{ijk} > 1/4\end{cases} \tag{6-19}$$

C_d 的定义为

$$\begin{cases}(C_d)^n_{ijk} = \left(\dfrac{\mu}{\rho}\right)^n_{ijk} M\Delta t \dfrac{(\Delta x_i)^2(\Delta x_j)^2 + (\Delta x_i)^2(\Delta x_k)^2 + (\Delta x_j)^2(\Delta x_k)^2}{(\Delta x_i)(\Delta x_j)(\Delta x_k)} \\ M = \max(2 + A_3, \mathrm{Pr}^{-1}, \mathrm{Sc}^{-1}, \mathrm{Pr}_k{}^{-1}, \mathrm{Pr}_\varepsilon{}^{-1})\end{cases} \tag{6-20}$$

式中:Δx_i、Δx_j、Δx_k 分别使网格单元在 i、j、k 三个方向的平均尺度;A_3为第二黏性系数与第一黏性系数之比,一般取为 0~2/3;f 是一个经验性的安全系数,可取为 2. 5。

动量方程的差分形式为

$$[(M'u)^B_{ijk} - (M'u)^n_{ijk}]/\Delta t = -\sum_\beta[\varphi_P p^B + (1-\varphi_P)p^n]_\beta + \sum_\beta[\varphi_D\tau(u^B) + (1-\varphi_D)]_\beta \cdot (A')^n_\beta \tag{6-21}$$

$$\tau = 2\mu S_{ij} - \frac{2}{3}\mu \frac{\partial u_k}{\partial x_k}\delta_{ij} \tag{6-22}$$

式中:τ 为黏性应力张量;M'_{ijk} 表示动量单元 ijk 内流体的质量;β 为该单元格表面的序号;A'_{β} 为其法向面积矢,在实际计算中可转换为标量单元的格表面的法向面积矢。压力梯度项中所含因子 φ_P 的意义和作用均与 φ_D 相类似,即控制该项显隐程度的显隐因子,它的取值取决于 Courant 数 C_s。

$$C_s = c\Delta t/\Delta x \tag{6-23}$$

c 为当地声速,φ_P的取法规定为

$$\begin{cases}(\varphi_P)^n_{ijk} = 0, & 当(C_s)^n_{ijk} \leqslant 1/f \\ (\varphi_P)^n_{ijk} = 1 - 1/f(C_s)^n_{ijk}, & 当(C_s)^n_{ijk} > 1/f\end{cases} \tag{6-24}$$

Courant 数定义为

$$(C_s)^n_{ijk} = \sqrt{\left(\frac{\gamma p}{\rho}\right)^n_{ijk}}\frac{\Delta t}{\Delta x} \tag{6-25}$$

$$\Delta x = \max(\Delta x_i, \Delta x_j, \Delta x_k)$$

能量方程的差分离散形式为

$$[(MI)^B_{ijk} - (MI)^n_{ijk}]/\Delta t = -(p^n_{ijk} + p^B_{ijk})(V^B_{ijk} - V^n_{ijk})/(2\Delta t) + [\varphi_D \tau^B \vdots \nabla \vec{u}^B + (1-\varphi_d)\tau^n \vdots \nabla \vec{u}^n] + \sum_a \lambda^n_a \nabla[\varphi_D T^B + (1-\varphi_D)T^n]_a \cdot A^n_a + v^n_{ijk} Q_{cijk} \tag{6-26}$$

在第一阶段中,除个别量如密度和质量分量需更新其值外,其余变量的求解都在第二阶段进行。

2) 第二阶段:压力的隐式迭代

ALE 法是通过联立求解动量方程,以单元表面中心处的速度(简称面心速度)为因变量,体积变化方程(即连续方程)和经过线性化处理的状态方程来确定压力,其步骤如下:

(1) 首先利用前两个时间步(n 和 $n-1$ 步)内第二阶段结束时(上标 B)的压力值做线性外插,求出本时刻压力的一个预估值 p^*,即

$$p^*_{ijk} = (p^*_{ijk})^n + \frac{\Delta t^n}{\Delta t^{n-1}}[(p^B_{ijk})^n - (p^B_{ijk})^{n-1}] \tag{6-27}$$

(2) p^* 代替目前尚未知的 p^B,求解动量方程求出的速度 u^* 作为 u^B 的预估值。

(3) 求解能量方程(其间需利用连续方程和状态方程已进行变量代换),解池温度的预估值 T^*。

(4) 利用状态方程计算标量单元容积,即

$$V^*_{ijk} = M^B RT^*/p^* \tag{6-28}$$

式中：M^B为单元内流体质量。

(5) 联立求解面心速度方程、单元容积变化方程（即连续方程）和线性化的状态方程，得到压力的校正值 p^C。

(6) 将压力校正值 p^C 与预估值 p^* 相比较，判断是否对全部网格点已达到收敛。如未收敛，则将 p^C 作为新的 p^* 返回第（2）步重新进行计算，直到收敛为止。

(7) 压力值收敛后，置 $p^B = p^C$，然后利用动量方程和能量方程解出速度 u^B 和内能 I^B。

(8) 最后，利用最新求得的速度场 u^B计算本时刻网格点的位置，即

$$x_{ijk}^B = x_{ijk}^n + u^B \Delta t \tag{6-29}$$

3）第三阶段：网格移动及对流计算

第三阶段的作用是中心划分网格，实际上就是把原来的网格点移到新位置，同时计算由此而产生的流体相对于网格的对流通量。在内燃机气缸内活塞运动引起的网格点的轴向运动速度可表示为

$$w_g = w_p(1 - z/\delta) \tag{6-30}$$

式中：w_p 为活塞的瞬时速度；z、δ 分别为从活塞顶平面到所计算网格及到缸盖的距离，穿越网格单元表面的对流通量应根据网格与流体的相对速度 $u_r = u - u_g$ 来计算。

对于穿越动量单元界面 β 的动量对流通量 u_β，其差分方程与上述标量的情况完全相同，只是要用 δM_β 代替 δV_a，此处 δM_β 是穿越动量单元各个组合界面的质量流量（每个动量单元共有 24 的表面，每 4 个表面组成一个组合界面，一般 24 个界面体的动量单元可近似地视为一个 6 面体）。这样可做如下规定：

$$当\ \delta M_\beta > 0，则\ u_d = u_2，u_a = u_1$$

$$当\ \delta M_\beta < 0，则\ u_d = u_1，u_a = u_2$$

界面 α 上的速度在 PDC 格式中可表示为

$$u_\alpha = u_d(1 + a_0 + \beta_0 C')/2 + u_a(1 - \alpha_0 - \beta_0 C')/2 \tag{6-31}$$

式中：$C' = \dfrac{4|\delta M_\beta|}{\sum\limits_i M_i^{n+1}} (i = a,b,c,d)$，$a$、$b$、$c$、$d$ 代表以棱边 1－2 为其共同边的 4 个标量单元，M_i 为各单元所含的流体质量。

ALE 方法在第三阶段的计算包括一个对流子循环，如用上标 ν 标示子循环序号，则本阶段的计算步骤如下：

(1) 根据活塞运动的规律公式确定网格速度，将全部网格点从上一时间步终了时的位置 x_{ijk}^n移到本时间步终了时的位置 x_{ijk}^{n+1}，并计算各标量单元在该完整的时间步 Δt^{n+1}内所扫过的体积 δV_a^C。

(2) 计算标量单元格表面在每一子循环时间步 Δt_c 所扫过的体积 δV_a,显然 δV_a 与 δV_a^G 之间满足下列关系:

$$\sum_a \delta V_a^G = V_{ijk}^{n+1} - V_{ijk}^n = NS \sum_a \delta V_a \tag{6-32}$$

式中:$NS = \Delta t / \Delta t_c$ 为子循环总数。

(3) 根据单元的体积变化,计算新的密度 ρ_{ijk}^{ν}。

(4) 根据单元的体积和密度的变化,计算比内能 I_{ijk}^{ν}。

(5) 根据动量的变化,计算速度 u_{ijk}^{ν},该步是在动量单元内进行的。

(6) 返回第(2)步,进行下一个子循环,完成全部 NS 次子循环后将各标量更新,此值即为其在本时间步的最终值(上标 $n+1$ 表示)。

(7) 由内能 I_{n+1} 计算温度 T_{n+1}。

(8) 利用状态方程,根据 T_{n+1}、ρ_{n+1} 计算压力的最终值 p_{n+1}。

上述各步计算均为显式,即直接由该点上一次($\nu-1$)迭代值计算新值(ν),无需求解联立的代数方程式。

6.2 柴油机燃烧过程的数值计算模型

迄今为止,燃烧过程模型的研究已经历了放热率计算、零维模型、准维模型和多维模型等阶段。放热率模型是根据实测所得示功图的压力数据来估算放热率,这种计算不涉及严格意义的数学模型,在一般情况下其结果多用于工作循环计算中燃烧过程的放热模型。

6.2.1 零维模型

零维模型又称单区模型(Single - Zone Model),是通过大量实际燃烧放热过程的统计分析,用经验公式或曲线拟合,建立表达燃烧放热过程参数间的经验关系式,特点是绕开燃烧过程复杂的物理—化学变化过程,仅将其看成是按一定规律向系统加入热量的过程,将复杂的燃烧过程简化为几个特征参数之间的关系。

零维模型采用了均匀性假设:

(1) 柴油机气缸内的各物理量在空间是均匀的。

(2) 缸内工质符合理想气体状态方程。燃油的燃烧为完全燃烧。

(3) 缸内工质在各瞬时均达到热力学平衡态,工质的状态由能量守恒方程和理想气体状态方程控制。

建立在以上假设条件下,用一个含有若干经验、半经验的常微分方程或代数方程描述柴油机气缸内燃油燃烧速率,并辅以热力学基本方程、理想气体状态方程和初始及边界条件来模拟柴油机燃烧过程的模型。该模型对时空 4 个自变量只考虑了时间自变量，而认为空间是均匀的，即空间变量为零，故称为零维燃烧模型。零维模型把每一瞬时状态视为均匀的，抽去了物理—化学反应的中间过程，仅将其看成是按一定规律向系统加入热量的过程。所以，模型虽然能够预估燃烧过程中的主要参数，并用以分析和预测发动机的性能，但无法从机理上把握燃烧中物理化学反应过程的本质和规律性。

零维模型可以通过示功图计算放热规律，也可预先假定放热规律按 Vive 函数规律变化，通过求解常微分方程得到温度的变化规律 $T(\varphi)$，然后通过理想气体状态方程求得 $p(\varphi)$，并可计算出油耗、转矩等基本性能参数。但由于排放物的形成是与局部温度、空燃比和各组分浓度有关，故零维模型对此就无能为力了。

目前在工程上应用最为广泛的是采用经验或半经验公式来表达放热规律，其中由前苏联学者韦伯（И. И. Вибе）于 1962 年基于热力学和化学动力学理论结合大量实验数据所选择经验系数，模拟实际发动机的燃烧规律，所提出的韦伯函数得到了普遍的应用。

放热规律的预测包括放热始点（着火滞燃期）和放热率随时间变化率的预测。柴油机的燃烧过程大致可分为两个阶段：

（1）预混合燃烧阶段。在此阶段中，滞燃期内喷入气缸的燃油已完成了着火前的化学和物理准备过程，因而几乎在同一瞬间发生燃烧，由于温度的升高，使反应以 e 指数倍率加速，引起放热率急剧上升，出现一个尖峰。

（2）扩散燃烧阶段。在预混合燃烧阶段燃油耗尽以后，放热率将急剧下跌，此后放热率的变化将取决于燃油与空气的混合速率。随着火焰前锋面的扩大，燃烧速度也随之增大，燃烧放热率曲线会呈现为驼峰形或平台形。此后，随着空气和燃油的耗尽及活塞下行导致温度、密度下降，燃烧速度下降并渐趋于零。

韦伯函数的表达式为

$$x = 1 - \mathrm{e}^{-6.908\left(\frac{\varphi-\varphi_b}{\varphi_e-\varphi_b}\right)^{m+1}} \tag{6-33}$$

$$\frac{\mathrm{d}x}{\mathrm{d}\varphi} = 6.908\,\frac{m+1}{\varphi_e-\varphi_b}\left(\frac{\varphi-\varphi_b}{\varphi_e-\varphi_b}\right)^{m}\mathrm{e}^{-6.908\left(\frac{\varphi-\varphi_b}{\varphi_e-\varphi_b}\right)^{m+1}} \tag{6-34}$$

式中：x 为放热百分率或累计放热率；φ_b 为燃烧始点（可在上止点前 1 ~ 10°CA 范围内选取）；φ_e 为燃烧持续角（可在 60 ~ 90°CA 范围内选取）；m 为燃烧特性指数，是表征放热率分布的一个函数，亦称放热曲线形状系数。m 值变小时，平均放热率虽然不变，但最大放热率增大，最大放热率的相位提前，前期燃烧量增加。这种形状的放热率曲线比较符合以预混合燃烧过程为主的情况，当 m 增大时，则最大放热率相位推迟，这比较符合易扩散燃烧为主的情况。由此可见，m 值的大小反映滞燃期的长短，以及滞燃期中喷入油量的多少。对于中低速柴油机，其值可在 0.1 ~ 1.0 之间选取。由于韦伯函数表示的放热规律只有一个峰值，不能正确反映直喷式柴油机放热初期的尖峰效应，为了改进这一缺陷，可采用两个函数分别拟合预混合燃烧过程及扩散燃烧过程,然后乘以相应的质量分数后相叠加。例如,Marzouk - Watson 用一个幂函数来拟合预混和燃烧的尖峰部分,而扩散燃烧部分仍然采用韦伯函数。顾宏中等则采用两个韦伯函数分别拟合预混合及扩散燃烧过程,即采用两组 m 值不同韦伯函数的叠加,构成一个效果更好的放热规律。

在应用双 Vibe 曲线模拟实际燃烧过程中,要根据柴油机转速、增压方式、燃烧方式等因素恰当地选择 Q_d、φ_{Zp}、φ_{Zd}这三个参数,表 6 - 1 给出了不同机型韦伯函数三个参数的基本选择范围。

表 6 - 1 不同机型韦伯函数三个参数的基本选择范围

机型	Q_d	φ_{Zp}/(°)CA	φ_{Zd}/(°)CA
高速、开式、增压	0.6 ~ 0.8	14 ~ 18	65 ~ 80
中速、增压	0.7 ~ 0.8	12 ~ 14	60 ~ 75
低速、增压	0.3 ~ 0.4	30 ~ 40	50 ~ 70

6.2.2 准维模型

准维燃烧模型又称多区模型(Multi - Zone Model)。它是从实际燃烧的物理—化学过程出发,建立的简化燃烧模型。准维模型考虑了油束的形成和发展、油滴与空气的相对运动、缸内工质温度分布、油滴及油气浓度分布等细节问题,将燃烧空间(雾束或火焰)划分成若干个相对独立的区域,每个子区内各自满足零维假设,各子区内的参数变化仍然用常微分方程描述分区内各参数随时间变化的关系式,这些方程式的集合就构成了准维燃烧模型,或称为燃烧现象模型。

准维模型也属于热力学模型,它和零维模型的区别主要是对燃烧空间上采取了分区处理,能够反映参数随空间的变化,在一定程度上预测排放。

柴油机内的燃烧,由于喷油过程导致在空间上具有强烈的多相性和不均匀性,不同区域的工质可能经历特征迥然相异的过程。从燃烧反应过程中释放化学能的角度来看,在同一瞬间燃烧室内可能存在如图 6 - 2 所示的几种区域:

(1) 浓燃烧界限以上的冷油核区。在此区中,没有明显的燃烧迹象,但可能发生燃料的裂解反应,产生自由碳原子和低分子碳氢化合物。

(2) 较浓燃烧区。在此区中,燃油部分氧化,燃烧产物中含有较多的自由碳原子和一氧化碳。

(3) 剧烈燃烧区,包括近似于化学当量比的油气混合区和空气较富裕的稀燃烧区,在这些区域中,燃烧完全,温度极高。

(4) 稀燃界限以下的区域和缸壁附面层区域,由于温度过低而不能完全燃烧。

不同的区域中将会产生各种有害排放物质。例如，在浓燃烧区中会产生碳烟，在剧烈燃烧燃油从喷嘴喷出后进入缸内空气，较小的油滴被旋转的空气带走并构成喷柱雾化前缘，较大的油滴集中在油束的核心，形成喷柱雾化后缘。喷柱的前缘与后缘之间构成预混合稀火焰区，越靠近前缘油滴之间的距离越大，局部燃空比也越小。前缘油滴直径最小，最先蒸发，直径为 15μm 的油滴，在燃烧室状态下，0. 5ms 内可完全蒸发。燃油着火前在预混稀火焰区已形成不均匀的预混合气，而在油束核心直径较大的油滴直到开始捉获时还处于液相。油束前缘形成着火核心，火焰向油束核心传播。介于稀火焰区和油束核心之间的油滴，受火焰辐射加热，以很快的速率蒸发。这些油滴可能在火焰到达之前完全蒸发，也可能蒸发不完全而被火焰所包围。油束核心区内的燃烧主要取决于当地燃空比。区中会因温度过高而产生 NO_x，在低温区中会产生 HC 等。

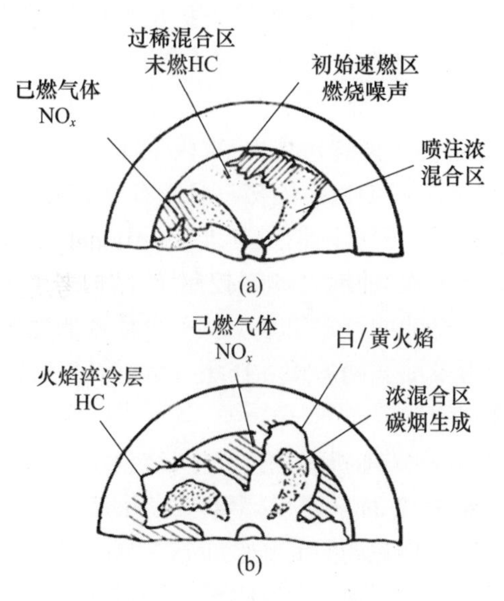

图 6－2　燃烧分区示意图

(a)预混燃烧阶段；(b)扩散混合燃烧阶段。

准维燃烧模型的构建，首先根据实测或计算所得的喷注特性数据，利用传热、传质及动量交换，计算油注成长规律和浓度分布规律；再将油注分成若干各子区，根据其成长的时间顺序，利用混合气形成和化学反应动力学原理，计算各子区内可燃混合气准备、燃烧进展和排放物的形成。具体步骤如下：

(1) 采用半经验公式计算燃油喷射过程，由此确定燃烧室内燃油蒸汽浓度的分布，并假定燃烧对浓度分布不发生影响，因而可适用于整个燃烧过程。

(2) 将这一瞬变的、轴对称的油注浓度场划分为若干个子区，每个子区视为一个零维化学热力学系统，并用能量方程、化学平衡方程等约束条件来确定子区内的热力学参数和化学组分。

(3) 划分的子区是不连续的,即相邻各子区是彼此独立的,它们原有在喷注过程中的空间几何位置在化学热力学计算中不再有任何意义。但是,所有的子区将共同遵守总的相容性准则,即所有子区的总质量守恒、总能量守恒、总体积满足外部约束条件。

(4) 总传热量用燃烧室内平均温度计算,并分摊到各个子区。传热计算采用经验传热系数公式。

(5) 排放计算只考虑了有害气相排放物 NO_x 和碳烟。

综上所述,准维模型是将燃烧室空间划分成若干区域,然后从可燃混合物形成、火焰传播、燃烧等现象出发,列出描述分区内各参数随时间变化的关系式,计算各分区内的温度和浓度(空燃比)。这些方程的集合,构成准维燃烧模型。

美国康明斯(Cummins)公司林慰梓等人提出的以气相喷注为基础的"气相喷柱燃烧模型"和日本广岛大学广安博之等人提出的"油滴蒸发燃烧模型"比较有代表性,应用较为普遍。

林慰梓等认为:在柴油机燃烧过程中,缸内工质的温度已远远超过燃油气化的临界温度,因此缸内燃油只能以燃油蒸汽状态存在,燃烧过程的进展主要取决于燃油与空气的混合速率。根据阿伯拉莫维奇(Abramovich)稳态气相射流理论推导出燃油—空气混合方程,油混合速率控制整个燃烧过程。广安博之等人认为燃烧过程主要取决于燃油的蒸发速率。从单个油滴的蒸发、燃烧规律出发,研究整个雾束内的油滴群及油滴间的相互作用,以试验确定的修正系数加以补偿。

1. 气相喷柱模型

气相喷注模型认为,在柴油机燃烧过程中,缸内工质的温度已经超过燃油气化的临界温度,因此,缸内燃油只能以燃油蒸汽状态存在,根据阿伯拉莫维奇(Abramovich)稳态气相流理论,推导出燃油—空气混合方程,再经试验加以修正。他认为,燃烧过程的进展主要取决于燃油—空气的混合速率,所以用混合速率方程控制整个燃烧过程。模型的要点可归结如下。

1) 喷注在任意时刻 t 时的几何参数

喷柱贯穿长度:

$$l = \phi \cdot t^{0.8} \tag{6-35}$$

$$\phi = \frac{450 d^{0.5} (\rho_{\mathrm{f}}/\rho_{\mathrm{d}})^{0.4}}{1 + (\rho_{\mathrm{a}}/\rho_{\mathrm{atm}})^{0.85}} (\rho_{\mathrm{a}}/\rho_{\mathrm{atm}})^{0.5} (p_{inj} - p_{\mathrm{a}})^{0.25} \tag{6-36}$$

式中:f、d、a、atm 分别表示燃油、参照燃油、空气、大气。

喷柱锥角:

$$\tan\frac{\varphi}{2} = \frac{\mathrm{d}r_0}{\mathrm{d}x} = \frac{k}{2}\left(1 + \frac{\rho_a}{\rho_x}\right) \tag{6-37}$$

式中:k 为经验常数,$k=0.24$;ρ_x 为在 x 断面上的密度,ρ_x 随 x 的增加而减小,因而喷注角将增大。

喷注尾的运动方程:

$$l_t = \frac{1}{2}F\,(t-\Delta t)^{0.6} \tag{6-38}$$

式中:l_t 为喷注尾离喷嘴孔的距离;Δt 为喷注持续时间。

2）喷注内部燃油蒸汽浓度分布

采用阿布拉莫维奇的气相喷注公式,将其推广到非定常喷射过程:

$$\begin{cases} Y_f = \rho_f/\rho \\ Y_f|_{r=0} = \dfrac{1}{\alpha(t)\cdot x+1}, \quad 0 \leqslant x \leqslant l-l_t \\ Y_f = [1-(r/r_0)^{1.5}]\cdot Y_f|_{r=0}, \quad 0 \leqslant r \leqslant r_0 \end{cases} \tag{6-39}$$

式中:x 为自喷注尾起算的距离;Y_f 为混合气的燃油质量分数;ρ_f 为燃油密度;ρ 为混合气密度;$\alpha(t)$ 为瞬时常数,可根据喷注燃油质量守恒求得,有

$$\int_0^t \frac{\mathrm{d}M_t}{\mathrm{d}t}\mathrm{d}t = 2\pi\int_0^{l-l_t}\int_0^{r_0} Y_f\,\rho r\mathrm{d}r\mathrm{d}x = 2\pi\int_0^{l-l_t}\int_0^{r_0}\frac{1-(r/r_0)^{1.5}}{\alpha(t)\cdot x+1}\rho r\mathrm{d}r \tag{6-40}$$

式中:左端项为在时刻 t 前射入的燃油累积量,可由喷油规律确定,由此可反算出 $\alpha(t)$;燃油相对浓度 Y_f 也可由此确定,Y_f 具有瞬变轴对称性质,$Y_f=f(r,x,t)$。模型假设燃烧不影响紊流混合过程,因此上述关于 Y_f 的计算结果可适用于整个燃烧过程。

3）燃烧模型的区域划分及发展

在着火后,模型将燃烧室分成三个区域:燃油喷入的空气区为 A 区,油束内的油核区为 C 区,可燃混合物区为 B 区。其中,B 区按照等油量的原则再进一步划分为若干小区,如图 6－3 所示。

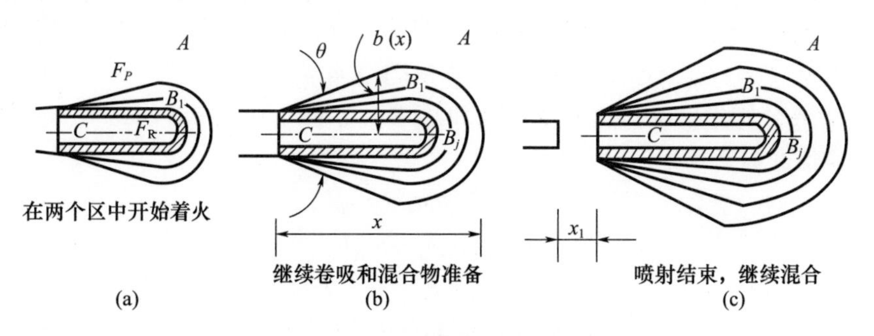

图 6－3　燃烧模型分区示意图

各区之间以当量燃油空气比 F 的等值面为边界,理论燃油当量比记为 f_{st},根据其定义有

$$Y_f = F \cdot f_{st}(1 + F \cdot f_{st})^{-1} \tag{6-41}$$

对于 $F(x,r,t) = F_i$ 的等值面,有

$$\left.\frac{r}{r_0}\right|_{x \leqslant x_{0i}} = \left[1 - (\alpha \cdot x + 1)\frac{F_i f_{st}}{F_i f_{st} + 1}\right]^{1/1.5} \tag{6-42}$$

式中:x_{0i}为等值面在对称轴 $r=0$ 处预喷注尾的距离,$x_{0i} = x_i|_{r=0} = [\alpha(t) F_i f_{st}]^{-1}$。

根据上述方程可以确定各区间的边界。当量燃油空气比的稀极限为 FL,浓极限为 FR,显然 A 区与 B 区的边界为 $r(x,t,F)|F = \text{FL}$ 所规定,B 区与 C 区之间的边界为 $r(x,t,F)|F = \text{FR}$ 所规定。B 区进一步划分是从 B 区与 A 区边界开始的,B 区中各小区 B_i 内含有的燃油量 m_{fB}其边界同样是 F 的等值面。各小区的边界可由下式确定,即

$$m_{fB} = 2\pi \int_0^{x_{0,i}} \int_0^{r_{0,i}} Y_f \rho r \mathrm{d}r \mathrm{d}x - \int_0^{x_{0,i+1}} \int_0^{r_{0,i+1}} Y_f \rho r \mathrm{d}r \mathrm{d}x \tag{6-43}$$

由此,各区的边界及 F_i 可依次求得。第一区的外边界为 $F_1 = \text{FL}$,最后一区邻接于油核区 C,其燃油量可能小于 $F_1 B$,故列为准备区,记为 B_j。随着喷注的发展,C 区外围被稀释,混合气将穿过等 FR 面进入 B_j 区,当其中的燃油量超过 m_{fB}时就组成了一个新区,而其余的燃油仍组成准备区 B_{j+1}。各区的边界位置以及 F_i 都随时变化,因此上述计算在各个时间步长中都要重复进行。

各小区质量 m_{Bi},平均当量燃油空气比 $\overline{F}_{Bi}$以及空气混合速率 m_{aBi}可由下列各式给出:

$$\begin{aligned} m_{Bi} &= 2\pi \left(\int_0^{x_{0,i}} \int_0^{r_{0,i}} \rho r \mathrm{d}r \mathrm{d}x - \int_0^{x_{0,i+1}} \int_0^{r_{0,i+1}} \rho r \mathrm{d}r \mathrm{d}x \right) \\ \overline{F}_{Bi} &= m_{fBi} (m_{Bi} - m_{fBi})^{-1} \cdot f_{st}^{-1} \end{aligned} \tag{6-44}$$

$$\dot{m}_{aBi} = [m_{Bi}(t) - m_{Bi}(t + \Delta t)] / \Delta t \tag{6-45}$$

C 区、A 区、B_j 区的计算原理与此相同。各小区均有状态方程及能量守恒方程:

$$pV = mRT \tag{6-46}$$

$$\overline{mu} = -p\dot{V} + \dot{Q} + \sum \dot{m}_j h_j \tag{6-47}$$

式中:u、h 分别为单位质量的总内能和总焓。$\sum \dot{m}_j h_j$ 为单位时间进入和离开各区的焓值。对于各小区分别为

$$B_i \text{ 区}: \sum \dot{m}_j h_j = \dot{m}_{aBi} h_a \tag{6-48}$$

$$C \text{ 区}: \sum \dot{m}_j h_j = \dot{m}_f h_f + \dot{m}_{ac} h_a - \dot{m}_{mp} h_p \tag{6-49}$$

$$A \text{ 区}: \sum \dot{m}_j h_j = -\dot{m}_a h_a \tag{6-50}$$

$$B_j \text{ 区}: \sum \dot{m}_j h_j = \dot{m}_{mp} h_m - \dot{m}_{aBj} h_a \tag{6-51}$$

式中:aBi 为 B_i 区内的空气;f 为燃油;ac 为 C 区内的空气;mp 为 C 区稀释后穿过等 φR 面进入 B_j 区的混合气;aBj 为 B_j 区内的空气。Q_i 为传热量,由总传热量按其热焓分摊到个小区上,每个小区的传热量为

$$\dot{Q}_i = \frac{m_i}{\sum m_B + m_A + m_c} \frac{T_i}{T_{\mathrm{ch}}} \dot{Q}_{\mathrm{ch}} \tag{6-52}$$

式中：$\dot{Q}_{\mathrm{ch}} = \sum hA_i(T_{\mathrm{ch}} - T_{wi})$ 为总热量；$T_{\mathrm{ch}} = \dfrac{m_A T_A + \sum m_{Bi} T_i + m_c T_c}{m_A + \sum m_{Bi} + m_c}$ 为工质按质量的平均温度。

所有各区均应共同遵守相容性方程：

$$\sum V_{Bi} + V_A + V_c + V_j = V_{\mathrm{ch}}(\theta) \tag{6-53}$$

$$\sum \dot{m}_{aBi} + \dot{m}_{aC} = -\dot{m}_a \tag{6-54}$$

燃烧室容积 $V_{\mathrm{ch}}(\theta)$ 为外部约束方程所定。

Cummins 模型的计算框图如图 6－4 所示。

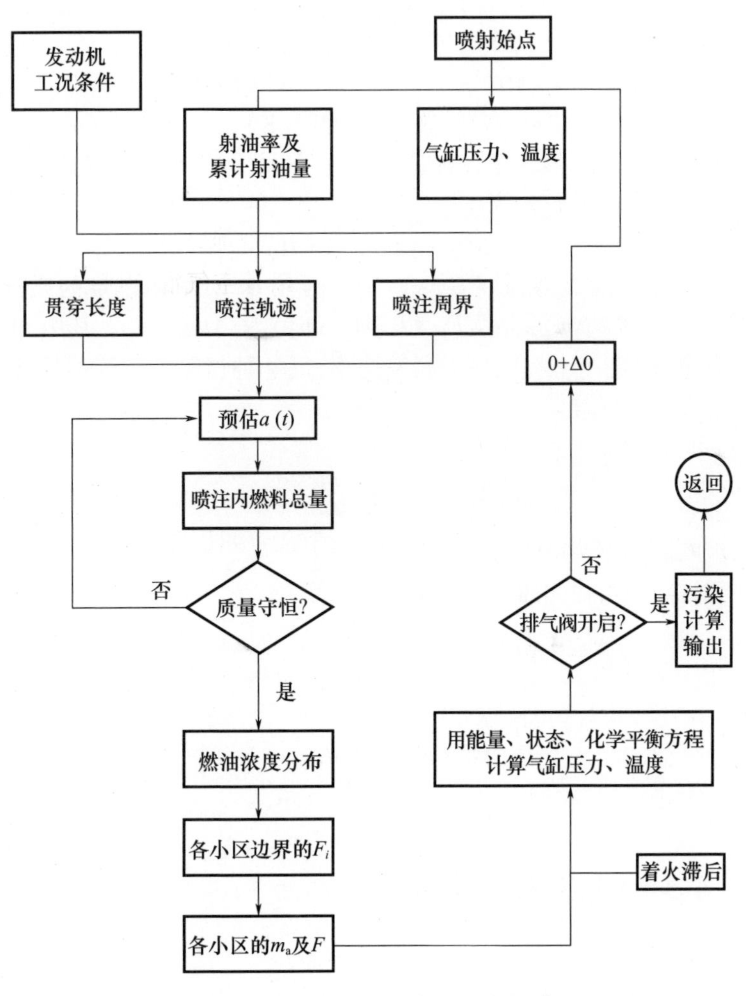

图 6－4　Cummins 模型的计算框图

4）排放生成物的计算

NO_x 的反应动力学计算是在化学平衡计算的基础上进行的。由于 NO_x 的生成量很小，对燃烧室内的热力学平衡条件的影响可以忽略不计，因而 NO_x 的计算是在化学平衡计算后独立进行，而不与其联立求解。

2. 油滴蒸发燃烧模型

油滴蒸发模型认为，燃烧速率主要取决于燃油的蒸发速率，因此，它从单个油滴的蒸发、燃烧规律出发，研究整个油束内的油滴群，油滴间的相作用则以实验得到的修正系数进行补偿。广安—角田燃烧模型的要点如下：

（1）通过油注计算确定每个小区的燃油质量、燃油蒸汽浓度以及燃油蒸汽—空气当量比，其中小区的压力、温度是蒸发的已知条件，而小区压力、温度又取决于放热过程计算，因而两者必须联立求解。

（2）模型按照经验公式确定各小区的着火滞燃期，即

$$\tau = 4\times10^{-3}p^{-2.5}\cdot F^{-1.04}\cdot \exp(4000/T) \tag{6-55}$$

式中：p 为气体压力（10^6Pa）；T 为气缸平均温度（K）；τ 为滞燃期（ms）。

（3）模型假设燃油蒸汽是在理论燃空比 f_{st}（$F=1$）下完全燃烧。每个小区在某一时间步长内的放热量为

$$\Delta Q_{ij} = (\Delta m_B)_{ij}\cdot H_{VL} \tag{6-56}$$

式中：H_{VL}为燃油的低发热量；$(\Delta m_B)_{ij}$为小区在 Δt 时间内燃烧的燃油量。若 $F_{ij}<1$，则$(\Delta m_B)_{ij}=(\Delta m_{jv})_{ij}$；若 $F_{ij}>1$，则$(\Delta m_B)_{ij}=\Delta m_{aij}\cdot f_{st}$。其中，前一种情况为空气有余，燃烧速率将取决于蒸发速率；后一种情况为空气不足，则属于空气混合速率控制型燃烧。

在某一时刻燃烧内总放热量为

$$\Delta Q_B = H_{VL}\cdot\sum_i\sum_j(\Delta m_B)_{ij} \tag{6-57}$$

柴油机的放热率为 $\Delta Q_B/\Delta t$。

（4）气缸压力可由零维方程求得，即

$$\begin{aligned}\frac{dp}{d\theta}&=\frac{1}{V}\left[(k-1)\frac{dQ_B}{d\theta}-(k-1)\frac{dQ_W}{d\theta}-kp\frac{dV}{d\theta}\right]\\ dQ_W/d\theta&=A\alpha(T-T_W)\end{aligned} \tag{6-58}$$

（5）小区温度 T_{ij}在燃烧时按照绝热火焰温度计算。燃烧结束后，各小区压力将按其压力进行计算，即

$$T_{ij}(\theta)=T_{ij}(\theta_a)\cdot[p(\theta)/p(\theta_a)]^{\frac{k-1}{k}} \tag{6-59}$$

式中：θ_a 为小区燃烧结束时的曲柄转角。

6.2.3 多维模型

柴油机的燃烧过程是一个复杂的系统，具有多种物理和化学过程同时进行，

并相互耦合所组成,包括气体的三维流动,质量、动量和能量的湍流输运,燃油的喷射、雾化和蒸发,混合气的形成、着火及燃烧,火焰的辐射和壁面的传热,污染物的形成及边界的运动等。在现阶段还不能脱离某些经验的成分,如湍流模型和化学反应动力学模型中的一些经验常数,同时由于对一些问题的机理尚未能从理论上完全解决,因此还需要制定某些假设条件。

多维模型把系统划分为多个网格,每个网格都满足质量守恒定律、动量守恒定律和能量守恒定律,各守恒方程与描述湍流运动、化学反应等子模型并结合边界条件,采用数值方法进行求解。由于受到计算机容量和运算速度的限制,多维模型的网格数及偏微分方程组的求解受到一定的制约,故仍需采用物理、化学和数值方法等方面的近似处理方法,如计算程序和数值方法的近似(显式方法、隐式方法、差分近似)、坐标表示的近似(欧拉法、拉格朗日法、任意拉格朗日欧拉法)、气流描述的近似(网格尺度模型)、维数近似(一维、二维、或三维,定常或非定常)等。即使如此,有时仍需要添加两相流喷注混合过程及非均质的调和和火焰传播模型,应用一些现象子模型,以补偿某些细节情况或由于计算机储量限制所带来的空间分辨率不足等。

多维模型的计算结果能够提供燃烧过程中气流速度、温度和各组分在燃烧时空间内分布的详细信息,所以还不是一种纯理论模型,而是一种不但能重现缸内过程宏观的表面特性,而且能揭示并反映其微观机理的较为精细的燃烧模型。

1. 柴油机气缸内湍流流动的数学模型

湍流是一种连续介质的流动形态,因此流体动力学的基本方程仍然可用。但对瞬时流速进行雷诺分解后,出现了新的未知量雷诺应力(脉动速度相关矩 $-\rho\overline{u_iu_j}$)。雷诺应力是一个二阶张量,代表湍流涡团脉动所引起的穿越流体单位面积上的动量输运率。这样就使原本封闭的流体动力学方程组变为不封闭,因此需要建立关于雷诺应力的数学表达式或输运方程。通过对雷诺应力做出各种物理假设,使之与湍流平均流的参数相联系,从而导出了湍流的各种半经验模型。

Boussinesq 认为,在雷诺应力与平均流速梯度之间存在着线性关系,即

$$-\rho\overline{u_iu_j} = -\frac{2}{3}(\rho k + \mu_t S_{kk})\delta_{ij} + 2\mu_t S_{ij} \tag{6-60}$$

式中:k 为湍能;μ_t 为湍流黏性系数。从而把雷诺应力地计算归结为 μ_t 的计算。湍流黏性系数的引入使雷诺方程得以封闭。形式上使层流运动的控制方程可应用于湍流运动,但实际上 μ_t 仍然是一个未知数,还需要通过相关的模型来确定。通常根据确定 μ_t 所需要求解的微分方程的个数把湍流黏性系数模型分别为零方程模型、单方程模型、双方程模型、多方程模型等。下面对常用的标准 k－ε 双方程模型和 RNG k－ε 方程模型作简要的介绍。

1）标准 k－ε 双方程模型

目前应用最广泛的是通过 k－ε 双方程来确定湍流输运系数，k 为湍流脉动动能，ε 为 k 的耗散率。湍流试验表明，涡体长度尺度还与涡旋的拉伸和湍动能的耗散有关。涡旋的拉伸会减小涡体的尺寸，使涡体分裂；湍能耗散会减少小涡体，使涡体合并，有效地增大涡体尺寸。所有这些过程，可表示成长度尺度 l_k 的输运方程。但要得到 l_k 的计算式仍然是有困难的，一般是采用综合形式 $\varepsilon = K^m l_k^n$。ε 方程实际上是令 $\varepsilon \propto K^{3/2}/l_{k,}$，即 $m=3/2, n=1/2$，所谓 k－ε 双方程模型是模式中增加了 k 方程和 ε 方程，与雷诺方程和连续方程共同组成封闭方程组。

涡能耗散率 ε 等于流体运动黏性系数 ν 和脉动涡强的乘积，即

$$\varepsilon = \upsilon\overline{\left(\frac{\partial u_i}{\partial x_j}\frac{\partial u_i}{\partial x_j}\right)} \tag{6-61}$$

对于高雷诺数湍流，可不考虑分子扩散和产生项，因而 ε 方程可简化为

$$\frac{\partial \varepsilon}{\partial t} + \bar{u}_l\frac{\partial \varepsilon}{\partial x_l} = -\frac{\partial}{\partial x_l}(\overline{u_l\varepsilon'}) - 2\upsilon\overline{\frac{\partial u_i}{\partial x_l}\frac{\partial u_i}{\partial x_j}\frac{\partial u_j}{\partial x_l}} - 2\left(\upsilon\overline{\frac{\partial^2 u_i}{\partial x_i\partial x_j}}\right)^2 \tag{6-62}$$

式中：左端第一项为 ε 变化率；左端第二项为对流输运项；右端第一项为扩散输运项；右端第二项为涡旋拉伸产生项；右端第三项为黏性衰减项。

从式（6－62）看出，湍流耗散率随时间的增减主要取决于湍流拉伸产生项与黏性衰减项之差。湍流扩散项对于湍能耗散率只是起到在湍流场中的传播作用，因为涡旋的拉伸使涡体破裂，涡体的尺寸减小，从而增加湍流的耗散，所以对湍能耗散率来讲是正的产生项。黏性衰减相对 ε 是起减小作用，故为负项。但这两项都是由小尺度涡体所决定，都是无法测量的量。因而对 ε 方程的模拟主要是根据量纲分析、直觉和类比的方法来解决，而且重点是综合模拟两项之差，并不去深究每一项的物理细节。ε 方程的最后形式为

$$\frac{D\varepsilon}{Dt} = \frac{\partial}{\partial x_i}\left(C_\varepsilon\frac{K^2}{\varepsilon}\frac{\partial \varepsilon}{\partial x_l}\right) - C_{\varepsilon 1}\overline{u_i u_j}\frac{\partial \bar{u}_i}{\partial x_l} - C_{\varepsilon 2}\frac{\varepsilon^2}{K} \tag{6-63}$$

涡体黏性系数 ν_t 和扩散系数 D_t 与 K、ε 之间的关系为

$$\upsilon_t = C_\mu\frac{K^2}{\varepsilon}, D_t = \frac{\upsilon_t}{\sigma_t} \tag{6-64}$$

k－ε 双方程模型公式中的常数如表 6－2 所列。

表 6－2　k－ε 双方程模型公式中的常数

C_μ	$C_{\varepsilon 1}$	$C_{\varepsilon 2}$	$C_{\varepsilon 3}$	σ_k	σ_ε	C_D
0.09	1.44	1.92	0.8	1.0	1.3	0.8

k－ε 双方程模型是目前应用比较广泛的一种湍流模型，具有以下优点：

一是通过求偏微分方程考虑湍流物理量的输运过程,即通过确定脉动特征速度与平均场速度梯度而不是直接将两者联系起来。

二是特征长度不是由经验确定,而是以耗散尺度作为特征长度并求解相应的微分方程求得,在一定程度上考虑了湍流中各点的湍能传递和流动的历史作用。

k - ε 模型的原型是针对二维不可压缩薄剪切层湍流建立起来的,若要用于内燃机气缸内的湍流时,则需经过以下修正。

(1) 压缩性修正。k - ε 模型推广应用中如需考虑到反应密度显著变化的影响,则需添加新的项目予以修正。对于 k 方程,压缩效应主要通过雷诺应力体现在湍能的产生项中,只要用已考虑压缩性的准牛顿公式($-\rho\overline{u_i'u_j'} = -\frac{2}{3}(\rho K + \mu_t S_{kk})\delta_{ij} + 2\mu_t S_{ij}$) 代替未考虑压缩性的雷诺应力 $2\mu_t S_{ij}$,于是湍流产生项可表示为

$$G = 2\mu_t S_{ij} S_{ij} - \frac{2}{3} D(\rho k + \mu_t D) \qquad (6-65)$$

式中:$D = \text{div}\bar{u} = \partial \bar{u}_k / \partial x_k$ 为平均流速散度。将式(6 -65)代入湍能方程即得到经过压缩性修正的 k 方程。

在 ε 方程中为体现压缩性的影响则需增加一项 $C_3 \rho \varepsilon D$。对于 C_3 的确定有以下几种方案。

W. C. Reynolds 利用快速畸变理论推出:$C_3 = -2(2 - C_1)/3 = -0.373$。

Morel 和 Mansour 考虑了一般的压缩情况,在湍流长度尺度应与流畅体积变化保持一致的约束条件下得出:

$$C_3 = \frac{2}{3} C_1 - \frac{n+1}{n} \qquad (6-66)$$

式中:n 为流体受压缩的空间维数,对与气缸内受活塞单向压缩时,可取 $n = 1$,$C_3 = -1.04$。

(2) k - ε 方程的强旋流修正。旋流所引起的流线曲率和离心力对流体微团会产生附加应变率,从而使湍流尺度和雷诺应力发生变化,主要体现在需对 ε 方程中的源项进行修正。

launder 等人主张把 ε 方程中的常系数 C_2 改为函数形式:

$$C_2' = C_2(1 - f_1 R_i) \qquad (6-67)$$

式中:$f_1 = 0.2$,为经验常数;R_i 为梯度 Richandson 数,即

$$R_i = \frac{k^2}{\varepsilon^2} \frac{w}{r^2} \frac{\partial (rw)}{\partial r} \qquad (6-68)$$

式中:w 为旋流速度;r 为径向坐标。对 C_2 进行如此修正是刚性涡类型旋流对湍

流有抑制作用,而自由涡类型的旋流则会增强湍流。

2) RNG k - ε 方程

重整化群(Renormalization Group,RNG)是一种构筑多种物理现象模型的通用方法。它的基本思想是,同构在空间尺度上的一系列连续的变换,对原本十分复杂的系统和过程实现粗分辨率的或粗粒化的描述,从而使问题得到简化而易于处理。粗粒化可以有不同的等级,如在空间尺度上和时间尺度上远大于分子的平均自由程和碰撞时间的情况下描述分子群的平均特性,这样得出的方程就是构成现代流体动力学基础的 N - S 方程。从 20 世纪 70 年代后期开始把 RNG 方法引入到源流研究领域。目前,基于 RNG 方法的湍流模型已经纳入许多商品化的流体力学计算软件,如 FULUENT 和 KIVA 等。由于湍流的脉动结构及随机变化可以分解为一系列不同的时间尺度和空间尺度波动的叠加,成为各种尺度涡团运动的总和,因而可以用傅里叶积分将其表示为时间上按频率分布的频谱或空间上按波长分布的波数谱,由于小尺度涡区具有尺度不变的特性,因此可以把波数谱上高波数(高频)的那一端的一个微小部分从波谱上消去,在物理上这相当于尺度最小的(量级为 Kolmogoro 微尺度)那一部分涡团的运动模态,它们对流场特性的影响可通过剩余各级的模态来表示。为了实现这一点,需对其余各模态的控制方程进行修正。经过修正后的方程式其基本形式并无改变(仍为 N - S 方程),但方程中的一些参数(如黏性系数、质量力等)已不是原来的值,经过一次消去和修正过程的方程,就是对原始的控制方程进行了一次粗粒化,相当于计算网格有所放大。这种消去和修正过程可以反复地进行下去,每重复一次称为一次迭代。迭代的结果使越来越多的小涡团的运动模态从基本方程中消去,因而计算网格可以随之粗化,直到可以为计算机的容量和速度所接受为止。这里的关键是每一次消去小涡团的步骤后,剩下的大尺度运动的基本方程与消去之前的方程在形式上完全相同。所谓"重整化"就是通过尺度变换重新定义方程中的黏性系数、外力和截止波数(限定消去波数的范围)等这些参数。这一系列的消去和修正过程在数学上相当于一组连续的变换。所谓"群"就是为保持大尺度与动方程的形式不变而实施的一组消去和近似的连续过程。

RNG 方法与大涡模拟的基本思想有共同之处,事实上,RNG 是一种普通的方法,当将其用于对湍流的基本方程式实施到不同的程度或等级时,就可以得到不同的湍流模型。例如,只消去最小的涡团便得到 LES 或 SGS 模型,逐次消去较大的涡团可得出雷诺应力模型及 k - ε 模型等。

将 RNG 方法应用于 N - S 方程并引入湍能 K 及其耗散率 ε 以消除方程式中的长度尺度项,便可得到以下形式的 k - ε 模型。

$$\frac{\partial K}{\partial t}+\bar{u}_j\frac{\partial K}{\partial x_j}=\frac{\partial}{\partial x_j}\left(\alpha v\frac{\partial K}{\partial x_j}\right)+v_t S^2-\varepsilon \tag{6-69}$$

$$\frac{\partial \varepsilon}{\partial t}+\bar{u}_j\frac{\partial \varepsilon}{\partial x_j}=\frac{\partial}{\partial x_j}\left(\alpha v\frac{\partial \varepsilon}{\partial x_j}\right)-R+C_1\frac{\varepsilon}{K}v_t S^2-C_2\frac{\varepsilon^2}{K} \tag{6-70}$$

RNG 模型与标准 k - ε 模型的主要区别表现在两个方面：一是该方程中的常数并非用经验方法确定，而是用 RNG 理论推导出来的精确值，各常数的取值为 $C_1=1.42$，$C_2=1.68$，$\alpha_k=1/p_r=1.39$；而标准 k - ε 方程中经验常数的取值为 $C_1=1.44$，$C_2=1.92$，$\alpha_k=\sigma_l=1$，$\alpha_\varepsilon=1/\sigma_\varepsilon=0.75$。二是 ε 方程中有一附加项 R，它代表平均应变率对 ε 的影响。

$$R=2vS_{ij}\frac{\partial u_l}{\partial x_i}\frac{\partial u_l}{\partial x_j}=\frac{C_\mu\eta^2(1-\eta/\eta_0)}{1+\beta\eta^3}\frac{\varepsilon^2}{K} \tag{6-71}$$

式中：$\eta=SK/\varepsilon$ 为应变率，或者平均流时间尺度与湍时间尺度之比，$S=(2S_{ij}S_{ij})^{1/2}$ 为应变率张量的范数；η_0 为 η 在均匀剪切流动的典型值，取为 4.38；$\beta\approx0.012$ 为常数，湍流黏性系数仍按公式：$\nu_t=C_\mu k^2/\varepsilon$ 计算，但 RNG 理论给出常数为 $C_\mu=0.0845$ 与标准 k - ε 模型的经验常数 $C_\mu=0.09$ 相当接近。

与标准 k - ε 方程相比较，RNG 给出的常数 C_1 基本一致，但 C_2 则减小很多，由于 C_2 在 ε 方程中为负值，C_2 减小的后果是使 ε 的耗散减少，ε 值增大，从而使湍能 k 值减小。在应变率较小的区域，R 的作用是使 v_t 略有增加，但仍然小于标准模型给出之值，但在大应变率情况下，$\eta/\eta_0>1$，R 将改变符号，因而使 v_t 减少得更多。基于 RNG 理论的这一特点能够较好地体现大剪切率所产生的强烈的各向异性效应以及非平衡效应。此外，在低雷诺数区域例如壁面附近，RNG 模型并不需要像通常的高雷诺数湍流那样求助于壁函数，可以直接给出在各种雷诺数范围均成立的通用关系式，或者对模型参数进行修正的通用函数式。例如，k - ε 模型中的湍流黏性系数可利用 RNG 理论表示为

$$v_t=v\left[1+\sqrt{\frac{C_\mu}{v\varepsilon}}K\right]^2 \tag{6-72}$$

在高雷诺数下，分子黏度远小于湍流黏度，略去括号中第一项，式(6 - 72)即成为常见的形式：$v_t=C_\mu K^2/\varepsilon$；在湍流速度极小的极端情况下 $K\to0$，式(6 - 72)给出 $v_t=v$，即为层流情况。基于 RNG 理论的湍流模型模型其优点可概括如下：

(1) RNG 模型中不包括任何经验常数和可调节参数，模型常数是利用 RNG 理论精确地推导出来的，因而是通用的，不需要针对特定的问题进行调整或修正。

(2) RNG 湍流模型适用于各种雷诺数范围，包括层流、转换过渡区或充分发展区的湍流，它可以考虑壁面的影响而无需求助于壁函数之类的经验关系式。

(3) 由于 RNG 模型能较好地反映各项异性和非平衡等效应，对于带有分离、分层旋转和冲击等效应的湍流均能做出比较满意的预测。对于时间相关的大尺度运动，如包括旋涡与脱落的尾迹流的详细结构也能给以真实的模拟。

(4) RNG 湍流模型在数值计算上具有较好的稳定性和收敛性,与标准模型相比,它的计算量只增加 10% ~15%,而计算精度和适用范围却有很大的改善。

3)RNG 模型在内燃机中的应用

由于内燃机缸内工质的密度有强烈的变化,故需对 RNG k-ε 方程做压缩性修正后才能应用。在 k 方程和 ε 方程中补充平均流散度项,并根据快速畸变理论来确定相关系数值,修正后的 RNG k-ε 方程为

$$\frac{\partial \rho K}{\partial t}+\nabla(\rho\bar{u}K)=-\frac{2}{3}\rho K\nabla\bar{u}+\mu_l\left[S^2-\frac{2}{3}(\nabla\cdot u)^2\right]+\nabla(\alpha_k\mu\nabla K)-\rho\varepsilon \tag{6-73}$$

$$\frac{\partial \rho\varepsilon}{\partial t}+\nabla(\rho\bar{u}\varepsilon)=-\left[\frac{2}{3}C_1-C_3+\frac{2}{3}C_\mu C_\eta\frac{K}{\varepsilon}\nabla\cdot\bar{u}\right]\rho\varepsilon\nabla\cdot\bar{u}+C\frac{\varepsilon}{K}\mu_1(\nabla\cdot\bar{u})^2+$$
$$\nabla\cdot(\alpha_\varepsilon\mu\nabla\varepsilon)+\frac{\varepsilon}{K}\left\{\mu_1(C_1-C_\eta)\left[S^2-\frac{2}{3}(\nabla\cdot\bar{u})^2\right]-C_2\rho\varepsilon\right\} \tag{6-74}$$

HAN 和 Reitz 根据各向同性(球对称)压缩这一理想情况,推出系数 C_1 的表达式为

$$C_3=\frac{-1+2C_1-3m(n-1)+(-1)\delta\sqrt{6}C_\mu C_\eta\eta}{3} \tag{6-75}$$

其中

$$C_\eta=\frac{\eta(1-\eta/\eta_0)}{1+\beta\eta^3}$$

当$\nabla\cdot\bar{u}<0$ 时,$\delta=1$;当$\nabla\cdot\bar{u}>0$ 时,$\delta=0$。$m=0.5$,n 是多变指数,它们是与缸内热力过程有关的常数。

在内燃机中可将其工质受压缩情况视为轴向一维压缩或轴对称二维压缩比视为球对称更为合理,其对应的系数值为

一维压缩 $C_3=-2+\frac{2}{3}C_1+(-1)\delta\sqrt{2}C_\mu C_\eta\eta;C'=2-\frac{4C_1}{3}$

二维压缩 $C_3=-\frac{3}{2}+\frac{2}{3}C_1+(-1)\delta C_\mu C_\eta\eta;C'=\frac{1}{2}-\frac{C_1}{3}$

在 KIVA3 计算程序中已纳入了 RNG k-ε 模型,其结果较标准的 k-ε 模型有较明显的改进。

湍流燃烧是一种含有化学反应的流动现象。由于湍流与燃烧的相互作用,流动参数与化学动力学参数之间的耦合机理十分复杂,因此目前对此问题的研究仍处于初始阶段。燃烧化学动力学对于湍流特性的影响主要表现在燃烧放出的热量使得流场中的流体发生不同程度的膨胀,由此会产生显著的密度梯度,从而使湍流脉动具有各向异性的特点,因此不能像经典湍流理论那样忽略密度脉动。在模拟计算的输运方程中,密度与速度的相关项对于湍能的生成有重大的

影响。同时,燃烧所引起的温度升高也会使湍流的输运系数随之发生变化。此外,还可能存在一些尚未探明的影响因素。湍流对与燃烧的影响主要体现在化学反应速率方面,湍流中大尺度涡团的运动使火焰锋面变形而产生皱折,使其表面积大大增加。同时,小尺度涡团的随机运动增强了组分间的质量、动量和能量的传递。在这两方面的作用下导致湍流燃烧的燃烧速率要比层流燃烧的速率大得多。

湍流化学反应率主要取决于反应物之间的混合速率和温度、组分浓度等参数的湍动脉动率。各种参数对反应率的影响取决于火焰的类型和特定的边界条件及初始条件。因此,对于湍流燃烧的数值模拟从模型的构造及参数的确定方面都还有一些不确定的因素,要进行定量地描述还需要从理论和实验两个方面进行深入的研究。到目前为止还难以建立起完善的湍流燃烧理论和理想的仿真模型。只能借助于一定的简化假设并依靠相关的实验数据,建立各种形式的湍流燃烧模型,比较常见的有湍流燃烧的平均反应率及相关矩封闭法、基于湍流混合速率的方法(涡团破碎模型EBU,涡团耗散概念模型EDC)、特征时间模型、概率密度函数方法、湍流燃烧的层流小火焰模型、湍流燃烧的条件矩封闭模型、基于湍流火焰几何描述的模型(火焰面密度模型－拟序小火焰模型)、火焰距离函数模型——G方程模型、基于湍流拟序结构的模型、湍流火焰传播的分形模型等。柴油机燃烧时以扩散燃烧方式为主,而又包含有阶段性的预混合燃烧,它是一种具有典型性的复杂湍流燃烧过程。目前在柴油机燃烧过程的模拟中,概率密度函数模型、相干小火焰模型等得到了比较普遍的应用。

2. 燃油喷射计算模型

柴油机多维燃烧模拟主要由三大部分组成,即应用单相流体力学对缸内空气运动进行模拟、应用两相流体力学对缸内的喷雾混合过程进行模拟和应用燃烧化学动力学对缸内的燃烧过程进行模拟。到目前为止,对柴油机的多维模拟主要分为喷射和燃烧这两方面。

燃油喷射是一种多相流动,故需对其体积液体的守恒方程式进行数值求解。对于液相大多采用离散液滴方法(DDM),通过对单滴油滴的轨迹、动量、热量、质量传递的微分方程进行求解。液滴群在流动域中具有其初始位置、速度、温度及液滴数目等初始条件。在FIRE软件中,液滴从喷嘴喷入流动区域形成气液混合物,除液滴的雾化有另外子模型进行计算外,液滴与气体之间的动量交换、涡流耗散、油滴蒸发、二次破碎、油滴聚合及油滴壁面间的相互作用等均包含于一组综合的模型之中。这些模型可用于模拟不同的流动区域。

由一群相同而又互不作用油滴所组成的油滴群,可用拉格朗日方法进行跟踪。通过求解气相偏微分方程的计算网格,需对气/液两相之间的耦合(交互作用)

进行计算。

内燃机燃油喷雾的数值模拟涉及液体雾化、气/液两相作用、油滴间的聚合、碰撞及油滴的传热传质等物理过程,为了计算喷雾与气体间质量、动量和能量的交换,必须考虑液滴的大小、速度和温度分布;当 Weber 数大于 1 时,必须考虑液滴的振荡、变形和破裂。目前主要有两种模拟技术应用于燃油喷雾模拟:连续液滴模型(Continuous Droplet Model,CDM)和离散液滴模型(Discrete Droplet Model,DDM)。CDM 模型不仅把液体相作为连续介质,同时也把液滴相视为拟连续介质或拟流体,认为液滴相在空间中有连续的速度、温度等参数分布及等价的输运性质(黏性、扩散性和导热性等),因此称为欧拉—欧拉法或双流体法。从理论上讲,以求解喷雾方程为基础的 CDM 方法可以为喷雾场提供全面而详尽的描述,这一优点是其他方法无法比拟的。但由于计算量太大,现阶段难以应用于实际工程问题。目前,人们把研究和应用的重点放在 DDM 方法上。为了克服 CDM 模型计算量太大的困难,人们把连续的液滴群离散为有限的尺寸组,这就产生了 DDM 模型。DDM 模型只把流体相作为连续介质,以欧拉方式研究其流场。对于液滴群则采用基于蒙特卡罗的统计方法,将全部液滴分成若干具有代表性的统计样本,每个样本都代表一定数目大小和状态完全相同的液滴,应用拉格朗日运动坐标系研究液滴或液滴群在流场中的动力学和热力学特性,故称为欧拉—拉氏法。该模型能够较好地描述液滴的状态及液滴与气体之间的相互作用,并且能够消除液相流动求解中的数值扩散误差,目前以 DDM 为基础而发展起来的 KH - RT 喷射模型应用最为广泛。

在 KH - RT 模型中,KH 表面波和 RT 扰动连续竞相作用于油滴的破碎过程。KH 机理是基于液体与气体界面上沿流动方向扰动波的不稳定分析,即 KH (Kelven - Helmholtz)波的不稳定增长,适用于相对速度及环境密度较高的条件,对于柴油机高压喷射来说是起主导用的因素。但对于离散液滴的分裂雾化,在气液界面的法向也存在由于两相之间密度的巨大差别而产生的惯性力,从而会引起另一种低频大振幅的波,即 RT(Rayleigh - Taylor)波,它也是导致液滴分裂雾化的另一个重要因素。在柴油机中,喷雾的初始速度很高,然后又受到很大的空气阻力,因而液滴所受惯性力是相当大的,这就使得 RT 不稳定波的作用不可忽略,必须与 KH 波同时考虑,构成 KH - RT 模型。柴油喷射的初始雾化主要受 KH 不稳定波的作用,而 RT 不稳定波对第二次雾化起主要作用,因此对于柴油机喷雾模拟来说,KH - RT 模型更为合适。

在波动破碎模型中,喷射油滴的特性尺寸与喷孔的大小相等,喷射油滴的数目取决于燃油的流动速率,利用稳定性分析及从原始的油滴中减去破碎生成的新油滴来计算喷射油滴的破碎情况。

半径为 a 的原始油滴,其半径的变化率方程式为

$$\frac{\mathrm{d}a}{\mathrm{d}r}=-\frac{(a-r)}{\tau},r\leqslant a \tag{6-76}$$

破碎时间和破碎后的油滴半径分别为

$$\tau=\frac{3.726B_1}{\Lambda\Omega}a \tag{6-77}$$

$$r=B_0\Lambda,B_0\Lambda\leqslant a \tag{6-78a}$$

$$r=\min\left\{\left(\frac{3\pi a^2U}{2\Omega}\right)^{0.33},(3a^2\Lambda/4)^{0.33}\right\},B_0\Lambda>a \tag{6-78b}$$

波长 Λ 和波增长率 Ω 可以从液体喷注的稳定性分析中得到，对柴油机来说，$B_1=10$，$B_0=0.81$。但是，破碎时间常数 B_1 与破碎过程的初始扰动水平有关。同时，对于各个喷油器之间都有可能互不相同，或由于碰壁效应的影响而有所差异。在柴油机高压喷射的情况下 $B_1=1.73$。

柴油机的高压喷射导致油滴与周围空气之间产生很大的相对速度，结果是在油滴上产生很大的惯性力，促使油滴变形成为碟状。对此须乘以阻力系数 C_D 进行修正，即

$$C_D=\frac{24}{Re_d}\left(1+\frac{1}{6}Re^{2/3}\right),Re_d\leqslant 1000 \tag{6-79}$$

$$C_D=0.424,Re_d>1000 \tag{6-80}$$

式中：$Re_d=wa/\nu$ 为油滴的雷诺数，w 为油滴与周围空气之间的当地相对速度，ν 为气体的黏度。考虑到油滴变形后阻力系数将发生变化，故需引入一个修正系数 y，当油滴是球形时 $y=0$，当油滴是碟形时（这时的阻力系数 $C_D=1.54$）$y=1$。因此，可用下式来表示阻力系数之间的关系，即

$$C_D=C_{D,\mathrm{Sphere}}(1+2.632y) \tag{6-81}$$

柴油机采用高压喷射时，油束的贯穿距离增大，从而使油束的碰壁效应变得更为重要。油滴撞击热的缸壁表面会导致油滴的破碎并突然蒸发，或使高度变形的油滴在壁面产生滑动或反弹。碰壁的结果等于产生一个突然的干扰作用于油滴之上，犹如油滴突然暴露在高速气流之中，可以想象油滴在此情况下将会更快破碎。此时油滴的破碎时间常数为 $B_1=1.73$。

3. 燃烧模型

柴油机的燃烧过程属于非均匀混合气的湍流燃烧，除了预混燃烧以外还包括扩散燃烧。湍流燃烧是一种极其复杂的带化学反应的流动现象，其复杂性体现在湍流与燃烧的相互作用，流动参数与化学动力学参数之间混合的机理极其复杂。

燃烧化学反应可通过多种渠道影响湍流特性。首先，燃烧放出的热量使流场中各处流体发生不同程度的膨胀，引起密度的变化；其次，密度变化导致浮力

效应增强,使湍流脉动具有各向异性的特点,并使湍流结构复杂化;再次,密度的变化可使流体本身产生强烈脉动,因此对反应流而言,输运方程中密度与速度的相关项对湍流动能的生成有显著的影响;最后,燃烧引起的温度升高,会使流体的输运系数随之变化,进而影响湍流的输运特性。

湍流对燃烧的影响主要体现在它能强烈地影响化学反应速率(简称反应率)。湍流燃烧率大大高于层流燃烧率,这是因为湍流中大尺度涡团的运动使火焰锋面变形而产生褶皱,其表面积大大增加;同时,小尺度涡团的随机运动大大增强了组分间的质量、动量和能量传递。湍流反应率主要取决于反应物之间的混合速率及温度、组分浓度等参数的湍流脉动率。各参数对反应率的影响取决于火焰的类型及初始条件和边界条件。

采用数值方法分析和预测湍流燃烧现象的关键是正确模拟平均化学反应率,即燃料的湍流燃烧速率。

1)特征时间模型

在柴油机中有相当一部分燃烧过程是由混合气所控制的,因此湍流与化学反应之间的相互作用必须加以考虑。特征时间模型描述了层流与湍流时间尺度相结合用于整个反应速率求解的过程。物质 m 在这种时间尺度下的时间变化可写为

$$\frac{\mathrm{d}Y_m}{\mathrm{d}t} = -\frac{Y_m - Y_m^*}{\tau_c} \tag{6-82}$$

式中:Y_m 为物质 m 的质量分量;Y_m^* 为质量分量的当地瞬时热力学平衡值;τ_c 为达到平衡的特征时间考虑7种物质(燃油、O_2、N_2、CO_2、CO、H_2、H_2O)用于确定热力学平衡温度。

特征时间对于层流及湍流时间尺度可描述为

$$\tau_c = \tau_l + f\tau_t \tag{6-83}$$

层流时间尺度可从 Arrhenius 反应速率导出,即

$$\tau_l = A^{-1}[\mathrm{C}_n\mathrm{H}_m]^{0.75}[\mathrm{O}_2]^{-0.15}\exp\left(\frac{E_a}{\mathrm{RT}}\right) \tag{6-84}$$

湍流时间按尺度与涡旋破碎时间成正比,即

$$\tau_t = C_2\frac{k}{\varepsilon} \tag{6-85}$$

延迟系数 f 用以模拟在点火后经过一段时间,湍流才开始对燃烧施加影响,它可从反应过程参数 r 算出,即

$$f = (1 - \mathrm{e}^{-r})/0.632 \tag{6-86}$$

$$r = \frac{Y_{\mathrm{CO_2}} + Y_{\mathrm{H_2O}} + Y_{\mathrm{CO}} + Y_{\mathrm{H_2}}}{1 - Y_{\mathrm{N_2}}} \tag{6-87}$$

r 是燃烧产物质量分数之和与系统中除惰性组分之外全部质量分数总和之比。常数0.632的作用是使 f 的取值范围为(0,1)。r 在物理层面上是表征系统中各地燃烧反应进行的完全程度,其值在0与1之间变化。$r=0$ 代表尚未燃烧,$r=1$ 表示燃烧彻底完成。

燃烧的初始阶段属于层流化学反应,燃烧受湍流所控制是在 $\tau_l \ll \tau_t$ 区域。层流时间尺度在喷油器附近区域是不能忽视的,此处燃油很高的流速导致湍流时间尺度很小。

模型的自燃过程采用Shell模型($T<1000\text{K}$)。NO_x 的形成采用扩展的Zeldovich机理来描述。碳烟的形成速率用碳烟形成与碳烟氧化之差来模拟。

2)概率密度函数模型

通常研究湍流问题的方法大多采用雷诺分解平均法,即利用平均值和脉动均方值来表征湍流流场中的各个变量。湍流参数作为一种随机变量还可以用概率密度函数来表示,这种方法的着眼点是探求随机变量为某一值的可能性(概率)。

定义 $P(f)\mathrm{d}f$ 表示随机变量 f 处于 f 和 $(f+\mathrm{d}f)$ 之间的概率,则 $P(f)$ 称为变量 f 的概率密度函数。$P(f)$ 是空间位置的函数,它随 f 的种类和性质而变化。如果限定 f 的值在0与1之间变动,则有

$$\int_0^1 P(f)\,\mathrm{d}f = 1 \tag{6-88}$$

通常采用的 f 的时间平均值与 $P(f)$ 的关系为

$$\bar{f} = \int_0^1 fP(f)\,\mathrm{d}f \tag{6-89}$$

f 的脉动均方值与 $P(f)$ 的关系为

$$\overline{f'^2} = \int_0^1 (f-\bar{f})^2 P(f)\,\mathrm{d}f = \int f^2 P(f)\,\mathrm{d}f - f^2 \tag{6-90}$$

湍流场的参数如速度、温度等都可以用 $\mathrm{pd}f$ 来描述,则

$$\bar{u}_i = \int_{-\infty}^{+\infty} u_i P(u_i)\,\mathrm{d}u_i \tag{6-91}$$

与多元函数一样,$\mathrm{pd}f$ 的自变量可能有许多个,可用联合概率密度函数来表示,即

$$P(u_1,u_2,u_3,f_1,f_2,f_3,\cdots,\rho,T)\,\mathrm{d}u_1,\mathrm{d}u_2,\mathrm{d}u_3,\mathrm{d}f_1,\mathrm{d}f_2,\mathrm{d}f_3,\cdots,\mathrm{d}\rho,\mathrm{d}T \tag{6-92}$$

在用 $\mathrm{pd}f$ 描述燃烧过程时常常要用到守恒标量、混合分量和反应度等。守恒标量及其耗散率通常把满足无源守恒方程的量称为守恒量。在一定条件下,守恒量之间存在着特别简单的定量关系。利用这种关系,在知道一个守恒量的空间分布之后,就可以根据边界值方便地确定其他守恒量的空间分布。

设 φ_1、φ_2 是两个守恒量都满足输运方程,则

$$\rho \frac{D\varphi}{Dt} = \frac{\partial}{\partial x_j}\left(\Gamma_\varphi \frac{\partial \varphi}{\partial x_j}\right) \tag{6-93}$$

假定有两股流体(例如燃料和氧化剂)流入系统,它们的进口和出口状态 A、B 均为已知,而在其他所有需要边界的地方,它们的梯度值皆为0。显然,如果 φ_1、φ_2 的交换系数相等,则按等式定义的 φ_3 也必然满足以下方程:

$$\varphi_3 = \left(\frac{\varphi_1 - \varphi_{1,A}}{\varphi_{1,B} - \varphi_{1,A}} - \frac{\varphi_2 - \varphi_{2,A}}{\varphi_{2,B} - \varphi_{1,A}}\right) \tag{6-94}$$

φ_3 在进口处的边界条件应为 $\varphi_{3,A} = \varphi_{3,B} = 0$,在其他边界处,$\partial\varphi_3/\partial n = 0$,$n$ 为该边界的法线。

因此,对于稳态问题,φ_3 必然在体系内部处处为0,对于非稳态问题,如果 φ_3 的初值为0,则 φ_3 在体系内部处处保持为零,这意味着

$$\frac{\varphi_1 - \varphi_{1,A}}{\varphi_{1,B} - \varphi_{1,A}} = \frac{\varphi_2 - \varphi_{2,A}}{\varphi_{2,B} - \varphi_{2,A}} \tag{6-95}$$

在体系内部处处成立,即在一定条件下守恒量之间的线性关系。这意味着,如果已知 φ_2 的分布,则在一定条件下(如利用另一个变量的边界条件)就可以完全确定其他守恒量。对于不同的燃烧阶段,可以引入不同的守恒量,如在扩散燃烧期,燃料和氧化剂的浓度(以质量分数表示)控制方程分别为

$$\rho \frac{D\overline{Y}_{fu}}{Dt} = \frac{\partial}{\partial x_j}\left(\Gamma_{e,fu} \frac{\partial \overline{Y}_{fu}}{\partial x_j}\right) + \overline{R}_{fu} \tag{6-96}$$

$$\rho \frac{D\overline{Y}_{ox}}{Dt} = \frac{\partial}{\partial x_j}\left(\Gamma_{e,ox} \frac{\partial \overline{Y}_{ox}}{\partial x_j}\right) + \overline{R}_{ox} \tag{6-97}$$

式中:$\Gamma_{e,fu}$、$\Gamma_{e,ox}$分别为燃料和氧化剂的有效交换系数。

将式(6-96)和式(6-97)各项除以燃料和氧化剂的化学当量比 S,然后相减可得到

$$\rho \frac{DZ}{Dt} = \frac{\partial}{\partial x}\left(\Gamma_{e,z} \frac{\partial Z}{\partial x_j}\right) + \overline{R}_f \tag{6-98}$$

式中:$Z = \overline{Y}_{fu} - \overline{Y}_{ox}/S$,通常称为混合分数。$\overline{R}_f = \overline{R}_{fu} - \overline{R}_{ox}/S$,根据简单化学反应的假设可有 $\Gamma_{e,f} = \Gamma_{e,fu} = \Gamma_{e,ox}$,$\overline{R}_f = 0$ 混合方程可写为

$$\rho \frac{DZ}{Dt} = \frac{\partial}{\partial x_j}\left(\Gamma_{e,z} \frac{\partial Z}{\partial x_j}\right) \tag{6-99}$$

在实际应用时,常用归一化的形式,即

$$Z = \frac{Z' - Z'_A}{Z'_B - Z'_A}, Z' = Y_{fu} - Y_{ox}/S \tag{6-100}$$

式中:A 和 B 表示两个参考状态,其值通常和边界条件相联系,在整个计算过程中保持不变。上述混合分数主要适用于单步反应和多步复杂反应的基元反应。对于湍流预混合燃烧则不适用,需采用另一个守恒标量,即反应度 c。

$$c = (Y_{fu} - Y_{fu,u})/(Y_{fu,b} - Y_{fu,u}) \tag{6-101}$$

式中：u、b分别表示可燃混合气在完全未燃和完全燃烧时的参数。它们都取决于系统的初始状态和边界值，在求解系统内部过程时，它们保持不变，不受湍流脉动的影响。c 的值处于0和1之间，它的大小代表料反应进行的程度。$\bar{c}$、$\bar{Y}_{fu}$ 均遵守同一个微分方程式，所不同的只是源项差一个常系数。

标量耗散率，其定义为

$$\chi = D\left(\frac{\partial Z}{\partial x_j}\frac{\partial Z}{\partial x_j}\right) = D\ |\nabla Z|^2 \tag{6-102}$$

式中：D 为 Z 的扩散率。它与湍流耗散率 ε 有相似之处，物理意义为标量穿越其等值面的扩散率，倒数是标量的扩散时间。Z 值的等值面即为混合分数取某一常数时的曲面。当该值为化学当量比时，此曲面便是扩散燃烧的火焰面。在湍流燃烧中，标量耗散率与守恒标量脉动梯度的均方值成正比，它是由于湍流混合作用引起的组分浓度脉动衰减的度量。由于燃烧率是与取决于反应物之间的值直接接触，因而燃烧率与标量耗散率之间有着密切联系。对于快速反应系统或由混合控制燃烧中，平均燃烧率是与 Z 或反应度 c 的标量耗散率成正比的。

化学反应率是热力学状态量 ρ、T 和各组分质量分数 $Y_j(j=1,2,\cdots)$ 的非线性函数。这些量的脉动对平均反应率有强烈的影响。平均反应率的精确表达式借助概率密度方法（pdf）方法可写为

$$\bar{R}_{fu} = \iint\cdots\int R_{fu}(\rho,T,Y_j)\cdot P(\rho,T,Y_j,x)\,\mathrm{d}\rho\mathrm{d}T\mathrm{d}Y,\quad j=1,2,\cdots \tag{6-103}$$

式中：$P(\rho,T,Y_j,x)$ 是在点 x 处参变量的联合概率密度函数，可求解其输运方程获得。

$$\rho\frac{\partial\bar{P}(\varphi)}{\partial t} + \rho\bar{u}_j\frac{\partial}{\partial x_j}\bar{P}(\varphi) = \frac{\partial}{\partial x_j}\left[\Gamma_T\frac{\partial\bar{P}(\varphi)}{\partial x_j}\right] - \frac{\partial}{\partial\varphi}[\bar{P}(\varphi)R(\varphi)] + E(\varphi) \tag{6-104}$$

式中：左端第一项是 $\bar{P}$ 随时间的变化；左端第二项是平均速度 $\bar{u}_j$ 引起的 $\bar{P}$ 在 x 空间内的对流输运；右端第一项为湍流脉动引起的 $\bar{P}$ 在 φ 空间的扩散输运；右端第二项为化学反应引起 $\bar{P}$ 在 φ 空间的输运；右端第三项为 φ 空间内分子混合的作用。采用数值方法求解输运方程，得出 $\bar{P}(\varphi)$ 的分布，就可以进而求出平均反应率和其他参数。

柴油机的燃烧过程存在着局部的预混合燃烧和整体的扩散燃烧。可采用蒙特卡罗方法求解 pdf 的输运方程，并将其作为子程序纳入到KIVA、FIRE等通用软件中。为全面描述混合气状态的随机变化可建立混合气各组分质量分量 $Y_1,Y_2,\cdots,Y_M$ 和气体比焓 h（或温度 T）及空间 x，时间 t 为自变量的联合 pdf。假定以矢量 ψ 表示由各组分和焓 h 组成的标量相空间，则联合 pdf、$P(\psi,x,t)$ 的输

运方程可写为

$$\frac{\partial}{\partial t}(\bar{\rho}\widetilde{P}) + \frac{\partial}{\partial x_j}(\bar{\rho}\widetilde{u}\widetilde{P})$$
$$= \frac{\partial}{\partial x_j}\left(\Gamma_t \frac{\partial \widetilde{P}}{\partial x_j}\right) + \frac{\partial}{\partial \psi_\alpha}\left(\overline{\frac{l}{g}\frac{\partial J_j^\alpha}{\partial x_j}}\bar{\rho}\widetilde{P}\right) - \frac{\partial}{\partial \psi_\alpha}(\bar{\rho}\widetilde{P}S'_\alpha) + \frac{\partial}{\partial \psi_\alpha}(S_m\psi\widetilde{P} - \bar{\rho}\widetilde{P}S''_\alpha) \tag{6-105}$$

式中：$\widetilde{P}=\widetilde{P}(\psi,x,t)$为密度加权平均的联合概率密度函数；$S'_a=S'_a(\psi,x,t)$为由化学反应产生的源项；$S''_a$为燃油喷雾蒸发所产生的$\psi$的源项；$j$代表$x$空间；$\alpha$代表$\psi$空间；式(6-105)左端的两项和右端的第一项分别是$\widetilde{P}$的非定常项、对流项和扩散项；Γ_t为$\widetilde{P}$的扩散率；J_j^a为组分α在j方向的扩散流；右端其余三项在普通物理量的输运方程中是不存在的，它们代表$\widetilde{P}$在ψ空间内输运过程所产生的效应。

通常采用蒙特卡罗方法来求解pdf的输运方程，其实质是把pdf输运方程从欧拉形式转变为拉格朗日形式，用离散的流体质点代替连续的流场。求解的过程就是跟踪随机颗粒运动轨迹和各有关参数随时间的变化过程。

蒙特卡罗解法的具体步骤是：

(1) 将物理空间离散为许多单元，在每个网格内引入一定数量N的虚拟颗粒，每个颗粒度具有一定的质量。给定颗粒的初始位置，并根据pdf的初始条件，用随机数产生器确定各颗粒的初始参数值(速度和标量)。一般假定初始速度是正态分布，标量满足均匀分布。

(2) 规定时间步长Δt，每一步长内的计算均分为三步进行。第一步是第二、三步所涉及各项之外全部项的更新，包括物理空间、相空间内的扩散项和源项等；第二步是随机组合项的计算，涉及颗粒间的相互作用；第三步是计算对流项和平均压力梯度，颗粒的标量参数不变，只有速度和位置进行更新。

(3) 对物理空间中各单元内的随机颗粒进行统计平均，以求得各参数的平均值和二阶矩等统计量。统计平均方法可采用系综平均或最小平方的三次样条函数法，后者较为精确。

采用pdf方法模拟湍流燃烧过程，其主要优越性在于化学反应率以封闭函数形式出现，从而不需对其模拟。同时，在计算中不必区分燃烧是由化学动力学控制，还是由湍流混和率控制，因而它强化了燃烧模型中理性的成分。

3) 层流小火焰模型(Flamelet model)

层流小火焰的概念。从化学动力学的角度来看，大多数湍流燃烧过程的反应速度都是很快的，这在几何上意味着其反应区是一个厚度很小的薄层。燃烧反应的长度和时间尺度均小于湍流微混合的尺度(Kolmogorov 尺度)。在这种尺度下的火焰实质上是受分子扩散和输运控制的层流小火焰(Flamelet)，而湍流火焰可以视为嵌入湍流场内的具有一维结构的层流小火焰的集合或系综。因此，可以把湍流燃烧问题分解为两步：第一，针对问题所需要的参数范围，确定每一设计状态下层流火焰的结构（温度、组分等参数的分布），建立层流小火焰的数据库，由于不涉及湍流问题，而且方程是一维的（以混合分数为自变量），计算量很小，故可采用详细的反应机理；第二，在层流小火焰数据库的基础上，构造所需要的湍流火焰，即完成该系统的统计平均。层流小火焰模型的核心思想是把化学动力学问题和湍流问题分开处理，即实现两者的解耦，这也是所有湍流燃烧模型的核心思想和直接目标。层流小火焰的定义表明，燃烧反应仅发生在以混合分数等值面等于其化学当量比 $Z(x_i,t)=Z_{st}$ 的表面为中心的一个薄层内，因此可以通过坐标变换，引入新的坐标系，将其原点置于火焰中心面（$Z=Z_{st}$）上，并用混合分数 Z 取代 x 坐标，即 Z 坐标垂直于化学当量表面，其他两个空间坐标与之正交。此时，物理空间中的组分和能量平衡方程在混合分数空间（简称相空间）转化为一维形式：

$$\rho\frac{\partial Y_i}{\partial t}-\rho\frac{\chi}{2\mathrm{Le}_i}\frac{\partial^2 Y_i}{\partial Z^2}-\dot{m}_i=0 \tag{6-106}$$

$$\rho\frac{\partial T}{\partial t}-\rho\frac{\chi}{2}\frac{\partial^2 Y_i}{\partial Z^2}+\sum_{i=1}^{N}\frac{h_i}{C_p}\dot{m}_i-\frac{1}{C_p}\left(\frac{\partial p}{\partial t}+q_R\right)=0 \tag{6-107}$$

$$\chi=2D\left(\frac{\partial Z}{\partial x_a}\right)^2 \tag{6-108}$$

式中：Le 为组分 i 的 Lewis 数（$\mathrm{Le}_i=\lambda/(\rho C_p D_i)$），$D_i$ 是组分 i 的分子扩散率；$\dot{m}_i$ 为化学反应生成率源项。

$$\dot{m}_i = W_i\sum_k \upsilon_{ik}w_k \tag{6-109}$$

式中：W_i 为组分 i 的相对分子量；υ_{ik} 为组分 i 在反应 k 中的化学计量系数；w_k 为反应 k 的反应率；q_k 为辐射热损失项。

在小火焰方程中不含对流项，流场的影响主要体现在标量耗散率中。它反映了反应物向反应区扩散输运的速率和热量扩散速率。对于反应速率无限快的层流扩散火焰，质量燃烧率正比于标量耗散率。但实际反应速率并非无限快，当混合速率很大时，化学反应率可能慢于燃料和氧化剂进入反应区的速率，从而使化学反应偏离平衡态。因此，可用标量耗散率 χ 来描述燃烧系统偏离平衡态的程度。而且当其超过某一临界值时，由于向反应区两侧的扩散热大于化学反应放热而可能导致熄火。Z、χ 是层流小火焰模型中两个最重要的变量。

（1）稳态层流小火焰模型（Steady Laminar Flanelet Model，SLFM）。它是利用层流小火焰数据库结合 pdf 方法来模拟湍流燃烧。假定湍流火焰中的扩散与化学反应二者达到局部的平衡，就如同具有同样 Z 和 X 的稳态层流火焰一样，只要能够找到联合概率密度函数 $P(Z,\chi,x,t)$，则根据湍流火焰是层流小火焰的系综这一观点，将 SLFN 所提供的计算结构对 pdf 积分就能得到所需的湍流火焰参数。

(2) 代表性互动小火焰模型(Representative Interactive Flamelet Model, RIF)。在瞬态情况下，小火焰参数的改变引起小火焰解的改变需要一定的作用时间，因此对于强烈的非稳态燃烧过程，小火焰参数变化的历史效应不可忽略。为了考虑参数变化的历史效应就必须把小火焰计算纳入到 CFD 计算之中，使二者耦合起来，在每一时间步中都同时进行计算并相互调用数据，因而是一种交互作用的互动式计算。在计算时为了减少工作量和成本，常选择有限数量的空间域，使每一域中小火焰参数的统计平均值大致相同，于是可以用一道小火焰来代表整个域内的燃烧历程，因此称为"代表性"小火焰。整个计算的关键是利用 RIF 概念实现物理空间 CFD 程序和相空间内小火焰程序的耦合。在 CFD 程序中求解流动和湍流参数：焓、混合分数及其脉动均方值；同时向小火焰程序提供所需的流场参数：标量耗散率和压力。小火焰程序则在同一时间步长内求解非稳态小火焰方程，其所用的时间步长要比 CFD 的时间步长小很多，换言之，在 CFD 的一个步长内，小火焰的计算要进行许多步。通过这种方式，即可实现流体动力学过程与化学过程之间的解耦。

4) 拟序小火焰模型(Coherent Flamelet Model, CFM)

拟序小火焰模型亦称火焰面密度模型。它的基本假设是，在达姆科勒数(Da 数)很高的情况下，反应区变得很薄，化学反应尺度小于湍流最小涡的尺度。因此，湍流已经不能影响除局部火焰的内部结构，而只能使火焰在其自身平面内发生应变和扭曲。因而各局部火焰均可视为是层流火焰，其燃烧率可通过分析一维层流拉伸火焰或利用火焰传播速度关系式求得，可用于预混及非预混条件，其传播速度及厚度均为沿火焰面积分所得的平均值，仅与压力、温度和浓度有关，因而 CFM 模型的吸引力在于将化学反应与湍流做解耦处理，它与层流小火焰模型不同之处在于总燃烧率的计算方法，它是将单位火焰面积(即火焰面积密度)的燃烧率对整个火焰面积来求出的，因此称为火焰面积密度(简称火焰面密度)模型。

火焰面密度 Σ 的严格定义是单位体积所拥有的火焰面积：$\Sigma = \partial A / \partial V$，亦即火焰的比表面积。于是组分 i 的平均燃烧率可表示为

$$\overline{\dot{\omega}} = \dot{\Omega}_i \Sigma \tag{6-110}$$

式中：$\dot{\Omega}$ 为当地单位火焰面积的平均燃烧速率在火焰面法向方向(即"厚度"方向)的积分，它取决于当地火焰锋面的特性，而且可按其对应的层流原型火焰来计算，因而实现了化学动力学(体现在 $\dot{\Omega}_i$ 中)与湍流(体现在 Σ 中)的解耦。

火焰面密度输运方程的求解。火焰面密度作为湍流燃烧过程的一个特征参数也是一个可输运量,其输运方程可写为

$$\frac{\partial \Sigma}{\partial t} + \nabla(\widetilde{U}\Sigma) = \nabla\left(\frac{v}{\sigma_{\Sigma}}\nabla\Sigma\right) + S_1 + S_2 + S_3 - D \tag{6-111}$$

式中:左端两项和右端第一项分别是 Σ 的时间变化率、对流项和扩散项,σ_{Σ} 是 Σ 的普朗特数;D 代表火焰面积的耗散项;S_1、S_2、S_3 为火焰面积的源项,分别表示平均流场作用在火焰表的应变率、湍流脉动产生的应变率和其他因素引起的 Σ 的增加或减少。S_1、S_2、S_3、D 中都含有未封闭的湍流相关矩,因而需要建立相应的模型方程式封闭后才能求解。

Masculus 和 Rutland 对柴油机的燃烧过程提出了一个三阶段模型,即把整个燃烧过程划分为互不相同而又有重叠的三个阶段:低温着火段、高温预混合燃烧段和扩散燃烧段。着火过程用 Shell 模型计算;高温预混燃烧用单步 Arrehenisus 公式模拟;扩散燃烧则采用火焰面密度模型。现引入相关内容予以具体说明。

(1) 物理过程的综述。在柴油机中,液态燃油以高压雾化油束形式高速进入燃烧室内的空气之中。燃油颗粒与空气相互作用,进行动量交换并使颗粒破碎,并同时发生油滴的蒸发汽化。传输到燃烧室内气体中的动量在油束附近诱发很高的变形率,显著地增强了燃烧室内的湍流强度。湍流增强了燃油蒸汽与空气之间的混合,同时也促进了液体燃油的蒸发,在燃油蒸汽和空气之间发生复杂的化学反应。在燃烧开始时燃油分裂形成基和中间物质,当反应进行到某一点,此时的温度和物质浓度条件有利于快速反应和释放热量时,放热率迅速加快并发生自燃。在滞燃期中化学反应受到低温反应动力学的控制,这是燃烧的第一阶段。

发生自燃以后,已经与空气混合的燃油开始快速反应,当地温度迅速升高,化学反应急剧加快。在点火后的预混燃烧是由高温反应动力学所支配,这是燃烧的第二阶段。

当化学反应速率比混合速率高出很多时,则在燃油与氧化剂相遇迅速发生燃烧时会形成一个确定的界面,通常这个界面非常之薄,因此反应区可视为一个火焰层。典型的扩散火焰,燃油与氧化剂应严格地位于各自的一侧。但在柴油机中,由于滞燃期的存在,在扩散燃烧开始之前燃油蒸汽与氧化剂之间已经有所混合,因此柴油机中扩散燃烧的早期,在扩散火焰的氧化剂这一侧会发生预混燃油的燃烧。从液态燃油蒸发汽化的新的燃油一旦在扩散火焰的燃油一侧被捕获,在到达火焰表面时已非常迅速地发生反应,因此不会扩散到另一侧。由于蒸发的油气仅供应扩散火焰的燃油一侧,预混的燃油最终会在扩散燃烧开始后的某个时段耗尽。

在扩散燃烧期中,火焰表面被其所含的气体的流动所输运和伸长。由于对流和湍流扩散导致火焰分布于整个气缸空间内,由于流体变形的伸长使表面积

增大,各火焰层面之间的相互作用会使火焰总面积减小,这是燃烧的第三阶段。

(2) 柴油机燃烧过程的模拟。在柴油机燃烧过程3个阶段之间存在着过渡时期,对其应进行尽可能直接的模拟。燃烧过程的5个时期:低温点火反应动力学;向高温化学反应动力学的过渡(转变);高温反应动力学控制的预混燃烧;向混合控制扩散燃烧的过渡(转变);小火焰扩散燃烧。

① 低温点火动力学。Shell点火模型是一种低温化学反应并引发点火的多步Arrhenius反应动力学模型,模型中包含了一些活性成分,其中的每一个都代表滞燃期内的存在的一个根(基)族,这些活性成分包含于一些反应过程之中。Shell模型可应用于气缸内燃油与氧化剂已经混合好的任意位置,但它只能用于低温反应,因此温度升高后就需要采用其他方法来模拟预混燃烧。

② 向高温反应动力学的过渡(转变)。点火被定义为放热率或温度开始增大的时刻。如果用点火模型所预测的放热率和采用高温预混燃烧模型的预测结果出现巨大差异时,则会由于放热率的突变而导致过渡时期出现不稳定。为此,在过渡期需采用一种坡型函数,任何时刻的总放热率均受限于预混燃烧放热率与过渡变量R_p的乘积。

$$\begin{cases} R_p = 1, T > T_{\text{crit. ignit}} \\ R_p = \dfrac{\dot{q}_{\text{ignit}}/\dot{q}_{\text{prem}} - R_1}{\dot{q}_{\text{ignit}}/\dot{q}_{\text{prem}} - 1}, \dot{q}_{\text{ignit}}/\dot{q}_{\text{prem}} > R_1 \\ R_p = 0, \dot{q}_{\text{ignit}}/\dot{q}_{\text{prem}} < R_1 \end{cases} \tag{6-112}$$

式中:$\dot{q}$为放热率;R_1为设定的采用点火模型与高温反应动力学模型所得到的放热率临界比值。因此,如果用点火模型预测所得的放热率大于预混燃烧所得之值则需用R_p来限制反应速率(即总放热率)。

$$\dot{\omega}_{\text{ox-side}} = (1 - R_p)\dot{\omega}_{\text{igbit}} + R_p\dot{\omega}_{\text{prem}} \tag{6-113}$$

如果$R_1 = 1$,即当这两个反应速率相等则发生过渡,本书中R_1的标准值为3.5,采用此值可足以实现稳定的过渡,对于点火模型的性能不造成大的危害。由于点火动力学仅适用于低温,故在方程式中也需要有一个临界值,模型只适用于$T_{\text{crit. ignit}} = 1050\text{K}$温度范围内。此温度临界值占有主导地位,无论何时,只要温度超过临界值,则不管其放热率的临界值是多少而整体转入预混燃烧。

③ 高温反应动力学控制的预混燃烧。高温预混燃烧模型是原Magnussen模型,由Patterson于1994用于柴油机的燃烧模拟。在此模型中,燃烧初期的反应时间尺度并不是由湍流所控制,而是用总反应时间尺度的倒数表示,即

$$\dot{\omega}_{\text{prem}} = A[\text{Fuel}]^{1/4}[Q_2]^{3/2}\exp(-E_A/\text{RT}) \tag{6-114}$$

式中:$A = 4.8 \times 10^8$;$E = 77.3\text{kJ/mol}$。

如前所述,预混燃烧仅发生于扩散火焰的氧化剂一侧,有必要区分位于火焰

的氧化剂一侧的预混燃油和位于扩散火焰燃油一侧尚未混合的燃油，因此需加入一个预混燃油总量的输运方程：

$$\frac{\partial}{\partial t}\bar{\rho}_{f.p}+\nabla\cdot(\bar{\rho}_{f.p}\tilde{u})=\nabla\cdot\frac{\mu_{\text{turb}}}{\sigma_s}\nabla\frac{\bar{\rho}_{f.p}}{\bar{\rho}}+\dot{\bar{\rho}}_{f.p}^{s}+\dot{\bar{\rho}}_{f.p}^{c} \tag{6-115}$$

式中：$\bar{\rho}_{f.p}$为预混燃油的总体密度；上标表示总体密度是基于总单元体积而不同于局限于扩散火焰一侧的预混燃油的局部密度。化学反应的源项为

$$\dot{\bar{\rho}}_{f.p}^{c}=\frac{\dot{m}_{i.p}^{c}}{V}=\frac{\dot{m}_{f.p}^{c}}{V_{\text{ox-side}}}\frac{V_{\text{ox-side}}}{V_{\text{Total}}}=MW_i a_i\dot{\omega}_{\text{ox-side}}(1-X_f) \tag{6-116}$$

式中：X_f为预混燃油在扩散火焰燃油侧；i为所研究的那部分物质。另一个源项$\dot{\bar{\rho}}_{f.p}^{s}$则是由于油束的蒸发汽化作用而产生的。这个源项与KIVA2程序中的油束源项完全相同，它一直到扩散火焰开始以前都在预混燃油的输运方程中起作用。在扩散火焰开始以后，氧化剂侧的燃油来源被切断，本项为0。

④ 向混合控制扩散燃烧的过渡。当化学反应相比于混合速率快得多的情况下，即开始向扩散燃烧过渡，这时在燃烧前燃油已没有时间与氧气混合。过渡期用达姆科勒值来界定。

$$\text{Da}\equiv\frac{A\exp(-E_A/\text{RT})}{\varepsilon/k} \tag{6-117}$$

式中：A、E_A与预混反应速率公式中的常数相同。Da的临界值取为50，一旦达到此值，则开始过渡到扩散燃烧。在柴油机中，燃油以油束形态存在，在过渡期间单元内的油滴标记为“扩散燃烧“油滴。这些油滴被扩散火焰所包围。

带有扩散燃烧火焰标记的油粒有可能流入Da值小于50的区域，这些油滴由于扩散火焰的高温而使其处于火焰前锋附近的子网格的Da值仍高于50，故仍可视为扩散燃烧油滴。在过渡过程中，火焰面积需要进行初始化，因为在公式中采用油滴作为扩散燃烧时燃油的源项，因而，理所当然地采用油滴的面积作为初始的火焰面积，虽然燃烧模型并非作为油滴燃烧来处理。油滴面积只是简单地用于扩散燃烧开始之时，并且油滴是位于火焰的燃油一侧，一旦进入过渡过程，在微元中预混燃烧和扩散燃烧可能同时存在，而预混燃烧被限制于扩散火焰的氧化剂一侧。

⑤ 小火焰扩散燃烧。在研究复杂的湍流扩散燃烧过程之前，需要首先介绍耦合小火焰模型的最简单的形式，即典型的折皱变形扩散火焰。

耦合小火焰模型将燃烧过程看作为一组层流火焰被嵌入于一个湍流场之中，用输运方程来描述火焰燃烧的总体图像，用对火焰层的局部分析导出单位火焰面积的反应速率。整体反应速率可由单位面积反应速率对于整个火焰面积的积分求得，其计算式为

$$\dot{\rho}_i=\rho_{i,\infty}V_{D,i}\Sigma \tag{6-118}$$

式中：$\rho_{i,\infty}$为远离火焰锋面的反应物质的密度；$V_{D,i}$为单位火焰面积该反应物质的体积消耗率；Σ为局部火焰密度。

$$V_{D,f}=\frac{\bar{\rho}\bar{D}\frac{\mathrm{d}Y_f}{\mathrm{d}x}}{\rho_{f,\infty}}=Y_{f,+\infty}\frac{\bar{\rho}}{\rho_{f,\infty}}\sqrt{\frac{\varepsilon_s\bar{D}}{2\pi}}\frac{(\Phi-1)}{\Phi}\exp\left[-\left(\mathrm{erf}^{-1}\left(\frac{\Phi-1}{\Phi+1}\right)\right)^2\right] \tag{6-119}$$

式中：$Y_{f,+\infty}$为远离火焰的燃油的质量分量；erf 表示反误差函数；当量比 Φ 为现有的燃油量与现有氧气量全部燃烧所需燃油量之比。扩散燃烧的当量比取决于远离火焰锋面的反应物浓度。氧化剂的体积消耗率可用反应物以化学当量比的组成扩散进入火焰锋面。由于 $V_{D,f}$具有速度单位，它通常被看作成为扩散速度（Marble and Broadwell，1977）。能量方程也可通过引入一个火焰温度的预估值来求解（Candel，1990，Musculus，1994），这对于排放的预测格外有用，因其非常依赖于温度的分布。

在相干小火焰模型中的总体火焰面积密度定义为

$$\Sigma=\frac{\delta A}{\delta V} \tag{6-120}$$

式中：Σ 为火焰面积密度，它是一个标量嵌入在流场之中。为了方便起见，在输运方程式中定义一个新的变量，即

$$S=\bar{\rho}\Sigma \tag{6-121}$$

经过替代氧化，火焰面积的输运方程变为

$$\frac{\partial}{\partial t}\bar{S}+\nabla\cdot(\bar{S}\tilde{u})=\nabla\cdot\frac{\mu_{\mathrm{turb}}}{\sigma_s}\nabla\frac{\tilde{S}}{\rho}+\bar{\rho}\left.\frac{\mathrm{d}\tilde{\Sigma}}{\mathrm{d}t}\right|_{\mathrm{production}}-\bar{\rho}\left.\frac{\mathrm{d}\tilde{\Sigma}}{\mathrm{d}t}\right|_{\mathrm{Destruction}} \tag{6-122}$$

需要对微分项 $\mathrm{d}\tilde{\Sigma}/\mathrm{d}t$ 进行计算。将由于流体力学产生的应变而导致火焰面积的增量单位特性表示为

$$\left.\frac{\mathrm{d}\tilde{\Sigma}}{\mathrm{d}t}\right|_{\mathrm{production}}=\alpha\tilde{\varepsilon}_s\tilde{\Sigma} \tag{6-123}$$

式中：α 为模型常数；$\tilde{\varepsilon}_s$ 为流体在火焰表面引起的变形率，它可由几种方法求得。湍流应变率是主要的，它常作为决定应变率的因素。如果湍流应变率是取决于小尺度湍流，则包括有平均流动应变的影响。应变项的形式为（Musculus，1994）

$$\tilde{\varepsilon}_s=-\frac{1}{4\alpha}\nabla\cdot\tilde{u}+\sqrt{\frac{\varepsilon}{3\nu}} \tag{6-124}$$

式中：ε 为 k－ε 湍流模型中的耗散项，由于平均流动的作用通常很小，可只保留湍流的作用，第一项则可略去。应变项是取决于由 k－ε 方程计算的大尺度应变率。

$$\tilde{\varepsilon}_s=\frac{\varepsilon}{k} \tag{6-125}$$

式(6－124)或式(6－125)与式(6－123)一起可以决定由于流体所引起的应变而导致火焰面积密度的变化率。方程式(6－122)中的火焰面积湮灭项,可能是由于一些因素所引起的,其中包括反应物的耗尽、由于火焰层太薄而导致在大曲率区域产生局部的拉伸、非化学当量比扩散火焰的传播、缸壁淬冷及过分的拉伸等。反应物耗损项用以计算反应物相邻层之间的消耗。

$$\Omega_{\mathrm{RD}}=\frac{\mathrm{d}\Sigma}{\mathrm{d}t}\Big|_{\mathrm{Re\ ac\ tan\ t,Depletion}}=\beta_1\left(\frac{(\rho_{0,\infty}V_{D,0})}{\bar{\rho}_{0,\infty}}+\frac{(\rho_{f,\infty}V_{D,f})}{\bar{\rho}_{f,\infty}}\right)\Sigma^2 \tag{6-126}$$

如果应变率过大,则有可能由于过分拉伸而使火焰熄灭,使火焰面积密度减小。当应变率 ε_s 超过其临界值时则会发生过渡的拉伸。从试验中观测到这个临界值为 $10^4\sim10^5\mathrm{s}^{-1}$。应变率的临界值也有赖于当地的温度,但在柴油机模拟时,实际观测到的应变率通常均小于此临界值,故温度的影响是很小的,由于过度拉伸的湮灭项会在很大程度上成正比地减少火焰面积,可表示为

$$\Omega_{\varepsilon}=\frac{\mathrm{d}\Sigma}{\mathrm{d}t}\Bigg|_{\mathrm{overstretching}}=-2\alpha(\varepsilon_s-\varepsilon_{s,\mathrm{crit}})h(\varepsilon_s-\varepsilon_{s,\mathrm{crit}}) \tag{6-127}$$

式中:h 为海氏函数(Heaviside 阶跃函数),临界应变率对于混合火焰为 $10^4\sim10^5\mathrm{s}^{-1}$ 量级。

对于其他因素不一一进行分析,根据已有的研究结果表明,火焰厚度引起的湮灭发生在燃烧后期,会导致燃烧的不稳定,而对火焰锋面传播的影响不大。壁面淬熄现象对燃烧模拟来说是很重要的,任何靠近壁面(活塞顶、气缸盖,气缸壁)的微元,方程式(6－122)中的产生物项均为零,这是一个粗略的假设,但对柴油机颇为适用。

(3) 柴油机的非均匀燃烧。在前面中对于耦合小火焰燃烧在典型扩散燃烧中的应用进行了描述,但在柴油机中的燃烧与典型扩散火焰模型相去甚远。在将耦合小火焰模型应用于柴油机之前,有一些问题必须解决:①距火焰锋面远处反应物的质量分量值;②扩散火焰氧化剂侧预混燃烧的当地(局部)物质密度;③氧化剂侧靠近扩散火焰处反应物的燃烧。

由于火焰层非常之薄,因此被具有很大温度梯度的区域和物质浓度梯度所占有的体积与整个微元体积相比是微不足道的。这样,局部区域可处理为被非常薄的火焰锋面所分割的两种不同混合物。KIVA 程序中给出的整个物质的输运方程可得到火焰面两侧物质的密度,因此需要附加的方程式用以确定每一侧的物质分割情况。早先在预混燃烧的分析中已经有计算预混燃油量的公式。因为预混燃烧仅发生在火焰的氧化剂一侧,故可以确定火焰氧化剂一侧的燃油量。在火焰“纯燃油”一侧的燃油量则可从总燃油物质密度与预混燃油密度之差求得,不需要另外附加方程式来确定火焰任何一侧的氧气量。

在当前的方程式中除了燃油和氧气之外没有任何其他物质,所有其他反应

产物或者惰性气体都不参与反应过程。在火焰燃油侧的惰性气体并包括反应产物在内的输运方程式可写为

$$\frac{\partial}{\partial t}\bar{\rho}_N + \nabla \cdot (\bar{\rho}_N \tilde{u}) = \nabla \cdot \frac{\mu_{\text{turb}}}{\sigma_s} \nabla \frac{\bar{\rho}_N}{\bar{\rho}} + \dot{\bar{\rho}}_{N,\text{conv}} + \dot{\bar{\rho}}_{N,\text{diff}} \tag{6-128}$$

式中:$\bar{\rho}_N$ 为惰性气体的总密度,它包括了除反应物以外的所有物质。由于惰性气体流动穿过火焰锋面故产生了对流源项。由于仅有惰性气体存在于火焰锋面(反应物质的浓度为0),故只是由于火焰锋面的传播。

$$\dot{\bar{\rho}}_{N,\text{conv}} = \frac{\dot{m}_{N,\text{conv}}}{V} = \frac{\dot{m}''}{V} A = \dot{m}'' \Sigma \tag{6-129}$$

从火焰锋面惰性气体进入火焰燃油侧的扩散率应与燃油进入火焰的扩散率相等,这是因为质量分量的总和应等于1。

$$\bar{\rho}_{N,\text{diff}} = (\rho V_{D,f}) \Sigma \tag{6-130}$$

当火焰两侧各物质的数量确定以后,假定在温度和压力为均匀的条件下,其摩尔密度为常数,即可得到其所占有的体积。

$$X_f = \frac{V_{\text{fuel-side}}}{V_{\text{total}}} = \frac{n_{\text{fuel-side}}}{n_{\text{total}}} = \frac{\bar{\rho}_N / MW_N + \bar{\rho}_f / MW_f}{\sum \bar{\rho}_i / MW_i} \tag{6-131}$$

由于火焰锋面很薄,并仅在锋面附近才出现和大的梯度,故在距锋面很远处的物质质量可简单地视为位于火焰任一侧来着两种混合物的质量分量。

对于燃油一侧,有

$$Y_{f,+\infty} = \frac{m_{f,\text{fuel-side}}}{m_{\text{total,fuel-side}}} = \frac{(\bar{\rho}_{f,\text{fuel-side}})(V_{\text{local}})}{(\bar{\rho}_{f,\text{fuel-side}} + \bar{\rho}_N)(V_{\text{local}})} = \frac{\bar{\rho}_f - \bar{\rho}_{f,p}}{\bar{\rho}_f - \bar{\rho}_{f,p} + \bar{\rho}_N} \tag{6-132a}$$

对于氧化剂一侧,有

$$Y_{o_2,-\infty} = \frac{m_{o_2,o_2\text{-side}}}{m_{\text{total},o_2\text{-side}}} = \frac{(\bar{\rho}_{o_2})(V_{\text{local}})}{(\bar{\rho} - \bar{\rho}_N - \bar{\rho}_{f,\text{fuel-side}})(V_{\text{local}})} = \frac{\bar{\rho}_{o_2}}{\bar{\rho} - \bar{\rho}_N - (\bar{\rho}_f - \bar{\rho}_{f,p})} \tag{6-132b}$$

这些质量分量代入式(6-128)用于确定火焰锋面处反应物的质量通量,亦即扩散火焰的反应速率。

这个结果也提出了另一个关于火焰氧化剂一侧反应物的浓度问题。从前面的分析可知,预混燃烧和点火不可能在整个微元体积内发生。局部的物质密度与预混反应物所占有的体积的总物质密度是有差别的,它只是局部体积的一个分数,也就是扩散火焰氧化剂一侧的分数。如前面的分析所述,关于火焰任何一侧的摩尔密度是均匀的,假设可用来确定火焰氧化剂一侧的体积分量。

还有一个重要的问题是,靠近扩散火焰氧化剂一侧的混合物的易燃性。由于相比于扩散速率,在火焰锋面处的反应是瞬时进行的,同时由于扩散火焰的放热使温度非常接近于火焰温度并甚至高于流体的温度,从而使火焰锋面处的化

学反应进行得更快，犹如预混反应物在靠近火焰锋面处的反应率更快于扩散进入锋面的速率。这样，当扩散火焰到达火焰的氧化剂一侧时，就必须修改以计及靠近火焰锋面处预混燃油的燃烧。其物理图像为，当存在有预混燃油时，就会有一个传播领先于氧化剂一侧的扩散火焰的预混反应区域。

$$\bar{\rho}_{i.\,\mathrm{modified}} = \bar{\rho}_i - \frac{\alpha_i \mathrm{MW}_i}{\alpha_f \mathrm{MW}_f} \bar{\rho}_{f,p} \tag{6-133}$$

式中：α_f、α_i 为燃油总体反应和修改物质的化学当量比系数；MW_f、MW_i 为燃油和修改物质的分子量；$\bar{\rho}_{f,p}$ 为预混燃油的总体密度。假如在氧化剂侧的混合物为浓混合，则预混合燃油的燃烧一直进行到氧化剂耗尽为止。

5）ECFM－3Z 拟序小火焰模型

ECFM（扩展的拟序小火焰模型）是针对直喷火花点火发动机而开发的燃烧模型。GSM 协会专为柴油机燃烧过程开发了一种 ECFM－3Z（扩展的拟序小火焰三区）模型，并且嵌入了用以描述多次喷射时燃烧反应的衰减变化的衰退模型，可用以对柴油机多次喷射燃烧过程进行精确模拟，已引入到最新的 FIRE8.5 版本中。

ECFM－3Z 模型是一个基于火焰面密度传输方程和一个用于描述非均匀湍流预混合于扩散燃烧相结合的混合模型。它将混合物分为三个区，如图6－5所示。在燃油蒸发过程中，一部分燃油进入混合区（从 F 区到 M 区），另一部分燃油进入纯燃油区（F 区），在蒸发后需要一定的时间来使燃油蒸汽与周围空气（从 A 区进入 M 区）进行充分混合。

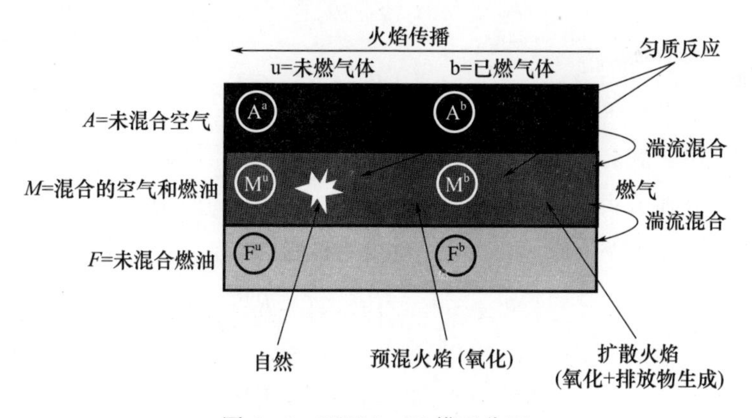

图6－5　ECFM－3Z 模型分区

ECFM－3Z 模型的主要组成如下。

（1）组分方程。利用输运方程可以求出 O_2、N_2、CO_2、CO、H_2、H_2O、O、H、N、OH 在三个区内的平均量。“燃烧气体”等于混合区（M_b）中的实际燃烧气体加上空气区（A_b）的部分空气和燃油区（F_b）的部分燃油，关系式为

$$\frac{\partial \bar{\rho}\tilde{y}_x}{\partial t}+\frac{\partial \bar{\rho}\tilde{u}_i\tilde{u}_x}{\partial x_i}-\frac{\partial}{\partial x_i}\left[\left(\frac{\mu}{S_c}+\frac{\mu_t}{S_{ct}}\right)\frac{\partial \tilde{y}_x}{\partial x_i}\right]=\bar{\dot{\omega}} \tag{6-134}$$

式中：$\bar{\dot{\omega}}$为燃烧源项；$\tilde{y}_x$ 为物质 x 的质量平均分数。

燃油分为两部分，即处于纯空气中的部分 $\tilde{y}_{\mathrm{Fu}}^u$和处于燃烧气体中的部分 $\tilde{y}_{\mathrm{Fu}}^b$。

$$\tilde{y}_{\mathrm{Fu}}^u=\frac{\overline{m}_{\mathrm{Fu}}^u}{m}=\frac{\overline{m}_{\mathrm{Fu}}^u/V}{\overline{m}/V}=\frac{\bar{\rho}_{\mathrm{Fu}}^u}{\bar{\rho}} \tag{6-135}$$

$$\tilde{y}_{\mathrm{Fu}}^b=\frac{\overline{m}_{\mathrm{Fu}}^b}{m}=\frac{\overline{m}_{\mathrm{Fu}}^b/V}{\overline{m}/V}=\frac{\bar{\rho}_{\mathrm{Fu}}^b}{\bar{\rho}} \tag{6-136}$$

式中：$\tilde{y}_{\mathrm{Fu}}=\tilde{y}_{\mathrm{Fu}}^u+\tilde{y}_{\mathrm{Fu}}^b$为整体平均质量分数；$\overline{m}_{\mathrm{Fu}}^u$为燃油在空气中的质量。

$\tilde{y}_{\mathrm{Fu}}^u$可用输运传递方程计算，即

$$\frac{\partial \bar{\rho}\tilde{y}_{\mathrm{Fu}}^u}{\partial t}+\frac{\partial \bar{\rho}\tilde{u}_i\tilde{y}_{\mathrm{Fu}}^u}{\partial t}-\frac{\partial}{\partial x_i}\left[\left(\frac{\mu}{Sc}+\frac{\mu_t}{Sc_t}\right)\frac{\partial \tilde{y}_{\mathrm{Fu}}^u}{\partial x_i}\right]=\bar{\rho}\,\bar{\dot{S}}_{\mathrm{Fu}}^u+\bar{\dot{\omega}}_{\mathrm{Fu}}^u \tag{6-137}$$

式中：$\bar{\dot{S}}_{\mathrm{Fu}}^u$为燃油在纯空气中蒸发源项；$\bar{\dot{\omega}}_{\mathrm{Fu}}^u$为自燃着火源项。

（2）混合模型。在蒸发过程中，一部分燃油进入混合区（从 F 区进入到 M 区），另一部分则进入纯燃油区（F 区）。对于燃油喷雾油束，燃油油滴之间的距离很近，相对集中在一个区域，因而在蒸发后需要经过一段时间来使燃油蒸汽与周围空气实现充分混合（混合物从 F 区和 A 区进入 M 区）。

混合物方程为

$$\begin{aligned}&\frac{\partial \bar{\rho}\tilde{y}_{\mathrm{Fu}}^F}{\partial t}+\frac{\partial \bar{\rho}\tilde{u}_i\tilde{y}_{\mathrm{Fu}}^F}{\partial x_i}-\frac{\partial}{\partial x_i}\left(\frac{\mu}{Sc}\frac{\partial \tilde{y}_{\mathrm{Fu}}^F}{\partial x_i}\right)=\bar{\rho}\,\bar{\dot{S}}_{\mathrm{Fu}}^F+\bar{\rho}\,\bar{\dot{E}}_{\mathrm{Fu}}^{F\to M}\\&\frac{\partial \bar{\rho}\tilde{y}_{\mathrm{O_2}}^A}{\partial t}+\frac{\partial \bar{\rho}\tilde{u}_i\tilde{y}_{\mathrm{O_2}}^A}{\partial x_i}-\frac{\partial}{\partial x_i}\left(\frac{\mu}{Sc}\frac{\partial \tilde{y}_{\mathrm{O_2}}^A}{\partial x_i}\right)=\bar{\rho}\,\bar{\dot{E}}_{\mathrm{O_2}}^{A\to M}\end{aligned} \tag{6-138}$$

式中：$\tilde{y}_{\mathrm{Fu}}^F$表示未混合燃油，$\tilde{y}_{\mathrm{Fu}}^F=\tilde{y}_{\mathrm{Fu}}^{u,F}+\tilde{y}_{\mathrm{Fu}}^{b,F}$；$\tilde{y}_{\mathrm{O_2}}^A$表示未混合氧气，$\tilde{y}_{\mathrm{O_2}}^A=\tilde{y}_{\mathrm{O_2}}^{u,A}+\tilde{y}_{\mathrm{O_2}}^{b,A}$；$\bar{\dot{E}}_{\mathrm{Fu}}^{F\to M}$、$\bar{\dot{E}}_{\mathrm{O_2}}^{A\to M}$分别为未混合燃油和未混合氧气方程中的源项，基于 k－ε 模型，应用下列公式，通过特征时间尺度计算混合物的量，即

$$\begin{aligned}\bar{\dot{E}}_{\mathrm{Fu}}^{F\to M}&=-\frac{1}{\tau_m}\tilde{y}_{\mathrm{Fu}}^F\left(1-\tilde{y}_{\mathrm{Fu}}^F\frac{\bar{\rho}M^M}{\bar{\rho}^u\mid_u M_{\mathrm{Fu}}}\right)\\\bar{\dot{E}}_{\mathrm{O_2}}^{A\to M}&=-\frac{1}{\tau_m}\tilde{y}_{\mathrm{O_2}}^A\left(1-\frac{\tilde{y}_{\mathrm{O_2}}^A}{\tilde{y}_{\mathrm{O_2}}^\infty}\frac{\bar{\rho}M^M}{\bar{\rho}^u\mid_u M_{\mathrm{air}}}\right)\end{aligned} \tag{6-139}$$

式中：M^M 为混合区气体的平均摩尔质量；M_{Fu}为燃油摩尔质量；$\mathrm{Mo_2}$ 为 O_2 摩尔质量；M_{air}为空气摩尔质量；$\bar{\rho}$ 为平均密度；$\bar{\rho}^u\mid_u$为未燃气体密度；$\tilde{y}_{\mathrm{O_2}}^\infty$为氧气质量分数，$\tilde{y}_{\mathrm{O_2}}^\infty=\dfrac{\tilde{y}_{T\mathrm{O_2}}}{1-\tilde{y}_{T\mathrm{Fu}}}$；$\tilde{y}_{T\mathrm{O_2}}$、$y_{T\mathrm{Fu}}$分别为氧气和燃油的示踪量；$\tau_m$ 为混合时间，$\tau_m^{-1}=\beta_m\dfrac{\varepsilon}{k}$

表示，$\beta_m=1$ 为常数。

（3）条件反应构成。通过未燃燃油 $\tilde{y}_{Fu}^{F}$ 和未燃氧气 $\tilde{y}_{O_2}^{A}$ 两个量可以构建混合物的量，假设未燃气体成分在混合区和非混合区内是相同的，因而只要知道氧气的总量和未燃氧气的量就可以知道已混合空气对总空气量的比率。混合区燃油和氧气示踪质量为

$$\begin{cases}\bar{\rho}_{TFu}^{M}=\bar{\rho}_{TFu}-\bar{\rho}_{Fu}^{F}\\ \bar{\rho}_{TO_2}^{M}=\bar{\rho}_{TO_2}-\bar{\rho}_{O_2}^{F}\end{cases}\tag{6-140}$$

对于未燃和已燃燃油质量分数，有

$$\begin{cases}\bar{\rho}_{Fu}^{u,M}=\bar{\rho}_{Fu}^{u}-(1-\tilde{c})\bar{\rho}_{Fu}^{F}\\ \bar{\rho}_{Fu}^{b,M}=\bar{\rho}_{Fu}^{b,M}-\tilde{c}\bar{\rho}_{Fu}^{F}\end{cases}\tag{6-141}$$

式中：$\tilde{c}$ 为平均进展变量。

$$\tilde{c}=1-\frac{\overline{m}^{u}}{\overline{m}}=1-\frac{\tilde{y}_{Fu}^{u}}{y_{TFu}}\tag{6-142}$$

对于其他组分 x，定义系数：

$$c_{O_2}^{A}=\frac{\tilde{y}_{O_2}^{A}}{\tilde{y}_{TO_2}}=\frac{\tilde{y}_{x}^{A}}{\tilde{y}_{Tx}}\tag{6-143}$$

式中：$\tilde{y}_{Tx}$ 为组分 x 的示踪质量分数，O_2、NO、CO、H_2 和 Soot 的示踪量可由输运方程求解，N_2、CO_2、H_2O 的示踪量要由分子平衡方程重构。

在拟序火焰模型中，火焰前锋被认为是未燃和已燃气体之间一个无限稀薄的界面，为了正确计算火焰速度，需要精确获得两个区域的组分质量分数 $\tilde{y}_{x}^{u,M}|_{u,M}$，$\tilde{y}_{x}^{bM}|_{b,M}$，即

$$\begin{cases}\tilde{y}_{x}^{u,M}|_{u,M}=\dfrac{\overline{m}_{x}^{u,M}}{\overline{m}^{u,M}}\\[2ex] \tilde{y}_{x}^{b,M}\Big|_{b,M}=\dfrac{\overline{m}_{x}^{b,M}}{\overline{m}^{b,M}}\end{cases}\tag{6-144}$$

式中：$\overline{m}^{u,M}$ 为混合区未燃质量，$\overline{m}^{u,M}=(1-\tilde{c})\overline{m}^{M}$；$\overline{m}^{b,M}$ 为混合区内燃烧质量，$\overline{m}^{b,M}=\tilde{c}\overline{m}^{M}$；$\overline{m}^{M}$ 为混合区总质量。

（4）自燃模型。

① 着火延迟，滞燃期计算。

$$\tau_d=4.804\times10^{-8}(N_{O_2}^{u,M}|_{u,M})^{0.53}(N_{Fu}^{u,M}|_{u,M})^{0.05}(\bar{\rho}^{u})^{0.13}\mathrm{e}^{\frac{5914}{T^u}}\tag{6-145}$$

式中：$N_{x}^{u,M}|_{u,M}$ 为摩尔浓度；T 为温度。

② 中间产物。中间产物 $\bar{\rho}_I$ 与燃油示踪 $\bar{\rho}_{TFu}$ 具有相同的发展方程。可以认为 A 区和 F 区的中间产物质量为零，且中间产物的摩尔质量等与燃油的摩尔质量，在此条件下，摩尔浓度可表示为

$$\overline{N}_I^M\Big|_M=\frac{\overline{\rho}_I C_{VM}}{M_{\mathrm{Fu}}} \tag{6-146}$$

中间产物根据以下源项随时间不断增加,即

$$\frac{\partial \overline{N}_I^M|_M}{\partial t}=\overline{N}_{T\mathrm{Fu}}^M|_M F(\tau_d) \tag{6-147}$$

F 是滞燃期 τ_d 的函数:

$$F(\tau_d)=\frac{\left[B^2\tau_d^2+4(1-B\tau_d)\dfrac{\overline{N}_I^M|_M}{\overline{N}_{T\mathrm{Fu}}^M|_M}\right]^{1/2}}{\tau_d} \tag{6-148}$$

式中:B 为常数,设为 1s。

③ 燃油氧化。当中间产物摩尔浓度超过燃油示踪摩尔浓度($\overline{N}_I^M|_M>\overline{N}_{T\mathrm{Fu}}^M|_M$)时,滞燃期结束。已混合的燃油在化学反应特征时间内被氧化,燃油摩尔浓度的变化为

$$\frac{\partial \overline{N}_{\mathrm{Fu}}^{u,M}|_M}{\partial t}=-\frac{\partial \overline{N}_{\mathrm{Fu}}^{u,M}|_M}{\tau_c} \tag{6-149}$$

式中:化学反应特征时间 $\tau_c=\tau_c^0 e^{\frac{T_a}{T^b}}$;$T_a$ 为激活温度,一般设为 $6000K$;τ_c^0 为常数,设为 0.01ms。

(5) 燃油氧化动力学机理。预混燃烧火焰和自燃着火会在未燃混合区中产生一个沉降源,利用下面的模型来表征燃油的氧化,并生成 CO 和 CO_2。

① 在未燃混合气中,沉降源被新的未燃气体充斥以后,假设气体成分包括 Fuel、O_2、N_2、CO_2、CO、H_2、NO。燃油的的氧化过程分为两个阶段:在混合区内,燃油氧化生成大量的 CO 和少量的 CO_2;先前生成的 CO 再氧化成为 CO_2。

设燃油的成分为 C_xH_y,定义一个平均等价率 $\overline{\phi}$。如果:

$$\overline{\phi}<\overline{\phi}_1\rightarrow\alpha=1$$

$$\overline{\phi}_1<\overline{\phi}<\varphi_2\rightarrow\alpha=\frac{\dfrac{4\times0.98\left(x+\dfrac{y}{4}\right)}{\overline{\phi}}-2x}{2x+y} \tag{6-150}$$

$$\overline{\phi}_2<\overline{\phi}\rightarrow\alpha=0$$

式中:$\overline{\phi}_1=0.99$,$\overline{\phi}_2=0.9\overline{\phi}_{\mathrm{crit}}$,$\overline{\phi}_{\mathrm{crit}}$ 为临界等价率,表示没有足够的氧气使燃油氧化成 CO。

$$\overline{\phi}_{\mathrm{crit}}=\frac{2}{x}\left(x+\frac{y}{4}\right) \tag{6-151}$$

当 $\overline{\phi}_2<\overline{\phi}$ 时,一部分未燃燃油 $\tilde{y}_{\mathrm{Fu}}^M|_M$ 不能被氧化,而是被转移做为混合区新的燃烧气体源,即

$$\mathrm{d}N_{\mathrm{Fu}}^{u\to b} = -\mathrm{d}N_{\mathrm{Fu}}^{u}\left(1-0.9\frac{\phi_{\mathrm{crit}}}{\overline{\phi}}\right) \tag{6-152}$$

对于 O_2、CO_2、H_2O、CO、H_2 等源项分别为

$$\begin{aligned}
&\mathrm{d}N_{\mathrm{O_2}}^{u} = \mathrm{d}N_{\mathrm{Fu}}^{u}\left[\frac{x}{2}(1+\alpha(1-r_{\mathrm{co}}))+\frac{y}{4}\alpha\right]\\
&\mathrm{d}N_{\mathrm{CO_2}}^{u} = -\mathrm{d}N_{\mathrm{Fu}}^{u}\alpha(1-r_{\mathrm{CO}})x\\
&\mathrm{d}N_{\mathrm{CO}}^{u} = -\mathrm{d}N_{\mathrm{Fu}}^{u}[1-(1-r_{\mathrm{CO}})]x\\
&\mathrm{d}N_{\mathrm{H_2O}}^{u} = -\mathrm{d}N_{\mathrm{Fu}}^{u}\alpha\frac{y}{2}\\
&\mathrm{d}N_{\mathrm{H_2}}^{u} = -\mathrm{d}N_{\mathrm{Fu}}^{u}(1-\alpha)\frac{y}{2}
\end{aligned} \tag{6-153}$$

② 在已混合区气体中，可认为在混合区中的燃烧由化学反应控制，故已燃混合气中的反应式为

$$\frac{\partial \overline{N}_{\mathrm{Fu}}^{b,M}|_{M}}{\partial t} = -\frac{\overline{N}_{\mathrm{Fu}}^{b,M}}{\tau_c} \tag{6-154}$$

（6）衰退模型。ECFM 模型中的衰颓子模型用来描述燃烧的衰退现象，当燃烧的气体温度低于一定临界值时，衰退模型会将燃气体作为未燃气体来处理。

定义系数 c_I 用以表示燃烧着火过程的状态。根据 c_I 值来启动调用衰退模型，即

$$\bar{c}_I = \frac{\tilde{y}_I}{\tilde{y}_{T\mathrm{Fu}} - \tilde{y}_{\mathrm{Fu}}^{F}} \tag{6-155}$$

式中：$\tilde{y}_{T\mathrm{Fu}}$ 为总燃油量，$\tilde{y}_{\mathrm{Fu}}^{F} = \tilde{y}_{\mathrm{Fu}}^{u,F} + \tilde{y}_{\mathrm{Fu}}^{b,F}$ 表示未混合燃油。

如果 $\bar{c}_I < 1$，自然着火期没有开始，不存在燃烧；$\bar{c}_I = 1$，开始自然着火。在计算网格中设定，$\bar{c}_I > 0.999$ 就认为自燃着火开始，这是通过设置 $\bar{c}_I = 0$，即 $\tilde{y} = 0$ 开始新的自燃着火延迟计算。此外，定义火焰熄灭温度 T_{deav}（一般定为 1200K）代表允许燃烧的最低温度，如果燃烧温度低于 $T_{\mathrm{deav}} + 200\mathrm{K}$，就认为燃烧反应逐渐停止，这样燃烧气体就要向未燃混合区传送。在多次间隔喷射燃烧模型计算中，火焰熄灭温度取为 1500K。

（7）焰后（post - flame）化学反应模型。自燃着火过程的化学反应通过未燃混合气特征参数求得，而燃烧产物、过程反应和化学平衡则需通过燃烧气体的特征参数来描述。气体平均特征参数可以通过对燃烧气体的修正而得到。在知道燃烧气体的成分和温度以后，程序开始通过迭代计算计算燃烧火焰的化学反应。计算模型得到 $\tilde{y}_x^{b,M}|_M$ 后，不断修正燃烧气体的状态和温度。模型引进了 CO 的动力学氧化反应 $CO + OH \leftrightarrow CO_2 + H$，因此，不再需要求解 CO/CO_2 平衡方程，涉

及其他的平衡反应如下：

$$
\begin{aligned}
& N_2 \leftrightarrow 2N \\
& O_2 \leftrightarrow 2O \\
& H_2 \leftrightarrow 2H \\
& 2OH \leftrightarrow O_2 + H_2 \\
& 2H_2O \leftrightarrow O_2 + 2H_2
\end{aligned}
\tag{6-156}
$$

系统计算是基于燃烧气体的构成和温度，并且允许通过湍流燃烧模型对给定的组分质量分数 $\tilde{y}_x^{b,M}|_{b,M}$ 进行修正，亦即修正了平均质量分数 $\tilde{y}_x$，其计算结构框图如图 6-6 所示。

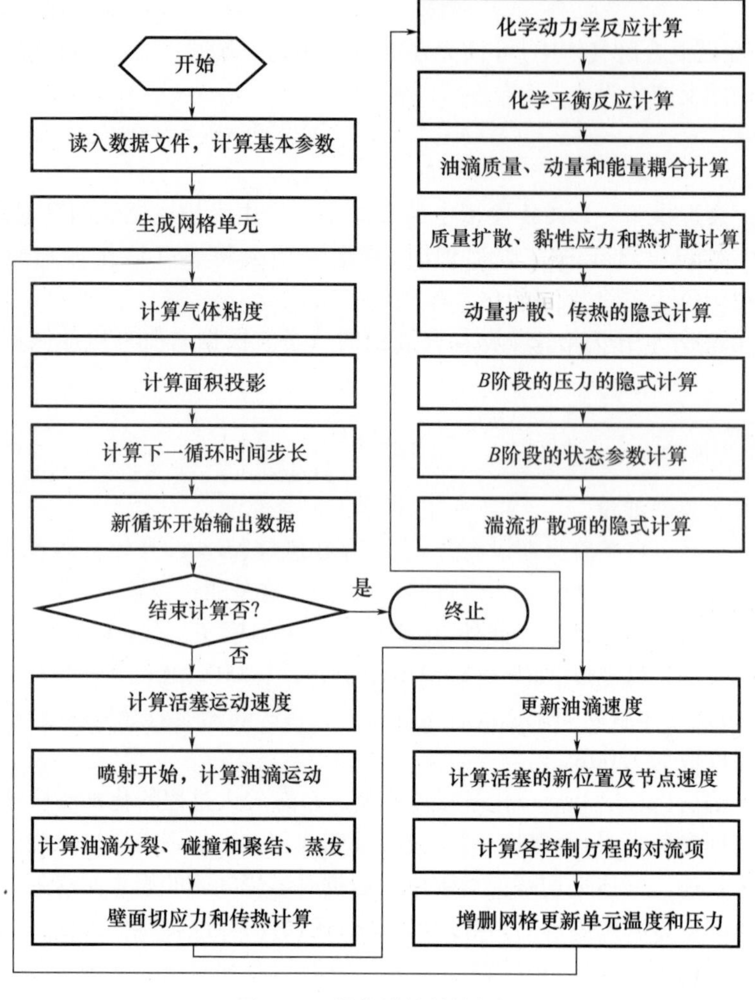

图 6-6　燃烧计算结构框图

6.3　柴油机氮氧化物(NO_x)排放的计算模型

碳氢燃料与空气在柴油机中混合燃烧时,有以下三种途径生成氮氧化物:

(1) 高温途径,即在已燃区在高温环境下使空气中氮分子分离并与氧相结合生成氮氧化物,称为热 NO(Thermal NO,或 Zeldovich NO)。

(2) 瞬发途径,在火焰区产生的氮氧化物,它是由碳氢化合物的碎片"攻击"空气中的氧而生成的,称为瞬发 NO(Prompt NO)。

(3) 燃料氮途径,燃油中所含的氮的成分在燃烧时与空气中的氧相结合而生成。

实际上,在内燃机的燃烧过程中,燃油 NO 的生成可忽略不计,瞬发 NO 同样也可忽略,因为它和热 NO 相比是无足轻重的,在火焰前锋和火焰后气体中总共形成的 NO 尚小于 5%。在内燃机的燃烧过程中,气缸内的压力迅速升高,已燃气体在燃烧之后被压缩到很高的温度,因此在已燃气体中所形成的热 NO 比在火焰峰面生成的 NO 数量大得多。

研究氮氧化物的生成可应用详细的反应机理,但是复杂的反应动力学机理仅适用于简单火焰的计算(一维、层流等),对于湍流火焰是不适用的,因为必须考虑过程中许多因素之间的相互作用(湍流、辐射、传热等)才能得到符合实际的结果,因此在柴油机中多采用简化的机理,它的计算精度与所给定的温度和化学反应速率常数密切相关。

扩展的 Zeldovich 机理。Zeldovich 首先提出了以下两个反应:

$$O + N_2 \underset{k_2}{\overset{k_1}{\Leftrightarrow}} NO + N \tag{6-157}$$

$$N + O_2 \underset{k_4}{\overset{k_3}{\Leftrightarrow}} NO + O \tag{6-158}$$

以后,Lavoie 又增加一个反应:

$$N + OH \underset{k_6}{\overset{k_5}{\Leftrightarrow}} NO + H \tag{6-159}$$

从反应式(6-157)可见,由于要打开单分子的三价键,需要非常高的活化能,这个反应是在高温下快速进行的,由于反应速率 k_1 较小,因此 k_1 反应是整个 NO 生成的限速反应(Rate-Limitingreaction)。热 NO 的生成主要取决于 5 种化学物质(O、H、OH、N、O_2),而与所采用的燃油无关。为了获得所需根的浓度,需要 $O + N_2 \Leftrightarrow NO + N$ 用复杂的反应机理来确定 NO 的浓度,为此许多文献给出了不同 NO 生成速率的表达式。表 6-3 列出 Heywood BormanGL 及 RaglandKW 的生成速率常数表达式。

表6-3　不同NO生成速率表达式

k_1	$7.6\times10^{13}\exp\left[-\frac{38000}{T}\right]$	$1.8\times10^{14}\exp\left[-\frac{38370}{T}\right]$
k_2	1.6×10^{13}	$3.8\times10^{13}\exp\left[-\frac{425}{T}\right]$
k_3	$6.4\times10^{9}T\exp\left[-\frac{3150}{T}\right]$	$1.8\times10^{10}T\exp\left[\frac{4680}{T}\right]$
k_4	$1.5\times10^{9}T\exp\left[-\frac{19500}{T}\right]$	$3.8\times10^{9}T\left[-\frac{20820}{T}\right]$
k_5	4.1×10^{13}	$7.1\times10^{13}\exp\left[-\frac{450}{T}\right]$
k_6	$2.0\times10^{14}\exp\left[-\frac{23600}{T}\right]$	$1.7\times10^{14}\exp\left[-\frac{24500}{T}\right]$

从质量作用定理可知：

$$\frac{\mathrm{d}[\mathrm{NO}]}{\mathrm{d}t}=k_1[\mathrm{O}][\mathrm{N_2}]+k_3[\mathrm{N}][\mathrm{O_2}]+k_5[\mathrm{N}][\mathrm{OH}]-k_2[\mathrm{NO}][\mathrm{N}]-k_4[\mathrm{NO}][\mathrm{O}]-k_6[\mathrm{NO}][\mathrm{H}] \tag{6-160}$$

从化学反应速率常数的构成式中可以看出NO的生成率与温度密切有关。同样可有

$$\frac{\mathrm{d}[\mathrm{N}]}{\mathrm{d}t}=k_1[\mathrm{O}][\mathrm{N_2}]+k_3[\mathrm{N}][\mathrm{O_2}]+k_5[\mathrm{N}][\mathrm{OH}]-k_2[\mathrm{NO}][\mathrm{N}]-k_4[\mathrm{NO}][\mathrm{O}]-k_6[\mathrm{NO}][\mathrm{H}]=0 \tag{6-161}$$

从实验中发现，在排气中[N]浓度极低（$<10^{-8}$摩尔分数 $\mathrm{mol/cm^3}$），因此可以认为[N]的非稳态平衡浓度值是不变的，$d[\mathrm{N}]/d\mathrm{t}=0$。由此可得稳态浓度[N]，即

$$[N]_s=\frac{k_1[\mathrm{O}][\mathrm{N_2}]+k_4[\mathrm{NO}][\mathrm{O}]+k_6[\mathrm{NO}][\mathrm{H}]}{k_2[\mathrm{NO}]+k_3[\mathrm{O_2}]+k_5[\mathrm{OH}]} \tag{6-162}$$

代入式(6-160)消去[N]项可得

$$\frac{\mathrm{d}[\mathrm{NO}]}{\mathrm{d}t}=2k_1[\mathrm{O}][\mathrm{N_2}]\frac{1-[\mathrm{NO}]^2/(k[\mathrm{O_2}][\mathrm{N_2}])}{1+k_2[\mathrm{NO}]/k_3[\mathrm{O_2}]+k_5[\mathrm{ON}]} \tag{6-163}$$

其中

$$k=\left[\frac{k_1}{k_2}\right]\left[\frac{k_3}{k_4}\right]$$

NO可以认为是在已燃区中产生的，也就是说燃烧和NO生成彼此是分离的，所以在进行[NO]生成量的预测时可以认为O、$\mathrm{O_2}$、H、OH、$\mathrm{N_2}$是处于相应于当地压力和平衡温度的平衡浓度状态，直达NO的冻结温度。

设平衡时第一个反映在平衡时的反应速率为

$$R_1 = k_1[O]_e[N_2]_e = k_2[N]_e[NO]_e$$

同理可得

$$R_2 = k_3[N]_e[O_2]_e = k_4[NO]_e[O]_e$$
$$R_3 = k_5[N]_e[OH]_e = k_6[NO]_e[H]_e$$

用$[O]_e$…代替$[O]$…,则有

$$R_1 - R_1\frac{[NO]}{[NO]_e}\frac{[N]_s}{[N]_e} - R_2\frac{[N]_s}{[N]_e} + R_2\frac{[NO]}{[NO]_e} - R_3\frac{[N]_s}{[N]_e} + R_3\frac{[NO]}{[NO]_e} = 0$$

$$\frac{[N]_s}{[N]_e} = \frac{\dfrac{R_1}{R_1+R_3} + \dfrac{[NO]}{[NO]_e}}{1 + \dfrac{R_1}{R_2+R_3}\dfrac{[NO]}{[NO]_e}}$$

将式(6-160)做类似的变化,并代入上式可得

$$\frac{d[NO]}{dt} = \frac{2R_1\left\{1 - \dfrac{[NO]^2}{[NO]_e^2}\right\}}{1 + \dfrac{R_1}{R_2+R_3}\dfrac{[NO]}{[NO]_e}} \tag{6-164}$$

从化学平衡计算得出$[O]_e$、$[N_2]_e$、$[NO]_e$、$[H]_e$,从而可算出R_1、R_2、R_3。微分方程式(6-164)仅有$[NO]$一个变量,可以求解。积分的范围从燃烧温度到冻结温度(<1800K)。

表6-4列出R_1、R_1/R_2和$R_1/(R_2+R_3)$的值,从R_1/R_2和$R_1/(R_2+R_3)$值的差别中可以看到Lavoie引入反应式(6-159)的重要性。

表6-4 不同燃空当量比下的系数取值

燃空当量比	R_1/mol·cm^{-3}·s^{-1}	R_1/R_2	$R_1/(R_2+R_3)$
0.8	$5.8\cdot10^{-5}$	1.2	0.33
1.0	$2.8\cdot10^{-5}$	2.5	0.26
1.2	$7.6\cdot10^{-6}$	9.1	0.14

NO的生成率受温度的影响很大,这可从下面$d[NO]_{st}$起始值]的关系式中看出。当$[NO]/[NO]_e \ll 1$时,由式(6-164)有

$$\frac{d[NO]}{dt} = 2R_1 = 2R_1[O]_e[N_2]_e \tag{6-165}$$

由$\frac{1}{2}O_2 \Leftrightarrow O$,可得

$$[O]_e = \frac{K_{p(o)}[O_2]_e^{\frac{1}{2}}}{(RT)^{1/2}} \tag{6-166}$$

式中:$R = 8314$kJ/(mol·K),$K_{p(o)} = 3.6\times10^3\exp(-31090/T)$。

代入式(6－165)，其中 k_1 值由表中查出，可得

$$\frac{d[NO]}{dt}=\frac{6\times10^{16}}{T^{\frac{1}{2}}}\times\exp\left(\frac{69090}{T}\right)[O_2]_e^{1/2}[N_2] \tag{6－167}$$

由此可见，d[NO]/dt 的起始值与温度呈指数关系，温度越高，N_2、O_2 的浓度越大，则 NO 的生成率也越高。

NO 形成的特征时间可用 τ_{NO}表示，即

$$\tau_{NO}=\frac{1}{[NO]_e}\ \frac{d[NO]}{dt} \tag{6－168}$$

$[NO]_e$ 可从下面的反应式求得，即

$$O_2+N_2\Leftrightarrow 2NO \tag{6－169}$$

$$[NO]_e=\{k_{NO}[O_2]_e[N_2]_e\}^{\frac{1}{2}},k_{NO}=20.3\exp\left(-\frac{21650}{T}\right) \tag{6－170}$$

将以上各式代入式(6－168)可得

$$\tau_{NO}=\frac{8\times10^{-16}T\exp\left(\frac{58300}{T}\right)}{p^{\frac{1}{2}}} \tag{6－171}$$

在推导以上公式时，引用了$[N_2]_e=\frac{p}{RT}w_{N_2}$的定义及 $w_{N_2}\approx0.71$ 的假定。对于汽油机而言，τ_{NO}与燃烧特征时间相当或略长，因此 NO 的形成主要是受化学反应动力学的控制。当 $t=0$ 时，NO 也接近于零，这表示在高压下燃烧的火焰前锋内几乎不产生 NO。

在汽油机中 NO_2/NO 的比值很小，但在柴油机中这个比值达 10%～30%。NO_2 生成机理的研究尚不透彻，目前认为 NO 在火焰区可以迅速转变成为 NO_2。

$$NO+HO_2\rightarrow NO_2+OH \tag{6－172}$$

然后 NO_2 又会转变为 NO，即

$$NO_2+O\rightarrow NO+O_2 \tag{6－173}$$

只有在 NO_2 生成后，火焰被冷的空气所激冷，这样 NO_2 才能保存下来。因此，当柴油机在低负荷运行时，NO_2/NO 比值较高。汽油机 NO_2/NO 的最大值约为 2%（当 $\Phi=0.85$ 时）。

在柴油机中 NO、NO_2 的生成机理和点燃式汽油机是一样的，对 NO_x 生成率的影响因素也大致相同。但由于柴油机气缸内的混合气是不均匀的，因此在分析相关的影响因素时，应注意以下几点：

(1) 柴油机气缸内的平均 NO 生成率大约从燃烧开始后 20°CA 之内达到其最大值，其数值的大小与预混燃烧期内燃烧的混合气量成正比。采用推迟喷射可使 NO 排放降低。

(2) 当量比(与负荷相当)的减小会使 NO 排放减少,但它的影响程度与汽油机有所不同,因为在柴油机中平均当量比的减少并不能代表不存在具有化学当量比($\Phi=1$)的混合气区域,在这些局部区域的燃烧温度很高,使 NO 排放增加。

(3) 采用各种降低气缸内氧气浓度的方法(EGR)可使 NO 排放下降。

综上所述,NO 生成率的整个计算过程可归纳为:由实测示功图计算已燃率 w_b;计算已燃区和未燃区的温度;利用 NO 生成率控制模型计算的[NO]随曲柄转角的变化情况;在膨胀行程的早期,NO 达到化学冻结温度,对于每一微元的可燃气体进行积分,可以求得最终排出气缸的 NO 浓度。

设{NO}是当地 NO 质量分数,$\{NO\}_f$ 为最终冻结时 NO 的质量分数,质量已燃率为 w_b,则排气中平均 NO 的质量分数为

$$\{N\overline{O}\} = \int \{NO\}_f \mathrm{d}w_b \tag{6-174}$$

注意到$\{NO\} = [NO]\dfrac{M_{NO}}{\rho}$,$M_{NO}$为 NO 的相对分子质量($M_{NO}=30$),若 NO 的平均浓度用摩尔分数表示 x_{NO}时,则可利用理想混合气体的计算式为

$$x_{NO} = \{N\overline{O}\}\frac{M_{eq.\,exh}}{M_{NO}} \tag{6-175}$$

式中:$M_{eq.\,exh}$为排气的平均相对分子质量。

从计算中可知,影响 NO 生成的率的主要因素为温度、当量比、高温中滞留时间。

FIRE 软件采用全局的化学模型(Jones)和事先设定温度的概率密度函数法(PDF)相结合来计算氮氧化物的平均反应速率,所采用的模型是一种多步化学反应的简化。这种简化是基于扩展的 Zeldovich 机理,并对所涉及的基元反应做出局部平衡的假设。FIRE 软件的模型中,对于燃油的转化采用不可逆单步反应机理,它仅包含稳定的分子(如 C_nH_n、CO、CO_2、H_2O、N_2),因此它所用的方法是基于这些稳定分子来确定热 NO。

在汽油机中,燃烧的最高温度发生在燃空比为 1.1 处,但此时 O_2 的浓度比较低,而当燃空比减小,即混合气稍微稀薄一些时,虽然这时燃烧温度会有所降低,但 NO 生成浓度反而增高,因此 NO 的最大值出现在燃空比为 0.9 时。在化学当量比和燃油更少的稀薄火焰中所产生的 OH 是很少的,根据这个事实,Zeldovich 机理中的第三个反应可以忽略不计。此外,生成 NO 的特征时间比燃烧过程的特征时间要慢好几个数量级。因此,燃烧过程与 NO 生成过程可以假设是互不相关的,据此 O_2、N、O、OH、H 的浓度近似地假设为平衡的。在此假定之下,开始于相当高温度下的热 NO 生成,第一、第二个反应式可假设是处于局部平衡状态。

从实验和仿真计算所得的结果分析可知,在高温下(>1600K)正向和反向

的反应速率是相等的,反应处于平衡状态。利用这个假设,自由基(根)的浓度可用稳定分子的浓度来表示(后者很容易被测定)。局部平衡的假定仅在高温情况下才能得到满意的结果,在温度低于 1600K 时,局部平衡状态不能建立。用局部平衡方法计算热 NO 的生成时,第一、第二个反应式的平衡式为

$$k_1[N_2][O] = k_2[NO][N] \tag{6-176}$$

$$k_3[N][O_2] = k_4[NO][O] \tag{6-177}$$

方程可利用 $k_f = k_1k_3$、$k_b = k_2k_4$ 这些关系式求解,并可得到一个用于热 NO 生成的全局反应计算方法。

在全局反应中出现的化学物质也同样地用于已给出的单步反应燃油转化方程式中,由此可得到 NO 守恒方程式的源项为

$$\frac{d[NO]}{dt} = 2k_f[N_2][O_2] \tag{6-178}$$

此处只给出了正向反应(生成),其反应速率为

$$k_f = \frac{A}{\sqrt{T}}\exp\left(-\frac{E_a}{RT}\right) \tag{6-179}$$

式中:A 为指数前因子;E_a 为活化能。

6.4 柴油机碳烟排放的计算模型

由于对碳烟生成过程的本质研究尚不够完善,提出的计算模型包括碳烟生成的起始阶段、碳烟的表面生长、碳烟的凝聚、碳烟的氧化、碳烟的积聚等阶段。在计算公式中引入大量的经验系数,并且所列公式还不能反映压力、温度、燃空比、碳料种类等因素对碳烟生成的影响。下面介绍目前已提出的一些柴油机碳粒生成的计算方法。

柴油机中纯碳烟生成率是由生成速率和氧化速率两部分所组成,即

$$\frac{dm_s}{dt} = \frac{dm_{sf}}{dt} - \frac{dm_{so}}{dt} \tag{6-180}$$

式中:m_s、m_{sf}、m_{so} 分别为纯碳烟质量、碳烟生成质量和碳烟氧化质量。碳烟生成率为

$$\frac{dm_{sf}}{dt} = k_f m_{fV}, k_f = A_f\exp\left(-\frac{T_f}{T}\right) \tag{6-181}$$

碳烟生成是一阶反应,生成率与燃料蒸汽量 m_{fV} 成正比。柴油的活化温度 $T_f = 6291K$,前置常数 $A_f = 150s^{-1}$。

碳烟的氧化建议按照碳粒表面上接受氧化反应的程度分成两类位置,即较易反应的 A 位置和不易反应的 B 位置,随温度的升高,A 位置将重新排列成 B 位

置。表面反应速率 R_{so}(g/(s · cm^2))。

$$R_{so} = \left[\frac{k_A p_{O_2}}{1 + k_z p_{O_2}}\right] x + k_B p_{O_2}(1 - x) \tag{6-182}$$

式中:x 为 A 类型位置所占碳烟表面的百分数,即

$$x = \left[1 + \frac{k_T}{k_B P_{O_2}}\right]^{-1} \tag{6-183}$$

式中:p_{O_2}为 O_2分压,$k_A = 20 \times \exp(-15100/T)$;$k_B = 4.46 \times 10^{-3} \exp(-7652/T)$;$k_T = 1.51 \times 10^5 \exp(-48830/T)$;$k_Z = 21.3 \cdot \exp(-2064/T)$。

由此,碳烟的氧化速率可以表示为

$$\frac{\mathrm{d}m_{so}}{\mathrm{d}t} = \frac{6M_C}{\rho_s D_s} m_s R_{so} \tag{6-184}$$

式中:m_s 为纯碳烟物质;M_C 为碳相对分子量;$\rho_s = 2.0$ 碳烟密度;$D_s = 3 \times 10^{-6}$。以上计算式仍属经验公式,要根据试验结果对有关常数进行调整。

碳烟质量分量 ϕ_s 的守恒式为

$$\frac{\partial}{\partial t}(\bar{\rho}\widetilde{\phi}_s) + \frac{\partial}{\partial x_j}(\bar{\rho} u_j \phi_s) = \frac{\partial}{\partial x_j}\left(\frac{u_{\mathrm{eff}}}{\sigma_s}\frac{\partial \widetilde{\phi}_s}{\partial x_j}\right) + S_\phi \tag{6-185}$$

碳烟生成率定义为

$$S_{\phi_s} = S_n + S_g + S_{o_2} \tag{6-186}$$

式中:S_{ϕ_s}为守恒式源项;S_n 为核化源项;S_g 为增长源项;So_2 为氧化源项。

微粒(颗粒)物形成及表面增长过程分别与当地燃油及碳核的农独有关。事先设定的火焰温度控制着粒子质量添加项的速率系数。

$$核化源项:S_n = C_n \exp\left(\frac{-(f - f_n)^2}{{\sigma_n}^2}\right) \tag{6-187}$$

式中:C_n 为最大核化速率;f 为混合分量(燃油);f_n 为最大核化率的混合分量;σ_n 为预设定的 f_n 的方差。

$$表面增长源项:S_b = A \cdot F(f, \phi_s)\beta^{0.5} \exp\left(-\frac{E_a}{RT}\right) \tag{6-188}$$

式中:A 为指数因子;E_a 为活化能;R 为通用气体常数;p 为压力;T 为温度;$F(f,\phi_s)$ 为比表面增长率;f 为混合物分量;ϕ_s 为碳烟质量分量。

碳烟粒子的氧化包括 O_2 及 OH 自由基,而以 O_2 为主,OH 可忽略不计。故化学动力反应的氧化源项为

$$S_{O_2} = -F(\phi_s, p_{O_2}, T) \tag{6-189}$$

式中:ϕ_s 为碳烟质量分量;p_{O_2}为氧的分压;T 为温度,与之有关的因素有氧的分压、当地火焰温度、碳烟真实浓度和从 k - ε 双方程湍流模型求得的总体湍流时

间尺度。碳烟氧化源项可表示为

$$ {}_1S_{O_2} = -F(\phi_s, p_{O_2}, T);{}_2S_{O_2} = -F(\phi_s, p_{O_2}, \tau) \tag{6-190} $$

式中:τ 为针体湍流时间尺度。

在理想条件下,碳氢燃料燃烧形成 CO_2 及 H_2O,其所需的氧气量为化学当量比的需氧量 O_{2st},计算式为

$$ C_nH_m + \left[n + \frac{m}{4}\right]O_2 \rightarrow nCO_2 + \frac{m}{2}H_2O \tag{6-191} $$

实际用于燃烧的氧气量可用过量空气系数 $\lambda = O_2/O_{2st}$ 或燃油/空气当量比 $\phi = 1/\lambda = O_{2st}/O_2$ 来表示,在 $\phi > 1$ 的情况下即存在生成碳粒的条件。

碳烟的形成可分为 4 个过程:核化、凝聚、表面增长和氧化。预混燃烧火焰使燃油分子裂化产生的自由基主要是乙炔,随后这种二元自由基由于化学反应而不断生长,H 的分离、提取和乙炔的加入,在这个过程中形成大的芳香烃类物质,进一步演变为三元烃凝聚形成碳粒。然后又经过气—固转化,碳粒表面增大。在湍流火焰中进行着相似的过程,并受到混合不均匀和湍流混合的强烈影响。碳烟生成过程中最重要的参数有当地的空气/燃油比(C/H 及 C/O 比)、温度、压力和滞留时间。

1. C/H 比的影响

目前尚不可能给出碳烟形成与燃油成分之间确切的依赖关系,从化学角度来看,燃油的组成可由其分子结构划分为烷烃 C_nH_{2n+2}、烯烃 C_nH_{2n}、炔 C_nH_{2n-2}、环烷 C_nH_{2n}、芳香族(如苯、环烷)。从石蜡族到芳香族,碳氢化合物生成碳粒呈增加的趋势。此外,初级碳烟粒子的生成或氧化过程取决于反应物的局部浓度,因此 C/H 比在预混火焰和扩散火焰中对碳烟生成的影响是不同的。

预混火焰:环烷 > 苯 > 乙炔 > 烯烃 > 石蜡。

扩散火焰:环烷 > 苯 > 石蜡 > 烯烃 > 乙炔。

当量比和温度对乙炔行为的强烈影响是很显然的。

2. C/O 比的影响

理论上当一个氧原子作用于一个碳原子时是不会形成碳粒的,在燃烧过程中形成 CO 和 H_2,理论 C/O 比为 1。在化学当量比的条件下燃烧时产生 CO_2 和 H_2O,这时 C/O 具有以下形式:

$$ \left[\frac{C}{O}\right]_{st} = \frac{n}{2n + \frac{m}{2}} \tag{6-192} $$

在扩散火焰中,局部的 C/O 比有很剧烈的变化。对于预混火焰物质 CO、CO_2、H_2、H_2O 等均处于化学平衡状态。碳粒的形成始于某一临界 C/O 比。$(C/O)_{st} \leqslant (C/O)_{cr} \leqslant 1$ 临界比值与温度有关。在 1500K 以下时下降很慢,高于

1600K 后与温度呈线性上升。当温度相对较低(1500K)时,若压力从 1bar 增大到 10bar,则 C/O 临界比下降,这表明碳烟的生成是始于贫油区。减少燃油的质量流率和(或)空气,则 C/O 比的临界值亦相应减小,其原因是流速小而导致更高的温度。一般可观察到,在 C/O 较小时,OH 及 H 自由基增加,从而使氧化速率增加,因此初级粒子(PAN)和碳烟数量减少。

3. 温度的影响

温度是碳烟形成的主要因素之一。空气/燃油混合物的初始温度升高,则碳烟生成率增大。这是由于高温分解增强,导致产生更多的初级粒子(如乙炔基丁二烯等)。当温度达到 1600K 以上时,通过持续的表面增长率的增大,碳烟的浓度不断增大。当温度高于 1650K 时,由于氧化作用的增强,使碳烟数量下降。

4. 压力的影响

在碳粒的生成过程中的表面增长是由于碳氢化合物和乙炔的加入而完成的。当压力增大时,表面增长速率增大,而与此同时乙炔浓度降低。在高压的条件下(1MPa),碳烟的生成将变成与燃油组成无关。

5. 滞留时间的影响

滞留时间影响到限制碳烟生成过程的机理。在湍流火焰中,碳烟的浓度是由湍流强度限制的,湍流混合速率大于化学反应速率,在这种情况下,碳烟的浓度随滞留时间的延长而增加,在层流扩散火焰中,碳烟的生成受控于化学反应,碳烟的浓度是当地物质浓度和温度的函数,而与滞留时间无关。

6.5　柴油机燃烧过程的计算软件及应用

6.5.1　KIVA 计算软件

KIVA 程序是发动机缸内过程分析软件,广泛应用于多维燃烧模拟的研究,由美国 LosAlamos 国家实验室于 1985 年开发推出。它的前身是二维计算程序 CONCHAS 程序(1979)和 CONCHAS - SPRAY(1982)。KIVA 程序是其三维变形,可用来求解二维或三维的非定常多元化学反应流和蒸发性液体射流问题。它的数值解法具有普遍性,可用于层流或湍流、单向流或扩散两相流、亚声速或超声速流;可以有任意数目的物质和化学反应;在喷雾模拟方面增加了液滴碰撞和聚合子模型;湍流模型在亚网格尺度模型基础上加入了 $k-\varepsilon$ 双方程模型。1989 年 KIVA -2 程序发表,它在计算效率、数值精确性、使用的简便性和通用性方面又有了新的提高。KIVA -2 程序使用了改进的 $k-\varepsilon$ 湍流模型,增加了液滴气体动力学破碎模型,裂化模型从 TAB 模型转化为表面波增长模型,燃油碰壁反溅子模型—反弹滑移模型;由单一组分燃油蒸发向多组成燃油蒸发过渡,以不断完善对喷油雾化过程的模拟。1993 年 KIVA－3 程序发表，它与 KIVA－2 不同之处是采用模块结构网格，使其在模拟复杂几何形状时具有更高的效率。另外，还运用了一个称为 Snapper 的新方法，允许活塞可以越过气缸壁上的气口。1997 年 KIVA－3 的改进版本 KIVA－3V 完成，它包括了进排气过程，可以模拟随气门运动的阀口附近处气流的流动状况，模型涵盖了发动机工作过程中的气体流动、燃油喷射、传热、燃烧和废气生成等物理现象，从而可以模拟完整的发动机工作循环。

LosAlamos 国家实验室、Wisconsin 大学、Illinois 大学和欧洲一些国家的研究机构不断对 KIVA 系列程序进行改进和发展，推出了一些改进版本，融入了各自开发编制的子模型，推动了内燃机缸内过程多维模拟技术的发展。KIVA 系列程序中采用的多维模型如表 6－5 所列。

LosAlamos 国家实验室在 KIVA－3V 的基础上，新开发了 KIVA－4 程序，它继承了 KIVA－3A 具有的对于复杂结合结构及运动边界（如活塞及气门）的三维可压缩 Navier－Stokes 方程，以及喷射燃烧过程的计算功能以外，创建了一种对于复杂结构更为通用、更易生成的非结构化网格。同时，KIVA 仅对一种燃油物质成分计算，而 KIVA－4 可用于蒸发油滴中多种燃油物质计算。

国内学者基于 KIVA 程序开发了一种名为 ICFD－CN 的的软件包，其功能可分为 4 个层次：

（1）缸内流体动力学计算。根据质量、动量、能量守恒定律、热力学定律、气体状态方程以及湍流模型，计算缸内流场的温度、压力、速度、湍流强度等物理量和化学成分。

（2）基于 CFD 的缸内雾化计算。在第一层次计算时，耦合雾化模型计算喷射后燃油成分的分布、燃油状态的分布、其他化学成分的分布状况，以及温度、压力、速度、湍流强度的物理量。

（3）基于 CFD 的缸内燃烧动力学。在第二层次的基础上再耦合点火模型和燃烧模型，计算燃烧放热、燃烧过程中的缸内燃油分布、燃油状态分布、其他化学成分的分布状况，以及温度、压力、速度、湍流强度等物理量。

（4）基于 CFD 的排放化学计算。在第三层次的基础上进一步耦合碳烟和氮氧化物排放模型，计算污染物排放、燃烧放热、燃烧过程中的缸内燃油成分分布、燃油状态分布、其他化学成分分布状况，以及温度、压力、速度、湍流强度等物理量。

表 6－5 KIVA 系列程序中采用的多维模型

模型	KIVA－2	KIVA－3
进气流动	设定初始流动	计算进气流动
燃烧	Arrhenius 模型	特征时间模型
NO_x	Zeldovich 模型	Zeldovich 模型

续表

模型	KIVA-2	KIVA-3
传热	壁面定律	可压缩,不稳定
碰壁	无	破碎油滴反弹及滑动
油滴阻力	球形油滴	变形油滴
油滴破碎及雾化	TAB 模型	表面波生长模型
空穴流动	无	MIT 模型
点火	无	Shell 模型
蒸发	单组分	多组分
碳烟	无	Nagle 模型
湍流	标准 $k-\varepsilon$ 模型	RNG $k-\varepsilon$ 模型
未燃	Arrhenius 模型	特征时间模型

6.5.2　KIVA-3 软件应用于柴油机燃烧过程的计算

柴油机燃烧过程的研究是改善其性能和控制排放的第一步,数值模拟可以使发动机设计者对燃烧的物理化学过程有更为深入的了解,并有助于在实验研究中对控制参数的验证。一般来说,柴油机的燃烧模型可以分为热力学模型和多维模型两类。热力学模型着重于发动机系统的能量转换方面,它在燃烧模拟中的典型应用就是根据给定的压力随时间的变化关系来计算燃烧放热率;多维模型实际上就是流体动力学计算模型,用以描述发动机实际工作过程中燃烧室内的流场、温度场、组分(浓度场)、压力和湍流的顺时及局部的变化,多维模型更为精确并能提供更多关于燃烧的基本信息。燃烧模型包括 RNG $k-\varepsilon$ 湍流模型、油束波动破碎模型、Shell 模型、层流及湍流特性—时间模型、缝隙流动模型、油束—缸壁撞击模型及其他包含于 KIVA 程序内的子程序。

KIVA-3 模型中的进气过程子模型,对于进气过程中整个流动路经和具体的流动结构均可观察清楚,其计算结果可为燃烧模型提供更为精确的初始条件;缸壁热流模型用于计算瞬时效应和边界层的可压缩性,既可用于点燃机也可用于均质充量压燃发动机;缝隙流动模型用于描述气缸内由于高压将充入的气体推入活塞—气缸之间的空隙区域中,而后在膨胀过程又从缝隙中流出或进入曲柄箱内,形成 HC 排放,此模型可用于计算 HC 的排放量;在新的 KIVA-3 模型中,在模拟油束雾化和油滴破碎时,采用 K-H 模型代替了原来的 TAB 模型;碳氢燃料的自燃着火过程用 Shell 模型;在模拟柴油机内油束燃烧时,湍流对平均反应速度的影响必须加以考虑。由 Harble 和 Broadwell 提出的剪切层扩散燃烧模型,由三个输运方程式来计算接触表面、预混合火焰表面和扩散火焰;柴油机

的 NO_x 排放模型是采用扩展的 Zieldovich 机理；碳烟的形成和氧化可用 Zellat、Belrdini 所提出的机理来描述和计算。

1. 喷射模型

在波动破碎模型中，喷射油滴的特性尺寸与喷孔的大小相等，喷射油滴的数目取决于燃油的流动速率，利用稳定性分析和从原始的油滴中减去破碎生成的新油滴来计算喷射油滴的破碎情况。

半径为 a 的原始油滴，其半径的变化率方程式为

$$\frac{\mathrm{d}a}{\mathrm{d}r} = -\frac{(a-r)}{\tau}, \quad r \leqslant a \tag{6-193}$$

破碎时间和破碎后的油滴半径分别为

$$\tau = \frac{3.726B_1}{\Lambda\Omega}a \tag{6-194}$$

$$r = B_0\Lambda, B_0\Lambda \leqslant a \tag{6-195a}$$

$$r = \min\{(3a^2\Lambda/4)^{0.33}, (3\pi a^2 U/(2\Omega))^{0.33}\}, \quad B_0\Lambda > a \tag{6-195b}$$

波长 Λ 和波增长率 Ω 可以从液体喷注的稳定性分析中得到，对柴油机来说，$B_1 = 10$，$B_0 = 0.81$。但是，破碎时间常数 B_1 与破碎过程的初始扰动水平有关，同时对于各个喷油器之间都有可能互不相同，或由于碰壁效应的影响而有所差异。在柴油机高压喷射的情况下 $B_1 = 1.73$。

柴油机的高压喷射导致油滴与周围空气之间产生很大的相对速度，其结果是在油滴上产生很大的惯性力，促使油滴变形成为碟状，对此须乘以阻力系数 C_D 进行修正，即

$$C_D = \frac{24}{Re_d}\left(1 + \frac{1}{6}Re^{2/3}\right), \quad Re_d \leqslant 1000 \tag{6-196a}$$

$$C_D = 0.424, \quad Re_d > 1000 \tag{6-196b}$$

式中：$Re_d = w2a/v$ 为油滴的雷诺数，w 为油滴与周围空气之间的当地相对速度，v 为气体的黏度。考虑到油滴变形后阻力系数将发生变化，故需引入一个修正系数 y，当油滴是球形时 $y = 0$，当油滴是碟形时（这时的阻力系数 $C_D = 1.54$）$y = 1$。因此，可用下式来表示阻力系数之间的关系，即

$$C_D = C_{D,\mathrm{Sphere}}(1 + 2.632y) \tag{6-197}$$

柴油机采用高压喷射时，油束的贯穿距离增大，从而使油束的碰壁效应变得更为重要。油滴撞击热的缸壁表面会导致油滴破碎并突然蒸发，或使高度变形的油滴在壁面产生滑动或反弹。碰壁的结果等于产生一个突然干扰作用于油滴之上，犹如油滴突然暴露在高速气流之中，可以想象油滴在此情况下将会更快破碎，此时油滴的破碎时间常数 $B_1 = 1.73$。

2. 湍流模型

RNG k－ε 模型是在标准的 k－ε 模型的离散方程中增加了一个随平均应变

率而变化的项，并且计入了流动的可压缩性，其数学表达式为

$$\frac{\partial \rho k}{\partial t} + \nabla \cdot (\rho u k) = -\frac{2}{3}\rho k \nabla \cdot u + \tau : \nabla u + \nabla \cdot (\alpha_k \mu \nabla k) - \rho \varepsilon + \dot{W}^s \tag{6-198}$$

$$\frac{\partial \rho \varepsilon}{\partial t} + \nabla \cdot (\rho k \varepsilon) = -\left[\frac{2}{3}C_1 - C_3 + \frac{2}{3}C_\mu C_\eta \frac{k}{\varepsilon}\nabla \cdot u\right]\rho \varepsilon \nabla \cdot u + \nabla \cdot (\alpha_k \mu \nabla \varepsilon) + \frac{\varepsilon}{k}[(C_1 - C_\eta)\tau : \nabla u \cdot C_2 \rho \varepsilon + C_s \dot{W}^s] \tag{6-199}$$

其中

$$C_3 = \frac{-1 + 2C_1 - 3m(n-1) + (-1)^\delta \sqrt{6} C_\mu C_\eta \eta}{3}$$

$$\nabla \cdot u < 0, \delta = 1$$

$$\nabla \cdot u > 0, \delta = 0$$

$$C_\eta = \frac{\eta(1 - \eta/\eta_0)}{1 + \beta \eta^3} \eta = S \frac{k}{\varepsilon}$$

$$\tau : \nabla u = \frac{\sigma}{\nabla u}$$

式中：k、ε 为湍流动能及其耗散率；ρ、u、τ、μ 分别为密度、速度、应力张量和有效黏度；η 为湍流与平均应变时间尺度的比值；S 为平均应变的幅值；$m = 0.5$；$n = 1.4$；源项中所含的 $\dot{W}^s$ 是计及油束和气体之间的相互作用，物理意义为湍流涡团在分散油束时所做功的负值；C_s 的取值为 1.5；C_3 值从压缩过程时的 1.726 变化到膨胀过程时的 0.9；模型中的其他常数 $C_\mu = 0.0845$，$C_1 = 1.42$，$C_2 = 1.68$，$a_k = a_\varepsilon = 1.39$，$\eta_0 = 4.38$，$\beta = 0.012$。

3. 点火模型

描述燃油着火过程的多步反应动力学模型（Shell 模型）：

$$\begin{cases} RH + O_2 \rightarrow 2R^* \quad K_q \\ R^* \rightarrow R^* + P + Heat \quad K_p \\ R^* \rightarrow R^* + Bf_1 \quad K_p \\ R^* \rightarrow R^* + Qf_4 \quad K_p \\ R^* + Q \rightarrow R^* + Bf_2 \quad K_p \\ B \rightarrow 2R^* \quad K_b \\ R^* \rightarrow \text{中断} \ f_1 K_p \\ 2R^* \rightarrow \text{中断} \ k_1 \end{cases} \tag{6-200}$$

式中：RH 为碳氢燃料（C_nH_2m）；R^* 为形成的自由基；B 为分支物质；Q 为不稳定

的中间物质;P 为氧化产物,包含 CO、CO_2、H_2O。方程组包括一个引发方程、5 个反应方程式组成的链传播循环(描述了分支物质的生成过程)、2 个中断方程式。中间物质生成反应方程式,被认为是产生分支物质的关键反应。

4. 燃烧模型

根据一系列的研究表明,将用于 SI 发动机的特性—时间模型扩展后,即可应用于柴油机燃烧的模拟。将此模型与 Shell 模型相结合,则可模拟整个柴油机的燃烧过程。两个模型的契合点取温度为 1000K。当温度低于 1000K 时用 Shell 模型来模拟低温化学变化,当温度高于 1000K 时则用燃烧模型来描述高温化学变化过程。

在燃烧模型中,由一种化学物质转化为另一种化学物质而引起物质 m 密度的时间变化率为

$$\frac{\mathrm{d}Y_m}{\mathrm{d}t} = -\frac{Y_m - Y_m^*}{\tau_c} \tag{6-201}$$

式中:Y_m 为物质 m 的质量分数;Y_m^* 为质量分数的当地瞬时热力学平衡值;τ_c 为达到这个平衡状态的特性时间,特性时间对于精确确定热力学平衡温度涉及的 7 种物质来说的相同的,这 7 种物质是燃料、O_2、N_2、CO_2、CO、H_2、H_2O。在这 7 种物质中,除 N_2 外其他均用于瞬时热力学平衡值 Y_m^* 的计算。

特性时间 τ_c 为层流时间尺度及湍流时间尺度之和,即

$$\tau_c = \tau_l + f\tau_t \tag{6-202}$$

式中:迟滞系数 f 确定湍流效应的控制作用,层流时间尺度可从单个油滴着火试验相关的单步反应速率中求出。

$$\mathrm{Rate} = A[C_{14}H_{30}]^{0.25}[O_2]^{1.5}\exp(-E/\mathrm{RT}) \tag{6-203}$$

式中:$A = 1.54 \times 10^{10}$,$E = 77.3\mathrm{kJ/mol}$,将此速率计算式代入 Y_m^*,并假设燃料在平衡态时的浓度为零,则层流时间尺度为

$$\tau_l = A^{-1}[C_{14}H_{30}]^{0.75}[O_2]^{-0.15}\exp(E/\mathrm{RT}) \tag{6-204}$$

湍流的时间尺度与涡团反转时间成正比,即

$$\tau_t = C_2 k/\varepsilon \tag{6-205}$$

对于标准 k - ε 模型,$C_2 = 0.142$;对于 RNG k - ε 模型,$C_2 = 0.1$。迟滞系数 f 模拟湍流对于点火发生以后燃烧过程的影响。

$$f = \frac{1 - e^{-r}}{0.632} \tag{6-206}$$

式中:r 为燃烧产物数量与总反应物质数量(除去 N_2)的比值,即

$$r = \frac{Y_{CO_2} + Y_{H_2O} + Y_{CO} + Y_{H_2}}{1 - Y_{N_2}} \tag{6-207}$$

参数 r 表示在特定区域内燃烧的完全程度,它的值从 0(未燃烧)变化到

1(完全燃烧)。燃烧作为反应分子碰撞的结果,发生在分子水平的尺度上。燃烧受到湍流的强烈影响,因为湍流对于输运特性和反应物质的混合有显著的影响。换句话说,初始燃烧有赖于层流化学反应过程,而湍流只是在燃烧已经出现以后才开始发生影响,最终在 $\tau_l < \tau_t$ 区域内的燃烧取决于湍流对混合的促进作用。但是,在喷油器附近的区域内层流尺度是不能忽视的,在这里,很高的喷射速度使湍流尺度变得很小。从柴油机整个燃烧过程来看,首先是预混合燃烧,然后是受混合控制的扩散燃烧。用以区别层流和湍流作用的方法是,利用燃烧产物的出现来作为燃烧开始以后混合状况的指标。

在使用这个燃烧模型时,在物质连续方程中的化学源项和能量方程中的化学放热项都进行了计算,因为总的化学时间尺度 τ_c 也包括了湍流时间尺度,所以湍流对于平均反应速率的影响也已经考虑在内。

5. 排放模型

NO_x 的生成可用扩展的 Zeldovich 机理来描述,NO_x 对于气缸内的温度非常敏感,为了与试验结果进行比较需要引入一个校正因子 β。

$$\left(\frac{\mathrm{dNO}}{\mathrm{d}t}\right)_{\mathrm{predict}} = \beta\left(\frac{\mathrm{dNO}}{\mathrm{d}t}\right)_{\mathrm{zeldovich}} \tag{6-208}$$

碳烟的排放模型可采用 Arrhenius 单步反应公式,碳烟的质量变化率等于其生成率与氧化率之差,即

$$\frac{\mathrm{d}M_{\mathrm{soot}}}{\mathrm{d}t} = \frac{\mathrm{d}M_{\mathrm{form}}}{\mathrm{d}t} - \frac{\mathrm{d}M_{\mathrm{oxid}}}{\mathrm{d}t} \tag{6-209}$$

碳烟生成质量率为

$$\frac{\mathrm{d}M_{\mathrm{form}}}{\mathrm{d}t} - A_{\mathrm{f}} M_{\mathrm{fv}} P^{0.5} \exp\left(-\frac{E_f}{\mathrm{RT}}\right) \tag{6-210a}$$

式中:$A_f = 1.5$;M_{fv}为燃油蒸汽质量;P 为压力(bar);$E_{\mathrm{f}} = 12500\mathrm{cal/mol}$。

碳烟氧化模型采用 Nagle 提出的公式

$$\frac{\mathrm{d}M_{\mathrm{oxid}}}{\mathrm{d}t} = \frac{6M_{\mathrm{wc}}}{\rho_{\mathrm{s}} D_{\mathrm{s}}} M_{\mathrm{s}} R_{\mathrm{total}} \tag{6-210b}$$

式中:M_{wc}为碳分子的质量(12g/mol);D_{s} 为碳粒的直径(3×10^6);ρ_{s} 为碳的密度($2\mathrm{g/cm^3}$)。

标准的 KIVA-3 程序对于点火和燃烧模型都是采用单步反应速率模型,喷油模型也未加修正,精确地预测油束贯穿度对于燃烧模型具有关键意义。在未经修正的模型中油滴为球形,其阻力系数要比变形后油滴的阻力系数小,较小的阻力系数导致油滴和气体之间很高的相对速度,因而破碎的油滴具有很小的尺寸,这些小油滴很快被蒸发而使燃烧强化,致使点火后在很短时间内气缸压力迅速升高。阻力系数对于已气化的油束和未气化的油束具有不同的影响,未气化油束的阻力系

数越大,会使其速度和贯穿距离减小,但是较低的相对速度导致破碎后形成较大的油滴,它具有较大的动量,能喷得更远,两者互相抵消,其结果是阻力系数的修正不会改变未气化油束的贯穿距离;对于已气化的油束,研究表明,经过修正的阻力系数将有助于增大贯穿距离,因为大颗粒的油滴不容易蒸发,并具有较大的贯穿力。

仅仅利用动态地改变阻力系数尚不足以使其与试验结果相吻合,还必须进一步考虑碰壁效应,这时的破碎时间常数 $B_1=1.73$,同时由于碰壁产生的再次雾化会使燃烧得到强化。

将目前的喷射模型、点火及燃烧模型、RNG k - ε 模型来模拟发动机在不同的喷油定时(喷油率形状及喷油持续期均保持不变)时的燃烧过程,必须选用另一个 B_1 值(如 60)以使其与实测的压力值相吻合。这是因为 RNG 模型比标准 k - ε 湍流模型所预测的混合速度更快,贯穿距离更短,可以改善预混燃烧期和膨胀期与实测数据的一致性。通过点火时刻和滞燃期的燃烧量来准确地预测预混燃烧,对于整个燃烧过程计算和排放计算都是非常重要的。

湍流模型对于燃烧和 NO_x 排放的预测具有显著的影响。RNG 模型比标准模型给出更低的湍流扩散度,对流动结构及局部温度有很大的影响。采用 RNG 模型预测的峰值温度更高,这是由于湍流黏度较低的原因。

燃烧室内 NO 的形成对于气体温度非常敏感,由于采用 k - ε 湍流模型所得到的气体温度不够高,因而计算的 NO 排放量要小于实测的数据。校正因子 β 取为 62,亦即计算所得的结果要比实测量小 62 倍。若采用 RNG k - ε 模型,则 $\beta=0.78$,故在排放计算中均采用 RNG k - ε 湍流模型。

6.5.3 AVL - FIRE 程序

奥地利 AVL 公司的发动机专用三维模拟软件 FIRE 依靠强大试验能力的支持,拥有网格和动网格生成能力,包含了全自动、半自动和手动网格生成功能,能够对进气道在内的复杂结构实现快速优质的网格划分。FIRE 还有预留给用户自定义模型的接口。用户可以非常方便地根据不同的求解对象和环境选择各类不同的计算模型,以实现模拟计算与实际情况的一致性。FIRE 软件在柴油机燃烧方面主要包括标准 k - ε 湍流模型、RSM 模型和 AVL - HTM 模型等。

(1) 喷油器内的流动模型。对于混合气形成、燃烧和污染物的生成等的模拟具有关键的影响,为了考虑喷油器的几何结构对空穴流动高度瞬变性质的影响,一般采用基于两相流守恒定律的综合多维两相流数学模型。

(2) 混合气形成模型。它采用 Lagrangian 油滴离散方法,包含有湍流分散、积聚、蒸发、壁面相互作用,初次和二次雾化、油滴破碎等子模型。

(3) 燃烧模型有 EBU 模型、小火焰模型、PDF 模型、拟序小火焰模型和特征时间尺度模型等。在反应机理方面,柴油的自动点火是采用扩展的 Shell 模型,在充分预混/扩散时期的高温碳氢氧化过程可采用总包反应或基于化学平衡的假设来表示。在湍流燃烧模型中假设，一旦在微尺度结构湍流中发生分子水平的混合，则瞬时完成化学反应。近年来，通过 Wisconsin 大学发动机研究中心将小火焰模型及 PDF 模型对接融合于 FIRE 燃烧模型之中，并将排放模型也对接其中，形成一个整体。在 2007 年最新推出的 FIRE8.5 版本中对于燃烧模型又有了新的发展，所采用的 ECFM－3Z 模型可使柴油机多次喷射计算更为精确，当新的燃油喷入后，程序将根据当地温度(设定为 1055K)来激活自动点火程序。如果进行多循环计算时，其他参数无需改动，只是喷油定时对于每个循环需要设定适当的数值。

(4) 污染物形成模型。排放模型包含了 Zeldovich NO 预测模型、Kennedy－Hiroyasu－Magnussen 碳烟模型、Kennedy－Hiroyasu－Magnussen－Rad 碳烟模型和高级碳烟模型。NO 热形成采用 Zeldovich 机理。碳烟形成/消失模型是基于一种化学/物理速率的组合表达式，它用于表示颗粒集成、表面生长和氧化等过程。颗粒形成和表面生长分别是局部燃油和粒核浓度的函数，火焰温度控制着颗粒质量增加项的 Arrherius 速率系数。对于碳烟排放水平起决定性作用的颗粒氧化过程，是采用化学动力学/湍流混合速率表达式的组合进行模拟。氧气的分压、当地的火焰温度与碳烟实际浓度、湍流混合时间尺度等都是从 k－ε 双方程湍流模型获得，并提供给碳烟氧化的源项。

6.6　柴油机燃烧过程数值计算模型的整合

在发动机循环模拟中，气体动力学计算可采用一维 GT－POWER 模型，包括进气和排气管道、缸内工作过程、一些其他的组件和控制元素。燃油喷射系统的计算采用模拟热力—液力系统的 GT－FUEL 模型，其流动模型采用一维流动来模拟管道流动，采用准三维来模拟任意形状的容积中的流动，模型也包含有模拟机械的、液力的程序库，这些程序库成为热力—液力计算模型的基础。

燃烧模型可采用 KIVA－3V、FIRE 等程序，包括气缸内的油束形成、油束破碎成为油滴、空气卷吸、油滴蒸发、空气与燃油蒸汽的混合、着火、燃烧、NO_x 及碳烟排放等过程。

三维 CFD 程序适用于求解瞬态具有化学反应油束流动的多维、多相、多组分的计算程序。在 KIVA－3V 程序中，对于气相是采用任意拉格朗日—欧拉(ALE)算法。程序可用于湍流、层流计算及亚声速、超声速计算，可采用 k－ε 和重整化群(RNG)k－ε 湍流模型。应用于燃烧计算时，燃油油束分散采用 Kelvin－Helmholtz 模型，油滴破碎采用 Rayleigh－Taylor 模型、shell 点火模型、特征时间燃烧模型，NO_x 预测采用扩展的 zeldovich 模型，利用碳烟的生成、氧化速率的对冲来预测其生成和消耗。

燃油喷射与发动机循环模拟的整合(集成)。在燃油喷射的模拟中常采用气缸压力作为燃油流动的边界条件,但是气缸压力在发动机设计时并非已知,并且这个参数在燃油喷射瞬态模拟时是很难量化的。不准确的压力边界条件,对于喷射速率预测的精确性有重大的影响,特别是最高喷射压力为70MPa左右的低压喷射系统。当前,在共轨系统喷射压力提高到160MPa的情况下,边界条件对于排放预测的精确性仍然有显著的影响,并且对于高精确地模拟喷孔流动和瞬态性能的预测有重要作用的空穴预测,均与其下游的气缸边界条件具有密切的关系。在模拟瞬态性能时,当边界条件在各个循环之间有明显的变化情况下,需要采用耦合计算方法。

为此研发了一种将这些子模型组合在一起的多学科仿真模拟工具。它包括:采用一维仿真工具模拟液力和空气动力学系统;采用三维CFD程序模拟缸内的燃烧和排放。这需要开发一种特殊的方法,用以处理液力与气体动力学之间,以及缸内雾化与燃烧三维计算时的不同时间尺度问题。

在整合燃油喷射和发动机性能模型时,所需要考虑的重要问题就是各个子模型具有不同的时间尺度。在燃油流动方程的显式求解时,时间尺度的大小取决于Courant准则,它与所采用的空间离散成正比,并与流体的声速成反比。燃油喷射所采用的离散度,其细化程度大约要比发动机性能模拟所采用的离散度高5倍。燃油中的声速大约比空气中的声速高4倍,因此在发动机性能模拟时,子容积的时间步长要比燃油喷射模型子容积的时间步长大20倍,其差别甚至大于燃油喷射精确模拟所需的0.25mm模型容积长度。但是,如果在性能模拟时采用这样小的步长设置,则会使控制容积的数量大大增加,导致不现实的模拟计算时间需求。

为了解决不同时间尺度的调控这个难题,整合(集成)模拟工具采用了一种基于环路的时间步长方法。

在每个环路子系统中,以其各组成元素中的最小时间步长作为系统模型的时间步长。

如果在各环路之间存在最大时间步长比值时,则时间步长将进行修改。在这种情况下,最小的时间步长保持不变,而其他环路时间步长与最小值的比值不能超过此最大比值。

(1) 最大的时间步长比值即成为主控值,其所属的环路则成为主控环路。

(2) 子系统的时间步长为主控步长的整数倍比(子系统不必要为了与主控求解时间相匹配而采用更小的时间步长)计算时,包括完成主环路的一个时间步长及其他若干环路的数个整数步长,并在此过程结束时进行信息交换。

(3) 仅有很小的可能性会出现由于Courant准则判定,在主控时间步长内小于经过修正的原时间步长尺度,而需要在子系统采用其他时间步长尺寸。在本方法中采取的措施是,对该环路的主控时间步长的剩余时间内,采用一个新的时间步长尺寸和整数步数再重新进行计算,然后计算照常进行下去。

（4）当模拟计算不存在最大时间步长比时,则整合系统中整体模拟所需的时间为各子系统模拟时间的简单代数和。

6.7　小　结

（1）柴油机燃烧过程对其性能有决定性的影响,而燃烧过程又是如此复杂,迄今为止,无论是实验观测或理论分析都在不断地摸索前进。目前,采用数值模拟方法已成为理论研究的热点之一。

（2）多维模型是将各种守恒方程与描述湍流运动、多组分物质化学反应动力学的子模型,结合适当的边界条件,采用数值方法求解,计算结果能够提供燃烧过程各个时间段中气流速度、温度和成分在燃烧时空间内分布情况的详细信息,是一种较为精细的理论模型。

（3）理论模型的进一步发展尚有待于相关实验技术的配合,实验结果提供的资料不仅是鉴别理论模型正确程度的依据,而且也为理论模型的完善和发展指明方向。

（4）从实用的观点来看,模型的价值不在于其复杂的程度、维数的高低和所含因素的多寡,评价的标准在于能够达到工程精度所要求的定性或定量的结果。如专家G. L波曼所说:“最详细的非经验模型不一定是最好的,相反,在工程应用中,简单的能以最高效率达到目标的模型才是最好的。”

参考文献

[1] 解茂昭. 内燃机计算燃烧学[M]. 大连:大连理工大学出版社,2005.

[2] 周俊杰,邱东,谢茂昭,等. 柴油机工作过程数值计算[M]. 大连:大连理工大学出版社,1990.

[3] 徐洪军. 基于多次喷射的柴油机性能优化研究[D]. 武汉:海军工程大学,2009.

[4] 邵利民. 高压共轨柴油机喷射系统优化研究[D]. 武汉:海军工程大学,2010.

[5] Rolf D. Reitz. The Development and Application of a Diesel ignition and Combustion Model for Multidimensional Engine Simulation[C]. SAE,950287.

[6] 刘金武. 内燃机工作过程ICFD – CN多维建模[M]. 北京:北京航空航天大学出版社,2010.

[7] 李向荣,魏镕,孙柏刚,等. 内燃机燃烧科学与技术[M]. 北京:北京航空航天大学出版社,2012.

[8] 周松,王银燕,明平剑,等. 内燃机工作过程仿真技术[M]. 北京:北京航空航天大学出版社,2012.